大数据技术基础

中科普开 编著

清華大學出版社
北京

内 容 简 介

本书的知识架构是在培训了多届学员的基础上总结整理得来的，已经经过了实践的考验，证实了其科学性；本书当中的案例都为企业实际开发的案例，通过学习这些大量的实际案例，帮助学生在进入企业后可以很快融入大数据工作岗位。

本书包括大数据概论、初识 Hadoop、认识 HDFS、HDFS 的运行机制、访问 HDFS、Hadoop I/O 详解、认识 MapReduce 编程模型、MapReduce 应用编程开发、MapReduce 的工作机制与 YARN 平台、MapReduce 高级开发、MapReduce 实例共 11 章内容。

本书既可作为高等院校学习大数据技术的教材，亦可作为广大大数据技术学习者的入门用书。

图书在版编目（CIP）数据

大数据技术基础/中科普开编著. --北京：清华大学出版社，2016（2022.12重印）
ISBN 978-7-302-43757-4

Ⅰ. ①大… Ⅱ. ①中… Ⅲ. ①数据处理 Ⅳ. ①TP274

中国版本图书馆 CIP 数据核字（2016）第 092661 号

责任编辑：刘翰鹏
封面设计：傅瑞学
责任校对：李　梅
责任印制：沈　露

出版发行：清华大学出版社
网　　址：http://www.tup.com.cn，http://www.wqbook.com
地　　址：北京清华大学学研大厦 A 座　　邮　　编：100084
社 总 机：010-83470000　　邮　　购：010-62786544
投稿与读者服务：010-62776969，c-service@tup.tsinghua.edu.cn
质量反馈：010-62772015，zhiliang@tup.tsinghua.edu.cn
课件下载：http://www.tup.com.cn，010-83470410
印 装 者：涿州市般润文化传播有限公司
经　　销：全国新华书店
开　　本：185mm×260mm　　印　　张：16.5　　字　　数：396 千字
版　　次：2016 年 6 月第 1 版　　印　　次：2022 年12月第 8 次印刷
定　　价：49.00 元

产品编号：068768-02

编委会

（排名不分先后，按姓氏汉语拼音排序）

为什么要写这本书

近年来，大数据（big data）一词越来越多地被提及，人们用它来描述和定义信息爆炸时代产生的海量数据，并命名与之相关的技术发展与创新。它已经上过《纽约时报》、《华尔街日报》的专栏封面，进入美国白宫官网的新闻，现身在国内一些互联网主题的讲座沙龙中，甚至被嗅觉灵敏的国金证券、国泰君安、银河证券等写进了投资推荐报告。最早提出“大数据”时代到来的是全球知名咨询公司麦肯锡。麦肯锡称：“数据，已经渗透到当今每一个行业和业务职能领域，成为重要的生产因素。人们对于海量数据的挖掘和运用，预示着新一波生产率增长和消费者盈余浪潮的到来。”“大数据”在物理学、生物学、环境生态学等领域以及军事、金融、通信等行业存在已有时日，却因为近年来互联网和信息行业的发展而引起人们关注。数据正在迅速膨胀并变大，它决定着企业的未来发展，虽然很多企业可能还没有意识到数据爆炸性增长带来问题的隐患，但是随着时间的推移，人们将越来越多地意识到数据对企业的重要性。

在如今的社会，大数据的应用越来越彰显它的优势，它占领的领域也越来越大，如电子商务、O2O、物流配送等，各种利用大数据进行发展的领域正在协助企业不断地发展新业务和创新运营模式。有了大数据这个概念，对于消费者行为的判断，产品销售量的预测，精确的营销范围以及存货的补给已经得到全面的改善与优化。然而，这些数据的规模是如此庞大，以至于不能用G或T来衡量。

为了解决这些数据的存储和相关计算问题，就必须构建一个强大且稳定的分布式集群系统作为搜索引擎的基础架构支撑平台，但是对于大多数互联网公司而言，研发这样一个高效性能系统往往要支付高昂的费用。经过多年的发展，如今已形成了以Hadoop为核心的大数据生态系统，开创了通用海量数据处理基础架构平台的先河。Hadoop是一个优秀的分布式计算系统，利用通用的硬件就可以构建一个强大、稳定、简单并且高效的分布式集群计算系统，完全可以满足互联网公司基础架构平台的需求，付出相对低廉的代价就可以轻松处理超大规模的数据。因此，使用Hadoop的公司越来越多，具有丰富工作经验的Hadoop人才也就越来越供不应求，从而学习和使用Hadoop的爱好者和开发者也越来越多，编写这本书也正是为了帮助更多的人学习并掌握Hadoop技术，从而推动Hadoop技术在中国的推广，进而推动中国信息产业的发展。

读者对象

本书适合以下读者阅读：

（1）大数据技术的学习者和爱好者；

（2）有Java基础的开发者；

（3）Hadoop技术开发者；

(4) Hadoop 集群运维开发者；

(5) 分布式系统的相关研发人员。

如何阅读本书

本书分为三个部分。

第一部分为简介。简介部分为第1章，主要介绍了大数据的时代背景，从大数据来源到大数据的价值和影响，以及对应用场景和发展前景的介绍，帮助用户明白什么是大数据，大数据是用来干什么的，以及大数据的发展前景是怎样的。大数据的基本概念，首先明白什么是大数据，大数据中数据结构的复杂度，重点明白大数据的四个核心特征，接着了解大数据所使用的技术，最后介绍了一些大数据的应用实例，帮助大家更好地理解大数据、大数据系统，理解其核心设计目标，在系统设计目标的实现过程中，系统还需遵循一定的设计原则。

第二部分为 Hadoop 技术的讲解，包括第2章到第9章。从认识 Hadoop 开始到正式介绍 Hadoop 的基本应用，通过 HDFS 分布式文件系统和 MapReduce 并行计算模型从理论到实现机制的角度对 Hadoop 计算进行讲解。讲述了 HDFS 的特性和目标、核心设计、体系结构以及 HDFS 中数据流的读写、HA 机制和 Federation 机制，同时重点介绍了 HDFS 的命令行接口和 Java 接口。接着介绍了 Hadoop I/O，讲述了数据的完整性、文件压缩、问价序列化和 Hadoop 文件的数据结构。最后是对 MapReduce 的讲解，由浅入深，讲述了 MapReduce 的编程模型，MapReduce 应用编程开发，包括 MapReduce 的类型格式，Java API 解析，还重点讲述了 MapReduce 的工作机制与 YARN 平台，包括 MapReduce 作业运行机制的剖析、shuffle 和排序、任务的执行、作业调度、YARN 平台的简介和架构。

第三部分为实战部分，包括第10章和第11章。首先是从几个具体的小实例讲解了简单高效的 MapReduce 编程方式。然后通过最后的 MapReduce 编程实例，带我们进入大数据实战项目，帮助学习者更深入地掌握 Hadoop 技术。

勘误和支持

除本书编委会以外，参加本书编写的工作人员有：毛妍、白高平、赵真。由于本书编写者水平有限，书中难免会出现一些错误或者不准确的地方，恳请读者批评指正，可以将书中遇到的错误和问题发邮件到 mayh@zkpk.org，希望您能提出更多宝贵的意见，期待您的真挚反馈。

中科普开
2016年3月

目录

第 1 章

大数据概论

本章提要

在这个日新月异发展的社会中,人们发现未知领域的规律主要依赖抽样数据、局部数据和片面数据,甚至无法获得真实数据时只能纯粹依赖经验、理论、假设和价值观去认识世界。因此,人们对世界的认识往往是表面的、肤浅的、简单的、扭曲的或者是无知的。然而大数据时代的来临使人类拥有更多的机会和条件在各个领域更深入地获得和使用全面数据、完整数据和系统数据,深入探索现实世界的规律。大数据的出现帮助商家了解用户、锁定资源、规划生产、做好运营及开展服务。

本章主要从大数据时代背景、大数据基本概念、大数据系统以及大数据与企业等方面,让读者对大数据有初步的认识。

1.1 大数据时代背景

中国庞大的人数和应用市场,其复杂性高并且充满变化,从而成为世界上拥有最复杂的大数据的国家。解决这种由大规模数据引发的问题,探索以大数据为基础的解决方案,是中国产业升级、效率提高的重要手段。因此,解决大数据这一问题不仅提高公司的竞争力,也能提高国家竞争力。

1.1.1 大数据的数据源

近年来,随着信息技术的发展,我国在各个领域产生了海量数据,主要分布如下。

1. 以 BAT 为代表的互联网公司

(1) 阿里巴巴:目前保存的数据量为近百个拍字节(PB),90%以上是电商数据、交易数据、用户浏览和点击网页数据、购物数据。

(2) 百度:2013 年的数据总量接近一千个拍字节(PB),主要来自中文网、百度推广、百度日志、UGC,由于占有 70%以上的搜索市场份额从而坐拥庞大的搜索数据。

(3) 腾讯:存储数据经压缩处理后总量在 100PB 左右,数据量月增 10%,主要是大量社交、游戏等领域积累的文本、音频、视频和关系类数据。

2. 电信、金融与保险、电力与石化系统

(1) 电信:包括用户上网记录、通话、信息、地理位置等。运营商拥有的数据量都在 10PB 以上,年度用户数据增长数十拍字节(PB)。

(2) 金融与保险：包括开户信息数据、银行网点和在线交易数据、自身运营的数据等。金融系统每年产生数据达数十拍字节(PB)，保险系统数据量也接近拍字节(PB)级别。

(3) 电力与石化：仅国家电网采集获得的数据总量就达到10个拍字节(PB)级别，石化行业、智能水表等每年产生和保存下来的数据量也达到数十拍字节(PB)级别。

3. 公共安全、医疗、交通领域

(1) 公共安全：在北京，就有50万个监控摄像头，每天采集视频数量约3PB，整个视频监控每年保存下来的数据在数百拍字节(PB)以上。

(2) 医疗卫生：据了解，整个医疗卫生行业一年能够保存下来的数据就可达到数百PB。

(3) 交通：航班往返一次就能产生太字节(TB)级别的海量数据；列车、水陆路运输产生的各种视频、文本类数据，每年保存下来的也达到数十拍字节(PB)。

4. 气象与地理、政务与教育等领域

(1) 气象与地理：中国幅员辽阔，气象局保存的数据为4～5PB，每年约增数百个太字节(TB)，各种地图和地理位置信息每年约增数十太字节(PB)。

(2) 政务与教育：北京市政务数据资源网涵盖旅游、教育、交通、医疗等门类，一年上线公布400余个数据包。政务数据多为结构化数据。

5. 其他行业

线下商业销售、农林牧渔业、线下餐饮、食品、科研、物流运输等行业数据量还处于积累期，整个体积都不算大，多则达到拍字节(PB)级别，少则几百太字节(TB)，甚至只有数十太字节(TB)级别，但增速很快。

1.1.2 大数据的价值和影响

数量巨大、与微观情境相结合的运行记录信息的最终结果就是大数据。尽管运行记录信息不是大数据的全部，但却应该是以后大数据的主流。目前看得到的金融、电信、航空、电商、零售渠道等领域中的大数据，多数也都是运行记录信息。大数据具有采集过程价值未知、力争全面、即时、系统性并发的记录方式，以及主受体统一和大微观的特征，这些特征决定了大数据的价值发挥。

大数据的应用很广泛，解决了大量的日常问题。大数据是利害攸关的，它将重塑人们的生活、工作和思维方式，比其他划时代创新引起的社会信息范围和规模急剧扩大所带来的影响更大。大数据需要人们重新讨论决策、命运和正义的性质。人们的世界观正受到大数据优势的挑战，拥有大数据不但意味着掌握过去，更意味着能够预测未来。因此，大数据给人们带来了巨大的价值和影响。

(1) 全面洞察客户信息。全面分析来自渠道的反馈、社会传媒等多源信息，让每个客户作为个体了解全景。

(2) 提升企业的资源管理：利用实时数据实现预测性维护，并减少故障，推动产品和服务开发。

(3) 数据深度利用。梳理结构化、非结构化、海量历史/实时、地理信息4类数据资源，以企业核心业务及应用为主线实现四类数据资源的关联利用。

(4) 风险及时感知和控制。通过全面数据分析改进风险模型，结合交易流数据实时捕获风险，及时有效地控制。

(5) 辅助智能决策。实时分析所有的运营数据和效果反馈,优化运营流程。利用投资回报率最大程度减少信息技术成本。

(6) 更快和更大规模的产品创新。多源捕获市场反馈,利用海量市场数据和研究数据来快速驱动创新。

1.1.3 大数据技术应用场景

当前,大数据技术的应用涉及各个行业领域。

1. 大数据在金融行业的应用

近年来,随着"互联网金融"概念的兴起,催生了一大批金融、类金融机构转型或布局的服务需求,相关产业服务应运而生。而随着互联网金融向纵深发展,行业竞争日趋白热化,金融、类金融机构在其中的短板日益凸显。为了更好地获得最佳商机,金融行业也步入了大数据时代。

华尔街某公司通过分析全球3.4亿微博账户留言来判断民众情绪。人们高兴的时候会买股票,而焦虑的时候会抛售股票,它通过判断全世界高兴的人多还是焦虑的人多来决定公司股票的买入还是卖出。

阿里公司根据在淘宝网上中小企业的交易状况筛选出财务健康和诚信经营的企业,给他们提供贷款,并且不需要这些中小企业的担保。目前阿里公司已放贷款上千亿元,坏账率仅为0.3%。

2. 大数据在政府的应用

为充分运用大数据的先进理念、技术和资源,加强对我国各地市场主体的服务和监管,推进简政放权和政府职能转变,提高政府治理能力,我国一些省市运用大数据加强对市场主体服务和监管实施方案已然出炉。

3. 大数据在医疗健康的应用

随着医疗卫生信息化建设进程的不断加快,医疗数据的类型和规模也在以前所未有的速度迅猛增长,甚至产生了无法利用目前主流软件工具的现象,这些医疗数据能帮助医改在合理的时间内达到撷取、管理信息并整合成为能够帮助医院进行更积极的经营决策的有用信息。这些具有特殊性、复杂性的庞大的医疗大数据,仅靠个人甚至个别机构来进行搜索,那基本是不可能完成的。

4. 大数据在宏观经济管理领域的应用

IBM日本分公司建立了一个经济指标预测系统,它从互联网新闻中搜索出能影响制造业的480项经济数据,再利用这些数据进行预测,准确度相当高。

印第安纳大学学者利用Google提供的心情分析工具,根据用户近千万条短信、微博留言预测琼斯工业指数,准确率高达87%。

淘宝网建立了"淘宝CPI",通过采集、编制淘宝网上390个类目的热门商品价格来统计CPI,预测某个时间段的经济走势比国家统计局的CPI还提前半个月。

5. 大数据在农业领域的应用

由Google前雇员创办Climate公司,从美国气象局等数据库中获得几十年的天气数据,各地的降雨、气温和土壤状况及历年农作物产量做成紧凑的图表,从而能够预测美国任一农场下一年的产量。农场主可以去该公司咨询明年种什么能卖出去、能赚钱,说错了该公司负责赔偿，赔偿金额比保险公司还要高，但到目前为止还没赔过。

通过对手机上的农产品"移动支付"数据、"采购投入"数据和"补贴"数据分析，可准确预测农产品生产趋势，政府可依此决定出台激励实施和确定合适的作物存储量，还可以为农民提供服务。

6. 大数据在商业领域的应用

沃尔玛基于每个月4500万的网络购物数据，并结合社交网络上有关产品的大众评分，开发机器学习语义搜索引擎"北极星"，方便浏览，在线购物者因此增加10%～15%，销售额增加十多亿美元。

沃尔玛通过手机定位，可以分析顾客在货柜前停留时间的长短，从而判断顾客对什么商品感兴趣。

不仅仅是通过手机定位，实际上美国有的超市在购物推车上也安装了位置传感器，根据顾客在不同货物前停留时间的长短来分析顾客可能的购物行为。

在淘宝网上买东西时，消费者会在阿里的广告交易平台上留下记录，阿里不仅从交易记录平台把消费记录拿来供自己使用，还会把消费记录卖给其他商家。

7. 大数据在银行的应用

在信用卡服务方面，银行首先利用移动互联网技术的定位功能确定商圈，目前已实际覆盖全国161个商圈，累计服务千万人次；其次利用用户活动轨迹追踪，确定高价值商业圈设计业务；再利用大数据进行客户需求的体验分析。既包括客户的需要，也包括客户的体验，最终实现用户体验的LIKE曲线。

1.1.4 大数据技术的发展前景

据预测，到2020年，全球需要存储的数据量将达到35万亿吉字节(GB)，是2009年数据存储量的44倍。根据IDC的研究，2010年底全球的数据量已达到120万拍字节(PB)。这些数据如果使用光盘存储，摞起来可以从地球到月球一个来回。对于商业而言，这里孕育着巨大的市场机会，庞大的数据就是一个信息金矿。数据是企业的重要资产。因此，大数据将人们带进了一个更有前景的领域。

在大数据时代，一批新的大数据技术正在涌现，将改变人们分析处理海量数据的方式，使人们更快、更经济地获得所需的结果。传统商业智能限于技术瓶颈很大程度上是对抽样数据进行分析。大数据技术就是要打破传统商业智能领域的局限。大数据技术不但能处理结构化数据，还能分析和处理各种半结构化和非结构化数据，甚至从某种程度上，更擅长处理非结构化数据，例如Hadoop。而在现实生活中，这样的数据更为普遍，增长得更为迅速。例如，社交媒体中的各种交互活动、购物网站用户点击行为、图片、电子邮件等。可以说，正是此类数据的爆炸性催生了大数据相关技术的出现和完善，从而让人们知道在一个资源有限的世界中应该提取哪些有价值的信息。

大数据技术的出现和完善还可以帮助健康保险公司不做体检就能决定保险覆盖面，并降低提醒病人服药的成本。通过大数据的相关性，语言可以得到翻译，汽车可以在预测的基础上自行驾驶。人们之所以能做所有的这些事，新工具的使用只是一个很小的因素，比拥有更快的处理器、更多的存储器，更智能的软件和算法更重要的是，人们拥有了更多的数据，继而世界上更多的事物被数据化了。显然，人类量化世界的雄心先于计算机革命，但是数字工具将数据化提升到了新的高度。不仅移动电话能够跟踪到呼叫的人和被呼叫人所在的位置，而且同样的数据也能用于断定来人是否生病了。

能置身于信息流中央并且能够收集数据的公司通常会繁荣兴旺。有效利用大数据需要专业技术和丰富的想象力，即一个能容纳大数据的心态，但价值的核心归功于数据本身。有时，重要的资产并不仅仅是能清楚看到的信息，聪明的公司可以用它来改善现有的服务，或推出全新的服务。

大数据将成为理解和解决当今许多紧迫的全球问题所不可或缺的重要工具。在应对气候变化问题时，需要对污染相关的数据进行分析得出最佳方案，从而明确努力方向，找出解决问题的方法。全球范围内遍布的大量传感设备，包括智能手机内部的传感器，使人们能以更高的细节水平模拟环境。而世界贫困人口迫切需要提高医疗保健服务，降低医疗费用，这很大程度上可以靠自动化来实现。当下许多似乎需要人类判断力才能进行的事情，其实可以完全交由计算机来做，比如癌细胞活检、传染病爆发前期的模式预测等。

大数据也被用于发展经济和理解如何预防冲突。基于手机动向数据显示，非洲许多贫民窟地区经济活动十分活跃。大数据还揭示了最有可能引发种族关系紧张的社区以及解除难民危机的方式。只有当科技应用于生活的方方面面时，大数据的使用范围才能进一步扩大。

大数据能帮助人们更好地进行已有的工作，并处理全新事务。在不久的将来，人们将在生活的方方面面使用到大数据。当大数据成为日常生活的一部分后，它将会极大地改变人们对未来的看法。

大数据时代造就了一个数据库无所不在的世界，数据监管部门面临前所未有的压力和责任。如何避免数据泄露对国家利益、公众利益、个人隐私造成伤害？如何避免信息不对称，对困难群体的利益构成伤害？在有效控制风险之前，也许还是让“大数据”继续待在笼子里更好一些。

大数据的经济价值已经被人们认可，大数据的技术正逐渐成熟，一旦完成数据的整合和监管，大数据爆发的时代即将到来。人们现在要做的，就是选好自己的方向，为迎接大数据的到来提前做好准备。

以未来的视角看，无论是政府、互联网公司、IT企业，还是行业用户，只要以开放的心态、创新的勇气拥抱“大数据”，大数据时代就一定有属于中国的机会。

1.2 大数据基本概念

1.2.1 大数据定义

麦肯锡（美国首屈一指的咨询公司）是研究大数据的先驱。在其报告《*Big data：The next frontier for innovation，competition and productivity*》中给出的大数据定义是：大数据指的是大小超出常规的数据库工具获取、存储、管理和分析能力的数据集。但它同时强调，并不是说一定要超过特定太字节（TB）值的数据集才能算是大数据。

国际数据公司（IDC）从大数据的四个特征来定义，即海量的数据规模（Volume）、快速的数据流转和动态的数据体系（Velocity）、多样的数据类型（Variety）、巨大的数据价值

(Value)。

亚马逊公司(全球最大的电子商务公司)的大数据科学家 John Rauser 给出了一个简单的定义：大数据是任何超过了一台计算机处理能力的数据量。

维基百科中只有短短的一句话：“巨量资料(Big Data)，或称大数据，指的是所涉及的资料量规模巨大到无法通过目前主流软件工具，在合理时间内达到撷取、管理、处理并整理成为帮助企业经营决策更积极目的的资讯。”

而在百度百科中是这样定义的：“大数据(Big Data)，是指无法在可承受的时间范围内用常规软件工具进行捕捉、管理和处理的数据集合。”

综合上面的定义，可以得出以下几点。

(1) 大数据并没有明确的界限，它的标准是可变的。大数据在今天的不同行业中的范围可以从几十太字节(TB)到几拍字节(PB)，但在 20 年前 1GB 的数据已然是大数据了。可见，随着计算机软硬件技术的发展，符合大数据标准的数据集容量也会增长。

(2) 大数据不仅仅只是大，它还包含了数据集规模已经超过了传统数据库软件获取、存储、分析和管理能力的意思。

IDC 报告显示，计到 2020 年全球数据总量将超过 40ZB(相当于 4 万亿 GB)，这一数据量是 2011 年的 22 倍。在过去几年，全球的数据量以每年 58%的速度增长，在未来这个速度会更快。如果按照现在存储容量每年增长 40%的速度计算，到 2017 年需要存储的数据量甚至会大于存储设备的总容量。如何利用大数据解决科研、医疗、能源、商业、政府管理、城市建设等领域的问题，是全世界面临的问题。

举几个大家熟悉例子：2014 年 11 月 19 日，百度在京召开“百度云两周年媒体沟通会”，正式宣布百度云总用户数突破两亿，百度云数据存储量达 5EB，这些数据足以塞满 3.4 亿部 16GB 内存的 iPhone6，如果将这些手机首尾相连，可以在地球和月球之间搭建 16 条星际通道。

2014 年 3 月 7 日，在阿里巴巴有史以来最大型对外开放的数据峰会“2014 西湖品学大数据峰会”上，阿里巴巴大数据负责人披露了阿里巴巴目前的数据储存情况。目前在阿里巴巴数据平台事业部的服务器上，攒下了超过 100PB 已处理过的数据，等于 104 857 600GB，相当于 4 万个西雅图中央图书馆，580 亿本藏书。仅淘宝和天猫两个子公司每日新增的数据量，就足以让一个人连续不断看上 28 年的电影。而如果将一个人作为服务器，则此人处理的数据量相当于每秒钟看上 837 集的《来自星星的你》。

在 2013 年的数据大会上，腾讯公司数据平台总经理助理蒋杰透露，腾讯 QQ 目前拥有 8 亿用户、4 亿移动用户，在数据仓库存储的数据量单机群数量已达到 4400 台，总存储数据量经压缩处理后约 100PB，并且这一数据还在日增 200～300TB、月增加率为 10%的速度增长。

1993 年，《纽约客》刊登了一幅漫画，标题是“互联网上，没有人知道你是一条狗”。据说作者彼得·施泰纳因为此漫画的重印而赚取了超过 5 万美元。当时关注互联网社会学的一些专家，甚至担忧“计算机异性扮装”而引发的社会问题。

20 多年后，互联网发生了巨大的变化，移动互联、社交网络、电子商务大大拓展了互联网的疆界和应用领域。人们在享受便利的同时，也无偿贡献了自己的“行踪”。现在互联网不但知道对面是一条狗，还知道这条狗喜欢什么食物、几点出去遛弯、几点回窝睡觉。人们不得不接受这个现实，每个人在互联网进入到大数据时代都将是透明存在的。

1.2.2 大数据结构类型

当今企业存储的数据不仅仅是内容多，而且结构已发生了极大改变，不再仅仅是以二维表的规范结构存储。大量的数据来自不是结构化的数据类型(半结构化数据、准结构化数据或非结构化数据)，如办公文档、文本、图片、XML、HTML、各类报表、图片、音频和视频等，并且这些数据在企业的所有数据中是大量且增长迅速的。企业80%的数据来自不是结构化的数据类型，结构化数据仅有20%。全球结构化数据增长速度约为32%，而不是结构化的数据类型增速高达63%。预计今年不是结构化的数据类型占有比例将达到互联网整个数据量的75%以上。

(1) 结构化数据：包括预定义的数据类型、格式和结构的数据。例如，关系型数据库中的数据。

(2) 半结构化数据：具有可识别的模式并可以解析的文本数据文件。例如，自描述和具有定义模式的XML数据文件。

(3) 准结构化数据：具有不规则数据格式的文本数据，使用工具可以使之格式化。例如，包含不一致的数据值和格式化的网站点击数据，可参考 http://www.zkpk.org/。

(4) 非结构化数据：没有固定结构的数据，通常保存为不同类型的文件。例如，文本文档、图片、音频和视频。

1.2.3 大数据核心特征

业界通常用4个V，即Volume(数据量大)、Variety(类型繁多)、Value(价值密度低)、Velocity(速度快，时效高)来概括大数据的特征。

1. 数据量大

如今存储数据的数量正在急速增长，人们深陷在数据之中。人们存储的数据包括环境数据、财务数据、医疗数据、监控数据等。有关数据量的对话已从太字节(TB)级别转向拍字节(PB)级别，并且不可避免地转向泽字节(ZB)级别。现在经常听到一些企业使用存储集群来保存拍字节(PB)级的数据。随着可供企业使用的数据量不断增长，可处理、理解和分析的数据比例却不断下降。

2. 类型繁多

与大数据现象有关的数据量为尝试处理其数据中心带来了新的挑战。随着传感器、智能设备以及社交协作技术的激增，企业中的数据也变得更加复杂，因为它不仅包含传统的关系型数据，还包括来自网页、互联网日志文件(包括点击流量数据)、音频、视频、图片、电子邮件、文档、地理位置信息、主动和被动的传感器数据等原始、半结构化和非结构化数据，这些多类型的数据对数据的处理能力提出了更高要求。

3. 价值密度低

价值密度的高低与数据总量的大小成反比。以视频为例，一部1小时的视频，在连续不断的监控中，有用数据可能仅有一二秒。如何通过强大的机器算法更迅速地完成数据的价值“提纯”成为目前大数据背景下亟待解决的难题。

4. 速度快、时效高

速度快、时效高是大数据区分于传统数据挖掘的最显著特征。根据 IDC 的“数字宇宙”的报告，预计到 2020 年，全球数据使用量将达到 35.2ZB。在如此海量的数据面前，处理数据的效率就是企业的生命。

1.2.4 大数据技术

大数据处理的关键技术一般包括：大数据采集、大数据预处理、大数据存储及管理、大数据分析及挖掘、大数据展现和应用。

1. 大数据采集技术

数据是指通过 RFID 射频数据、传感器数据、社交网络交互数据及移动互联网数据等方式获得的各种类型的结构化、半结构化(或称之为弱结构化)及非结构化的海量数据，是大数据知识服务模型的根本。重点要突破分布式高速高可靠数据爬取或采集、高速数据全映像等大数据收集技术；突破高速数据解析、转换与装载等大数据整合技术；设计质量评估模型，开发数据质量技术。

大数据采集一般分为大数据智能感知层和基础支撑层。智能感知层主要包括数据传感体系、网络通信体系、传感适配体系、智能识别体系及软硬件资源接入系统，实现对结构化、半结构化、非结构化的海量数据的智能化识别、定位、跟踪、接入、传输、信号转换、监控、初步处理和管理等，必须着重攻克针对大数据源的智能识别、感知、适配、传输、接入等技术。基础支撑层提供大数据服务平台所需的虚拟服务器，结构化、半结构化及非结构化数据的数据库及物联网络资源等基础支撑环境。重点攻克分布式虚拟存储技术，大数据获取、存储、组织、分析和决策操作的可视化接口技术，大数据的网络传输与压缩技术，大数据隐私保护技术等。

2. 大数据预处理技术

大数据预处理主要完成对已接收数据的辨析、抽取、清洗等操作。

(1) 抽取。因获取的数据可能具有多种结构和类型，数据抽取过程可以帮助我们将这些复杂的数据转化为单一的或者便于处理的构型，以达到快速分析处理的目的。

(2) 清洗。对于大数据并不全是有价值的，有些数据并不是人们所关心的内容，而另一些数据则是完全错误的干扰项，因此要对数据通过过滤“去噪”提取出有效数据。

3. 大数据存储及管理技术

大数据存储与管理要用存储器把采集到的数据存储起来，建立相应的数据库，并进行管理和调用，重点解决复杂结构化、半结构化和非结构化大数据管理与处理技术，主要解决大数据的可存储、可表示、可处理、可靠性及有效传输等几个关键问题。

(1) 开发新型数据库技术。数据库分为关系型数据库、非关系型数据库以及数据库缓存系统。其中，非关系型数据库主要指的是 NoSQL 数据库，分为键值数据库、列存数据库、图存数据库以及文档数据库等类型。关系型数据库包含了传统关系数据库系统和 NewSQL 数据库。

(2) 开发大数据安全技术。大数据安全技术包括改进数据销毁、透明加解密、分布式访问控制、数据审计等技术；突破隐私保护和推理控制、数据真伪识别和取证、数据持有完整性验证等技术。

4. 大数据分析及挖掘技术

大数据分析及挖掘技术包括改进已有数据挖掘和机器学习技术;开发数据网络挖掘、特异群组挖掘、图挖掘等新型数据挖掘技术;突破基于对象的数据连接、相似性连接等大数据融合技术;突破用户兴趣分析、网络行为分析、情感语义分析等面向领域的大数据挖掘技术。

数据挖掘就是从大量的、不完全的、有噪声的、模糊的、随机的实际应用数据中,提取隐含在其中的、人们事先不知道的、但又是潜在有用的信息和知识的过程。数据挖掘涉及的技术方法很多,有多种分类法。

根据挖掘任务,可分为分类或预测模型发现,数据总结、聚类、关联规则发现,序列模式发现,依赖关系或依赖模型发现、异常和趋势发现等;根据挖掘对象可分为关系数据库、面向对象数据库、空间数据库、时态数据库、文本数据源、多媒体数据库、异质数据库、遗产数据库以及互联网 Web。

根据挖掘方法,可粗分为机器学习方法、统计方法、神经网络方法和数据库方法。在机器学习中可细分为归纳学习方法(决策树、规则归纳等)、基于范例学习法、遗传算法等。在统计方法中可细分为回归分析(多元回归、自回归等)、判别分析(贝叶斯判别、费歇尔判别、非参数判别等)、聚类分析(系统聚类、动态聚类等)、探索性分析(主元分析法、相关分析法等)等。

挖掘任务和挖掘方法着重突破以下方面。

(1) 可视化分析。数据可视化无论对于普通用户或是数据分析专家,都是最基本的功能。数据图像化可以让数据自己说话,让用户直观地感受到结果。

(2) 数据挖掘算法。图像化是将机器语言翻译给人看,而数据挖掘就是机器的母语。通过分割、集群、孤立点分析及其他各种算法让人们精炼数据,挖掘价值。这些算法一定要能够应付大数据的量,同时还要具有很高的处理速度。

(3) 预测性分析。预测性分析可以让分析师根据图像化分析和数据挖掘的结果做出一些前瞻性判断。

(4) 语义引擎。语义引擎需要采用人工智能技术从数据中主动地提取信息。语言处理技术包括机器翻译、情感分析、舆情分析、智能输入、问答系统等。

(5) 数据质量和数据管理。数据质量与管理是管理的最佳实践,透过标准化流程和机器对数据进行处理可以确保获得一个预设质量的分析结果。

5. 大数据展现与应用技术

大数据技术能够将隐藏于海量数据中的信息和知识挖掘出来,为人类的社会经济活动提供依据,从而提高各个领域的运行效率,大大提高了整个社会经济的集约化程度。在我国,大数据将重点应用于商业智能、政府决策、公共服务三大领域。例如,商业智能技术,政府决策技术,电信数据信息处理与挖掘技术,电网数据信息处理与挖掘技术,气象信息分析技术,环境监测技术,警务云应用系统(道路监控、视频监控、网络监控、智能交通、反电信诈骗、指挥调度等公安信息系统),大规模基因序列分析比对技术,Web 信息挖掘技术,多媒体数据并行化处理技术,影视制作渲染技术,其他各种行业的云计算和海量数据处理应用技术等。

1.2.5 行业应用大数据实例

关于“啤酒加尿布”的故事想必大家都耳熟能详了，下面介绍几个更有新意、更典型的关于大数据应用的实例，来帮助大家更清晰地理解和认识大数据时代。

1. “新”公司耐克

耐克公司凭借一种名为Nike＋的新产品变身为大数据营销的创新公司。所谓Nike＋，是一种“Nike跑鞋或腕带＋传感器”的产品，只要运动者穿着Nike＋的跑鞋运动，iPod就可以存储并显示运动日期，时间、距离、热量消耗值等数据。用户上传数据到耐克社区，就能和其他用户分享这些数据。耐克公司和Facebook达成协议，用户上传的跑步状态会实时更新到账户里。随着跑步者不断上传自己的跑步路线，耐克公司由此掌握了主要城市里最佳跑步路线的数据库。凭借运动者上传的数据，耐克公司已经成功创建了全球最大的运动网上社区，超过500万活跃的用户，每天不停地上传数据，耐克公司借此与消费者建立前所未有的牢固关系。海量的数据同时对于耐克公司了解用户习惯、改进产品、精准投放和精准营销又起到了不可替代的作用。因为顾客跑步停下来休息时，交流最多的就是装备，“什么追踪得更准，又出了什么更炫的鞋子”。Nike＋甚至让耐克公司掌握了跑步者最喜欢听的歌是哪些。

分析师称，Nike＋的会员数在2011年增加了55％。其中，耐克公司的跑步业务收入增长了30％，达到了28亿美元，Nike＋功不可没。

2. 农场云端管理服务商Farmeron

Farmeron旨在为全世界的农民提供类似于Google Analytics的数据跟踪和分析服务。农民可在其网站上利用这款软件，记录和跟踪自己饲养畜牧的情况，包括饲料库存、消耗和花费，畜牧的出生、死亡、产奶，还有农场收支等信息。其可贵之处在于：Farmeron帮着农场主将支离破碎的农业生产记录整理到一起，用先进的分析工具和报告有针对性地检测分析农场及生产状况，有利于农场主科学地制定农业生产计划。

Farmeron创建于克罗地亚，自2011年11月成立至今，Farmeron已经在14个国家建立了农业管理平台，为450个农场提供了商业监管服务。公司在2014年获得了140万美元的融资。

3. Morton牛排店的品牌认知

当一位顾客通过推特社交软件向位于芝加哥的牛排连锁店订餐并送餐到纽约Newark机场(他将在一天之后抵达该处)时，Morton就开始了自己的社交秀。首先，Morton要分析推特数据，确定该顾客是不是本店的常客，是否是推特的常用者。如果是，根据客户以往的订单，推测出其所乘的航班，然后派出一位身着燕尾服的侍者为客户提供晚餐。

4. 产品推荐

下面来看一则《纽约时报》报道的新闻。一位愤怒的父亲跑到美国Target超市投诉他近期收到超市寄给他大量的婴儿用品广告，而他的女儿还只不过是个高中生，但一周以后这位愤怒的父亲再次光临并向超市道歉，因为Target发来的婴儿用品促销广告并不是误发，他的女儿确实怀孕了。《纽约时报》的这则故事让很多人第一次感受到了变革，这次变革和人类经历过的若干次变革最大的不同在于：它发生时无声无息，但它确确实实改变了人们的生活。

不知从何时开始,淘宝,天猫,京东,甚至是浏览器都开始为人们推荐商品和人们感兴趣的内容,不知从何时开始人们习惯了这种推荐方式,又不知从何时开始,推荐的内容变得更加精确。

产品推荐是Amazon的发明,它为Amazon等电子商务公司赢得了近1/3的新增商品交易。产品推荐的一个重要方面是基于客户交易行为分析的交叉销售。根据客户信息、客户交易历史、客户购买过程的行为轨迹等客户行为数据以及同一商品其他访问或成交客户的客户行为数据,进行客户行为的相似分析,为客户推荐商品,浏览这一商品的客户还浏览了哪些商品、购买这一产品的客户还购买了哪些商品、预测客户还会喜欢哪些商品等。对于领先的B2C网站(如京东、亚马逊、淘宝等),这些数据是海量的。

基于大数据应用的行业实例数不胜数,并且都为各个行业带来可观的效益,甚至可以改变游戏规则。对于未来,人们会发现在电影中出现的预测犯罪、智慧城市等情景都会由于大数据处理技术的进步一一实现,这并不是遥不可及的梦想。

1.3 大数据系统

当代互联网技术已被公认为继农业革命、工业革命后,全面改变人类社会的"第三次革命"。其中,大数据是目前互联网科技最前沿的一个领域。这是一个信息爆炸的时代,人类正进入全新的大数据时代,数据正在不断地借助各种终端涌向各个信息系统,又通过这些信息系统分发到世界的各个角落。这些数据每时每刻都从各个不同的角度动态反映着大自然的变化,也动态反映着人与他人、人与自身、人与组织、人与社会的形形色色的关系。人们几千年来都是通过在一定的区域内、假定相对稳态的一段时间内不断地实践和总结来逐步认识世界和改造世界的,而进入大数据时代之后,人们发现可以借助如此丰富的数据,在一个更广阔的区域里、在动态变化的世界里重新认识世界和改造世界,这样的认识更加全面,这样的改造更加准确。

面对这场"数据地震",只要人们有效掌握收集数据、分析数据、利用数据的办法和途径,就能在海量数据中去伪存真、变"数"为宝。所以人们急需这样一个系统,将数据汇聚起来,加以分析和处理,将其中有价值的信息分析出来,让人们认清事物的全局、预测未来的变化趋势。这个系统就是大数据系统。

1.3.1 设计目标和原则

1. 设计目标

大数据具有数据体量巨大、类型繁多、价值密度低、处理速度快这四个典型特征,所以大数据系统中无论是在体系架构设计上,还是在采集、存储、处理、传递、备份等功能设计上,都要有和以往不同的目标要求。大数据系统的核心设计目标有以下几点要求。

(1) 可以存储海量数据。当今是一个信息大爆炸的时代,网络的广泛使用更加剧了信息爆炸的速度。信息资源的爆炸性增长,对存储系统在存储容量、数据可用性等方面提出了越来越高的要求。所以系统的存储功能在设计时需考虑能够存储随时间变化不断增大的数据;能够支撑多种数据类型的存储(类型可以是结构化、半结构化和非结构化的);存储时能够适应很大的数据个体,也可以适应很小的数据个体。

(2) 可以进行高速处理。系统不仅可以存储海量的数据,还需保证数据规模不断增大时或数据量短时间内快速增长时,其处理速度不受这些影响,依然能够符合用户对响应速度的要求。

(3) 可以快速开发出并行服务。系统必须提供并行服务的开发框架,让开发人员能够依据此框架迅速开发出面向大数据的程序代码,并可在动态分布的集群上实现并行计算。

(4) 可以运行在廉价机器搭建的集群上。廉价是大数据系统最重要的一个目标。系统可以安装并运行在廉价的机器上,还需具有将规模庞大的廉价机器组成集群并协调工作的功能。

2. 设计原则

在系统设计目标的实现过程中,系统还需遵循以下设计原则。

(1) 实用性。系统必须具有实用性,其实用性体现在:①既可以满足几个节点构成的小规模集群,也可以满足有上万节点的大规模集群;②系统在一个节点上安装完后,可以同构地快速复制到多个节点上;③系统可以在单节点上模拟独立运行和伪分布运行,以便程序的开发和调试;④系统可以在开源的通信系统上建立开源的操作系统;⑤系统必须支持多种协议格式,允许用户基于这些协议与系统进行交互。

(2) 可靠性。可靠性是系统运行时必须具有的重要属性之一。在设计时要减少单点故障的存在,对可能存在单点故障的环节,在设计上要尽可能减少其对整个系统的影响。当核心节点出现故障时,能够迅速切换到备份节点;当计算节点出现故障时,控制节点可将任务分发到邻近节点上。

(3) 安全性。数据是系统中最重要的核心资产,不允许因节点故障而造成丢失,同时还要确保数据的完整性。

(4) 可扩展性。系统应允许集群内的节点进行增加和减少,并且主控节点可以智能感知到节点的增加和减少;当原节点因老化被替换时,需提供方法将节点的数据迁移到新节点上且不破坏数据的完整性;用户可以根据内容类型的不同,采用不同的编码方式来新增数据类型。

(5) 完整性。这里的完整性不是指数据的完整性,而是指系统功能的完整性。大数据系统必须具有大数据采集、存储、开发、分析、控制、呈现等涉及大数据处理全生命周期的子系统或功能模块,能够让客户基于大数据系统完成其应用。

1.3.2 当前大数据系统

当下有两个比较火的词汇,一个是“云计算”,一个是“大数据”。作为热门词汇,“云计算”和“大数据”到底是什么,它们在概念上有很多交叉,人们会对这两个词汇产生混淆。其实这两个词汇是讲一个事物的一体两面性,“云计算”侧重于让单个节点的计算能力最大化,而“大数据”侧重于让数据价值最大化。正所谓“云计算”讲的是技术,而“大数据”讲的是效用,最后终究是大数据占了上风。

如果回归到技术是为了创造价值这一基点上,可以发现大数据系统并不陌生,在现实世界中早已存在,例如谷歌(Google)的搜索引擎就借助了大数据系统取得了空前的成功。成功的秘诀是视角的不同,谷歌(Google)是从上往下看,为全球用户提供跨领域的搜索服务;

而传统的信息系统是从下往上看，为领域用户提供某个领域的信息服务。谷歌搜索引擎的关系模型如图1-1所示。

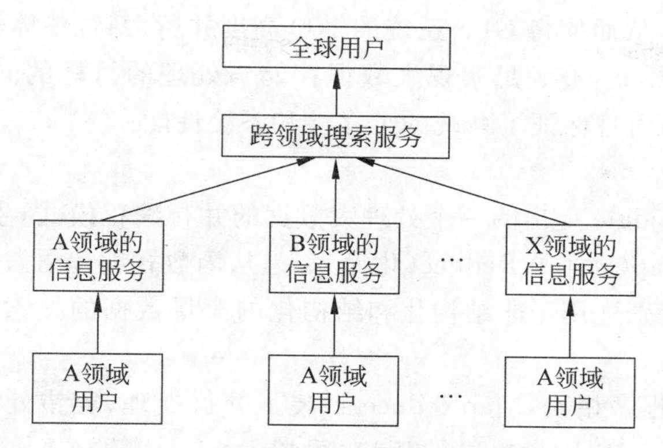

图1-1 谷歌搜索引擎的关系模型

1. Google

Google是大数据时代的奠基者，其大数据技术架构一直是互联网公司争相学习和研究的重点。它拥有全球最强大的搜索引擎，为全球用户提供基于海量数据的实时搜索服务。Google为了解决海量数据的存储和快速处理问题，用了一种简单而又高效的系统，让多达百万台廉价的计算机协同工作，共同完成海量数据的存储和快速处理。这种系统被Google称为云计算，现在看来应该叫大数据系统。

Google的大数据系统的三大核心技术分别是Google文件系统(GFS)、分布式计算编程模式(MapReduce)和分布式结构化数据存储系统(BigTable)。GFS提供大数据的存储节访问服务，MapReduce可以很容易地实现并行计算，BigTable可以很方便地管理和组织结构化大数据。

1) GFS

GFS是一个可扩展的分布式文件系统，用于大型的、分布式的、对大量数据进行访问的应用。它与MapReduce及BigTable结合得非常紧密，是基础的底层系统。它运行于廉价的普通硬件上，提供容错功能。GFS系统将整个系统的节点分为Client(客户端)、Master(主服务器)和Chunk Server(数据块服务器)三类角色。

Client是GFS提供给应用程序的访问接口，它是一组专用接口，不遵守POSIX规范，以库文件的形式提供。应用程序直接调用这些库函数，并与该库链接在一起。

Master是GFS的管理节点，在逻辑上只有一个，它保存系统的元数据，负责整个文件系统的管理，是GFS文件系统的调度中心。

Chunk Server负责具体的存储工作。数据以文件的形式存储在Chunk Server上，Chunk Server的机器个数可以有多个，它的数目直接决定了GFS系统的规模。GFS将文件按照固定大小进行分块，默认分块大小是64MB，每一块称为一个Chunk(数据块)，每个Chunk都有一个对应的索引号(Index)。

客户端在访问GFS时，首先访问Master主服务器，获取将要与之进行交互的Chunk Server信息，然后客户端直接访问这些Chunk Server完成数据存取。GFS的这种设计方法实现了控制流和数据流的分离。Client与Master之间只有控制流，而无数据流，这样就极大地降低了 Master 的负载，使之不成为系统性能的一个瓶颈。Client 与 Chunk Server 之间直接传输数据流，同时由于文件被分成多个 Chunk 进行分布式存储，Client 可以同时访问多个 Chunk Server，从而使得 GFS 系统的 I/O 高度并行，系统整体性能得到提高。

GFS 的这种设计模式，在满足实现大数据存储与处理的目标的同时，做到了在一定规模下使成本降到最低，而且保证了系统的可靠性和系统性能。

2) MapReudce

MapReudce 是 Google 提出的一个处理大数据的并行编程模式，主要用于大数据(大于1TB)的并行计算。Map(映射)、Reduce(化简)都是从函数式编程语言和矢量编程语言借鉴来的，这种编程模式特别适用于非结构化和结构化的海量数据的搜索、挖掘、分析和智能机器学习。

与传统的分布式程序相比，MapReduce 封装了并行处理、容错处理、本地化计算、负载均衡等细节。通过 MapReduce 提供的接口，可以轻易地把计算处理代码自动分发到发布的节点进行并行处理，还可以通过普通 PC 构成巨大集群来达到极高的性能。

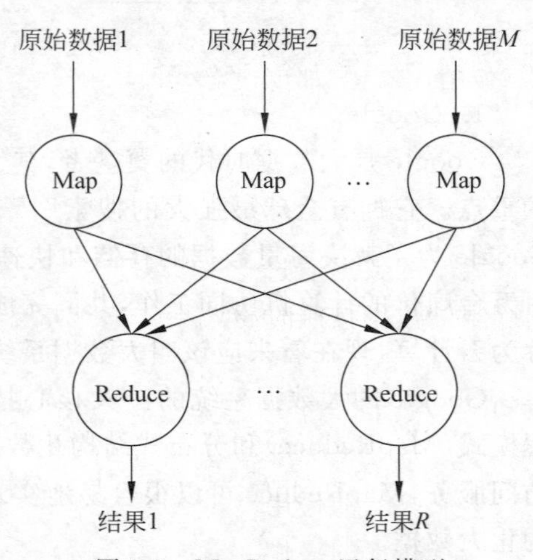

图 1-2　MapReduce 运行模型

MapReduce 的运行模型由 M 个 Map 函数操作和 R 个 Reduce 函数操作构成，如图 1-2 所示。

简单地说，一个 Map 函数就是对一部分原始数据进行指定的操作。每个 Map 操作都针对不同的原始数据，因此 Map 与 Map 之间是互相独立的，这就使得它们可以充分并行化。一个 Reduce 操作就是对每个 Map 所产生的一部分中间结果进行合并操作，每个 Reduce 所处理的 Map 中间结果是互不交叉的，所有 Reduce 产生的最终结果经过简单连接就形成了完整的结果集，因此 Reduce 也可以在并行环境下执行。

例如，用 MapReduce 来计算一个大型文本文件中各个单词出现的次数，Map 的输入参数指明了需要处理哪部分数据，以＜在文本中的起始位置，需要处理的数据长度＞表示，经过 Map 处理，形成一批中间结果＜单词，出现次数＞。而 Reduce 函数则是把中间结果进行处理，将相同单词出现的次数进行累加，得到每个单词总的出现次数。

Map 是把原始数据的键值对＜k，v＞变成＜k1，v1＞的另一个键值对，这种转换关系与 Map 的函数处理有关。假设 Map 函数处理的原始键值对是＜序号，语句＞，而输出的键值对是＜单词，单词在语句中出现的次数＞，这就说明 Map 函数的算法对语句按单词进行拆分，并给出单词在语句中的出现次数。

Reduce 在操作前，系统会先将 Map 的中间结果进行同类项的合并处理。也就是说，Reduce 处理的原始键值对＜k，[v1，v2，v3…]＞，而输出的键值对就要看 Reduce 函数的算法对这些 v 值进行了什么处理。例如，对某个单词在文章中出现的次数进行计算，那么就将这个单词在所有语句中出现的次数相加，最终输出的是＜单词，在文章中出现的次数＞。

3）BigTable

BigTable是一个为管理大规模结构化数据而设计的分布式存储系统，可以扩展到拍字节(PB)级数据和上千台服务器。Google的很多数据，包括Web索引、卫星图像数据等在内的海量结构化和半结构化数据都存储在BigTable中。

BigTable是通过一个行关键字、一个列关键字和一个时间戳进行索引的。BigTable对存储在其中的数据不做任何解析，一律将其看成字符串，具体的数据结构实现由用户自行处理。

(1) 行。行可以是任意的字符串，但是大小不能超过64KB。BigTable通过行关键字的字典顺序来组织数据。表中的每个行都可以动态分区。每个分区称为一个Tablet。Tablet是数据分布和负载均衡调整的最小单位。

(2) 列。列关键字组成的集合称为“列族”。列族是访问控制的基本单位。列族在使用之前必须先创建，然后才能在列族中任何的列关键字下存放数据；列族创建后，其中的任何一个列关键字下都可以存放数据。

列关键字的命名语法为列族：限定词。列族的名字必须是可打印的字符串，而限定词的名字可以是任意的字符串。

(3) 时间戳。在BigTable中，表的每一个数据项都可以包含同一份数据的不同版本；不同版本的数据通过时间戳来索引。BigTable时间戳的类型是64位整型。数据项中，不同版本的数据按照时间戳倒序排序，即最新的数据排在最前面。

BigTable由客户端、主服务器和子表服务器三个部分构成。锁打开以后，客户端就可以和子表服务器进行通信。主服务主要进行一些元数据的操作以及解决子表服务器之间的负载调度问题，实际的数据是存储在子表服务器上的。

主服务器的作用包括新子表分配、子表服务器的状态监控和子服务器之间的负载均衡。子表服务器上的操作主要涉及子表的定位、分配以及子表数据的最终存储。

2. Hadoop

Hadoop是一个开源分布式计算平台。用户可以利用Hadoop轻松地组织计算机资源，从而搭建自己的分布式计算平台，并且可以充分利用集群的计算和存储能力，完成海量数据的处理。Hadoop已广泛地被企业用于搭建大数据库系统，据不完全统计，全球已经有数以万计的Hadoop系统被安装和使用，国内知名的中国移动、百度、阿里都在大规模地使用Hadoop系统。随着互联网的不断发展，新的业务模式还将不断涌现，Hadoop的应用也会从互联网领域向电信、电子商务、银行、生物制药等领域拓展。

Hadoop是Apache组织正在推进的项目。这个项目主要由两大部分的子项目构成，一个是基础部分，另一个是配套部分。

1）基础部分

(1) Hadoop Common。Hadoop Common是支撑Hadoop的公共部分，包括文件系统、远程过程调用RPC和序列化函数库等。

(2) HDFS。HDFS是可以提供高吞吐量的可靠分布式文件系统，是Google GFS的开源实现。

(3) MapReduce。MapReduce是大型分布式数据处理模型，是Google MapReduce的开源实现。

2）配套部分

（1）HBase。HBase 是支持结构化数据存储的分布式数据库，是 Google BigTable 的开源实现。

（2）Hive。Hive 是提供数据摘要和查询功能的数据仓库。

（3）Pig。Pig 是在 MapReduce 上构建的一种脚本式开发方式，大大简化了 MapReduce 的开发工作。

（4）Cassandra。Cassandra 是由 Facebook 支持的开源、高可扩展分布式数据库，是 Amazon 库层架构 Dynamo 的全分布和 Google BigTable 的列式数据存储模型的有机结合。

（5）Chukwa。Chukwa 是用来管理大型分布式系统的数据采集系统。

（6）Zookeeper。Zookeeper 用于解决分布式系统中一致性问题，是 Google Chubby 的开源实现。

1.4 大数据与企业

1.4.1 大数据对企业的挑战性

大数据，可谓当下 IT 领域最为时髦的词，简单说就是从各种数据中快速获取价值信息的能力，它不只是一个词汇，更是一门技术，代表一个产业时代。而中国作为世界上人口最多、GDP 排名第二的国家，成立“大数据国家队”是非常及时的。大数据的精髓在于“大”，它不是抽样而是全样，它不是盲人摸到的象腿或者是象鼻子，而是整个大象本身，大数据的精妙之处在于用的人越多越增值。通过这样一个模糊的宏观判断，能够完成一个精准的个体推荐，从而会让整个生产效率得到极大提高。

不过对于一个企业而言，大数据作为一个新生领域，尽管大数据意味着大机遇，拥有巨大的应用价值，但同时也遭遇工程技术、管理政策、人才培养、资金投入等诸多领域的大挑战。只有解决这些基础性的挑战问题，才能充分利用这个大机遇，让大数据为企业为社会充分发挥与贡献最大价值。

1. 数据来源错综复杂

丰富的数据源是大数据产业发展的前提，而我国数字化的数据资源总量远远低于欧美，每年新增数据量仅为美国的 7%，欧洲的 12%，其中政府和制造业的数据资源积累远远落后于国外。就已有的数据资源来说，还存在标准化低、准确性差、完整性低、利用价值不高的情况，这大大降低了数据的价值。

当前，几乎任何规模企业，每时每刻都在产生大量的数据，但这些数据如何归集、提炼始终在困扰着人们。而大数据技术的意义确实不在于掌握规模庞大的数据信息，而在于对这些数据进行智能处理，从中分析和挖掘出有价值的信息，但前提是如何获取大量有价值的数据。

未来，数据采集是一个很大的市场，因为分析的数据模型可以根据需求和思维制作，但所有的前提是采集的数据要准，现在的问题一个是采集不到，一个是采集错了，还有一个是采集效率受到网络带宽限制，这几个都做不到的话数据价值很难用起来。

大数据时代，需要更加全面的数据来提高分析预测的准确度，因此就需要更多便捷、廉价、自动的数据生产工具。除了人们在网上使用的浏览器正在有意或者无意地记载着个人的信息数据之外，手机包括各种智能手机和智能手表等各种可穿戴设备也在无时无刻地产生着数据，就连家里的路由器、电视机、空调、冰箱、饮水机、净化器等也开始越来越智能化并且具备了联网功能，这些家用电器在更好地服务于人们的同时，也在产生着大量的数据，甚至人们出去逛街，商户的 WiFi，运营商的 3G 网络，无处不在的摄像头电子眼，百货大楼的自助屏幕，银行的 ATM，加油站以及遍布各个便利店的刷卡机等也都在产生着数据。

随着移动互联、云计算等技术的飞速发展，无论何时何地，手机等各种网络入口以及无处不在的传感器等，都会对个人数据进行采集、存储、使用、分享，而这一切大都是在人们并不知晓的情况下发生。人们的一举一动、地理位置，都会被记录下来，成为海量无序数据中的一个数列，和其他数据进行整合分析。

比如，当用手机扫描二维码，并将其用微博转发的时候，转发者的消费习惯、偏好，甚至其社交圈子的信息，就已经被商家的大数据分析工具捕获。大数据平台在提供服务的同时，也在时刻收集着用户的各种个人信息：消费习惯、阅读习惯，甚至生活习惯。这些数据，一方面给人们带来了诸多便利；但另一方面，由于数据的管理还存在漏洞，那些发布出去或存储起来的海量信息，也很容易被监视和窃取。

大数据散发出不可估量的商业价值。但让人感到不安的是，信息采集手段越来越高超、便捷和隐蔽，对公民个人信息的保护，无论在技术手段还是法律支撑都依然捉襟见肘。人们面临的不仅是无休止的骚扰，更可能是各种犯罪行为的威胁。大数据时代，谁来保护公民的个人隐私？既是每个人都应当思考的问题，也是政府部门不可推卸的责任。

2. 数据挖掘分析模型的建立

步入大数据时代，人们纷纷在谈论大数据，似乎这已经演化为新的潮流趋势。数据比以往任何时候都更加根植于人们生活中的每个角落。人们试图用数据去解决问题、提高生活水平，促进新的经济繁荣。人们纷纷流露出对大数据以及对大数据分析技术的高度期待。然而，关于大数据分析，虽然人们已充分认识大数据的价值，但缺少对大数据的实际运用模式和方法。造成这种窘境的原因主要有两点：①对于大数据分析的价值逻辑尚缺乏足够深刻的洞察；②大数据分析中的某些重大事件或技术还不成熟。大数据时代下数据的海量增长，缺乏大数据分析逻辑以及大数据技术还有待发展，正是大数据时代下我们面临的挑战。

大数据的大，一般人认为指的是它数据规模的海量。随着人类在数据记录、获取及传输方面的技术革命，造成了数据获得的便捷与低成本，这便使原有的以高成本方式获得的描述人类态度或行为的、数据有限的小数据已然变成了一个巨大的、海量规模的数据包。这其实是一种片面认识。其实，前大数据时代也有海量的数据集，但由于其维度的单一，以及和人或社会有机活动状态的剥离，而使其分析和认识真相的价值极为有限。大数据的真正价值不在于它的大，而在于它的全面，即空间维度上的多角度、多层次信息的交叉浮现；时间维度上的与人或社会有机体的活动相关联信息的持续呈现。

另外，要以低成本和可扩展的方式处理大数据，这就需要对整个 IT 架构进行重构，开发先进的软件平台和算法。这方面，国外又一次走在我们前面。特别是近年来以开源模式发展起来的 Hadoop 等大数据处理软件平台，及其相关产业已经在美国初步形成。而我国数据处理技术基础薄弱，总体上以跟随为主，难以满足大数据大规模应用的需求。如果把大数据比作石油，那数据分析工具就是勘探、钻井、提炼、加工的技术。我国必须掌握大数据关键技术，才能将资源转化为价值。应该说，要迈过这道坎，开源技术为人们提供了很好的基础。

因此，现在已经有很多企业开始意识到，要想真正在 Hadoop 平台上做数据分析、数据挖掘的应用，有两种选择：要么就是交给一个懂数据、懂分析、懂编程又要有技巧的技术团队来操作；要么就是选择某家商业公司推出的成熟的大数据平台。

总而言之，目前尽管计算机智能化有了很大进步，但还只能针对小规模、有结构或类结构的数据进行分析，谈不上深层次的数据挖掘，现有的数据挖掘算法在不同行业中还难以通用。

3. 数据开放与隐私的权衡

数据应用的前提是数据开放，这已经是共识。有专业人士指出，中国人口居世界首位，但 2010 年中国新存储的数据为 250PB，仅为日本的 60%和北美的 7%。2012 年中国的数据存储量达到 64EB，其中 55%的数据需要一定程度的保护，然而目前只有不到一半的数据得到保护。

美国的数据开放程度较高。美国政府提供政策和经费保障，使数据信息中心群成为国家信息生产和服务基地，保障数据信息供给不断，利用网络把数据和信息最便捷、及时地送到包括科学家、政府职员、公司职员、学校师生在内所有公民的桌上和家庭中，把全社会带进了信息化时代。

纵观国内，对我国政府、企业和行业的信息化系统建设往往缺少统一规划和科学论证，系统之间缺乏统一的标准，形成了众多“信息孤岛”，而且受行政垄断和商业利益所限，数据开放程度较低，以邻为壑、共享难，这给数据利用造成极大障碍。制约我国数据资源开放和共享的一个重要因素是政策法规不完善，大数据挖掘缺乏相应的立法，毕竟我国还没有国家层面的专门适合数据共享的国家法律。无法既保证共享又防止滥用，一方面缺少有关使用公共数据的政策；另一方面有关数据保护和隐私保护方面的制度不完善，两者都抑制了开放大数据的积极性。因此，建立一个良性发展的数据共享生态系统，是我国大数据发展中亟待解决的一个问题。

开放与隐私如何平衡，亦是一大难题。任何技术都是双刃剑，大数据也不例外。如何在推动数据全面开放、应用和共享的同时有效地保护公民、企业隐私，逐步加强隐私立法，将是大数据时代的一个重大挑战。

数据增值的关键在于整合，但自由整合的前提是数据的开放。在大数据时代，开放数据的意义，不仅仅是满足公民的知情权，更在于让大数据时代最重要的生产资料、生活数据自由地流动起来，准确全面地应用起来，以推动知识经济和网络经济的发展，促进中国的经济增长由粗放型向精细型转型升级。然而战略观念上的缺失、政府机构协调困难、企业对数据共享的认识不足及投入不够、科学家对大数据的渴望无法满足等都是当前大数据在我国发展应用中不得不面对的困难。

4. 大数据管理与决策

大数据的技术挑战显而易见，但其带来的决策挑战更为艰巨。大数据至关重要的方面，就是它会直接影响组织怎样作决策、谁来做决策。在信息有限、获取成本高昂且没有被数字化的时代，组织内作重大决策的人，都是位高权重的人，或高价请来的拥有专业技能和丰富经验的外部智囊。但是，在当今的商业世界中，高管的决策仍然更多地依赖个人经验和直觉，而不是基于数据。

大数据开发的根本目的是以数据分析为基础，帮助人们做出更明智的决策，优化企业和社会运转。哈佛商业评论说，大数据本质上是“一场管理革命”。大数据时代的决策不能仅凭经验，而真正要“拿数据说话”。因此，大数据能够真正发挥作用，深层次看，还要改善人们的管理模式，需要将管理方式和架构与大数据技术工具相适配。这或许是人们最难迈过的一道坎了。

大数据应用领域仍窄小，应用费用过高，因此制约了大数据的应用。国内能利用大数据背后产业价值的行业主要集中在金融、证券、电信、能源、烟草等超大型、垄断型企业，其他行业谈大数据价值为时尚早。随着企业内部的资料量愈来愈大，日后大数据将成为IT支出中的主要部分，特别是数据储存所耗费的成本，很可能加重企业负担，使企业望而却步。因此有远见的企业管理人员必须预先做好准备。

5. 大数据人才缺口

如果说，以Hadoop为代表的大数据是一头小象，那么企业必须有能够驯服它的驯兽师。企业中缺少精通大数据技术的相关人才成为一个大问题。

大数据建设的每个环节都需要依靠专业人员完成，因此必须培养和造就一支懂指挥、懂技术、懂管理的大数据建设专业队伍。

1.4.2 企业大数据的发展方向

近几年，互联网行业发展风起云涌，大数据炙手可热，对处于初始阶段的大数据而言，很多企业都不会错失机会。那么，企业大数据未来的发展方向是什么呢？

1. 数据的资源化

资源化是指大数据成为企业和社会关注的重要战略资源，并已成为大家争相抢夺的新焦点。因此，企业必须要提前制定大数据营销战略计划，抢占市场先机。

2. 大数据分析领域高速发展

数据蕴藏价值，但是数据的价值需要用IT技术去发现、去探索，数据的积累并不能够代表其价值的多少。而如何发现数据中的价值已经成为企业用户密切关注的话题，于是大数据分析成为人们密切关注的问题，毕竟这个直接关系到数据的利用情况。随着大数据行业IT基础设施的不断完善，大数据分析技术将迎来快速发展，不同的挖掘技术、挖掘方法将是人们未来比较重视的领域，因为这个领域直接关系到数据价值的最终体现方式。

3. 大数据技术将成为企业IT的核心技术

随着大数据价值逐渐被发展，大数据技术将成为企业IT的核心技术，因为在这个以营利为主导的行业环境中，什么技术能够为企业带来更多的价值企业就会重视什么技术。在以往，IT系统在企业中更多的是扮演辅助工作的任务，而随着大数据的发展，IT系统也将具有更大的意义。如今，社会化数据分析也正在崛起，这对于IT和非IT来说都影响深远。越来越多的企业将开始分析舆情、地理位置、行为、社交图景和富媒体社会化数据来更好地了解客户需求，进行更有效的风险管理，IT部门也开始利用社交媒体应用协作解决问题，或者定义需求。

4. 分布式存储将发挥更大价值

大数据的特点就是数量多且大，这就使得存储的管理面临着挑战，这个问题就需要新的技术来解决，分布式存储技术将作为未来解决大数据存储的重要技术。分布式存储系统将数据分散存储在多台独立的设备上。这就解决了传统存储方式的存储性能的瓶颈问题。分布式网络存储系统采用可扩展的系统结构，利用多台存储服务器分担存储负荷，利用位置服务器定位存储信息，它不但提高了系统的可靠性、可用性和存取效率，还易于扩展。

5. 大数据与云技术的结合

如果再找一个可以跟大数据并驾齐驱的IT热词，云计算无疑是与大数据关系非常大的一个词语。很多人在提到大数据的时候总会想到云计算，二者还是有很多不同的，用一句话来解释两者：云计算是硬件资源的虚拟化，大数据则是海量数据的高效处理。虽然大数据与云计算不同，但是两者之间还是有着千丝万缕的关系。云计算相当于人们的计算机和操作系统，将大量的硬件资源虚拟化之后再进行分配使用，大数据则是人们处理的数据。云计算是大数据处理器的最佳平台，未来，这种趋势的发展将使越来越使人的关系紧密。

6. 中国成为大数据最重要的市场

中国在未来将可能成为大数据最重要的市场，中国拥有世界上1/5的人口，同时中国的发展正处于快速的上升期。中国产生的数据将是巨大的，而巨大的数据对大数据的发展将起到促进的作用，而大数据在中国市场的发展也将处于领先地位。

1.4.3 企业大数据观

前面通过"大数据对企业的挑战"、"大数据的存储"、"企业大数据的发展方向"，已然表明了大数据对企业的重要性，接下来分析企业应该如何应对大数据时代的到来，即企业应具有什么样的大数据观。

(1) 企业应当跳出传统的信息系统思维的约束，将企业的信息化边界放在一个信息的"巨系统"下思考，因为那里存放了企业所需要的大量数据。

(2) 企业做大数据系统，本质上是在做情报分析系统，使企业具备基于数据判断、基于数据决策的能力。

(3) 决定企业未来竞争力的因素在现有"资金流、信息流、物流"基础上要再加上"大数据"，这四个要素应用的好坏将决定企业能"走多远、变多大"。

(4) 借助大数据技术可以使企业摆脱以往只能将有限的资源放在重点领域检测的束缚，从而实现对企业的全面检测，真正使企业从"粗放经营"走向"智慧经营"。

本章小结

本章主要从宏观的角度概括地介绍了大数据。

(1) 大数据的时代背景。从大数据的来源到大数据的价值和影响，以及对应用前景和发展前景的介绍，理解什么是大数据，大数据是用来干什么的。

(2) 大数据的基本概念。首先介绍了什么是大数据，大数据中数据结构的复杂度，重点理解大数据的四个核心特征，接着介绍了大数据所使用的技术，最后介绍了一些大数据的应用实例。

(3) 大数据系统。介绍了其核心设计目标，在系统设计目标的实现过程中，系统还需遵循一定的设计原则。

(4) 在大家初步了解大数据后，还要理解大数据在企业中的实际运用，以及大数据对企业的意义。

习　题

1. 概述大数据的价值和影响。

2. 详细描述大数据的四大核心特征。

3. 大数据处理中所面临的数据结构类型大多数是结构化数据。判断这句话是否正确，并阐述理由。

4. Hadoop这个项目主要由哪两大部分组成，这两大部分的子项目分别是什么？

5. 在大数据如火如荼的今天，企业面临哪些挑战？简要阐述企业对大数据要采取什么样的态度？

第2章

初识Hadoop

本章提要

在第1章中介绍了大数据的基本概念及与大数据相关的几个核心问题，通过这些问题已经对大数据有了一个初步的了解，由于大数据对系统提出了很多极限的要求，不论是存储、传输还是计算，现有的计算技术难以满足大数据的需求，因此引入了Hadoop平台。Hadoop是Apache软件基金会旗下的一个开源式分步计算平台，以Hadoop分布式文件系统(Hadoop Distributed File System，HDFS)和MapReduce为核心的Hadoop为用户提供了系统底层细节透明的分布式基础框架。

本章将通过介绍Hadoop基本简介、体系结构、分布式开发以及生态系统等有关内容，让读者了解到什么是Hadoop，Hadoop是怎样的，将Hadoop与其他系统相比较，最后列举一些Hadoop应用案例，从而使读者深入了解Hadoop。

2.1 Hadoop简介

Hadoop是一个基础架构系统，是Google的云计算基础架构的开源实现，主要由HDFS、MapReduce组成。

2.1.1 Hadoop概况

Hadoop是一个由Apache基金会所开发的分布式系统基础架构。用户可以在不了解分布式底层细节的情况下开发分布式程序。简单地说来，Hadoop是一个可以更容易开发和运行处理大规模数据的软件平台。充分利用集群的威力进行高速运算和存储。Hadoop实现了一个分布式文件系统(Hadoop Distributed File System，HDFS)。HDFS有高容错性的特点，并且设计用来部署在低廉的硬件上，形成分布式系统；它通过提供高吞吐量来访问应用程序的数据，适合那些有着超大数据集的应用程序。HDFS放宽了POSIX的要求，可以以流的形式访问文件系统中的数据。因此用户可以利用Hadoop轻松地组织计算资源，从而搭建自己的分布式计算平台，并且可以充分利用集群的计算和存储能力，完成海量数据处理。

Hadoop本质上起源于Google的集群系统，Google的数据中心使用廉价Linux PC组成集群，运行各种应用。即使是分布式开发新手也可以迅速使用Google的基础设施。Google采集系统的核心组件有两个：一个是GFS，这是一个分布式文件系统，隐藏下层负载均衡，冗余复制等细节，对上层程序提供一个统一的文件系统 API 接口；另一个是 MapReduce 计算模型，Google 发现大多数分布式运算可以抽象为 MapReduce 操作。Map 是把输入 Input 分解成中间的 Key/Value 对，Reduce 把 Key/Value 合成，最终输出 Output。这两个函数由程序员提供给系统，下层设施把 Map 和 Reduce 操作分布在集群上运行，并把结果存储在 GFS 上。

Hadoop 框架最核心的设计就是：HDFS 和 MapReduce。HDFS 为海量的数据提供了存储，MapReduce 为海量的数据提供了计算，即 Hadoop 实现了 HDFS 文件系统和 MapReduce 计算框架，使 Hadoop 成为一个分布式的计算平台。用户只要分别实现 Map 和 Reduce，并注册 Job 即可自动分布式运行。因此，Hadoop 并不仅仅是一个用于存储的分布式文件系统，而且是用于由通过计算设备组成的大型集群上执行分布式应用的框架。实际上，狭义的 Hadoop 就是指 HDFS 和 MapReduce，是一种典型的 Master-Slave 架构。如图 2-1 所示。

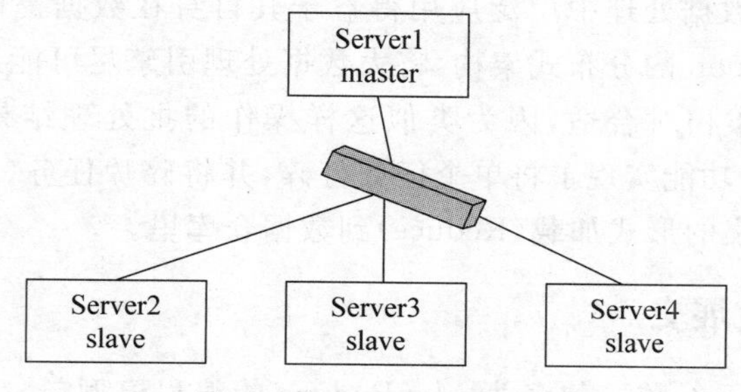

图 2-1 Hadoop 基本架构

如今广义的 Hadoop 已经包括 Hadoop 本身和基于 Hadoop 的开源项目，并且已经形成了完备的 Hadoop 生态链系统，这点在 2.2.3 小节中会讲到。

2.1.2 Hadoop 的功能和作用

众所周知，当今社会信息科技飞速发展，这些信息中又积累着大量数据，人们若要对这些数据进行分析处理，以获取更多有价值的信息，可以选择 Hadoop 系统。Hadoop 是一种实现云存储和云计算的方法，在处理这类问题时，采用了分布式存储方式，提高了读写速度，并扩大了存储容量。采用 MapReduce 来整合分布式文件系统上的数据，可保证分析和处理数据的高效。与此同时，Hadoop 还采用存储冗余数据的方式保证了数据的安全性。Hadoop 中 HDFS 的高容错特性，以及它是基于 Java 语言开发的特性使得 Hadoop 可以部署在低廉的计算机集群中，同时不限于某个操作系统。Hadoop 中 HDFS 的数据管理能力，MapReduce 处理任务时的高效率，以及它的开源特性，使其在同类的分布式系统中大放异彩，并在众多行业和科研领域中被广泛采用。

2.1.3 Hadoop 的优势

Hadoop 是一个能够对大量数据进行分布式处理的软件框架，Hadoop 可以以一种可靠、高效、可伸缩的方式进行处理。Hadoop 是可靠的，因为它假设计算元素和存储会失败，因此维护多个工作数据副本，确保能够针对失败的节点重新分布处理。Hadoop 是高效的，因为它可以并行工作，通过并行处理加快处理速度。Hadoop是可伸缩的，能够处理拍字节(PB)级数据。此外，Hadoop依赖于廉价商用服务器，因此它的成本较低，任何人都可以使用。Hadoop是一个能够让用户轻松搭建和使用的分布式计算平台，用户可以轻松地在Hadoop上开发和运行处理海量数据的应用程序。它的主要优点如下。

(1) 高可靠性。Hadoop按位存储和处理数据的能力值得人们信赖。

(2) 高扩展性。Hadoop是在可用的计算机集簇间分配数据并完成计算任务的，这些集簇可以方便地扩展到数以千计的节点中。

(3) 高效性。Hadoop能够在节点之间动态地移动数据，并保证各个节点的动态平衡，因此处理速度非常快。

(4) 高容错性。Hadoop能够自动保存数据的多个副本，并且能够自动将失败的任务重新分配。Hadoop带有用Java语言编写的框架，因此运行在Linux生产平台上是非常理想的，Hadoop上的应用程序也可以使用其他语言编写，比如C++。

Hadoop得以在大数据处理中广泛应用得益于其自身在数据提取、变形和加载(ETL)方面的天然优势。Hadoop的分布式架构，将大数据处理引擎尽可能地靠近存储，对例如像ETL这样的批处理操作相对合适，因为类似这样操作的批处理结果可以直接走向存储。Hadoop的MapReduce功能实现了将单个任务打碎，并将碎片任务(Map)发送到多个节点上，之后再以单个数据集的形式加载(Reduce)到数据仓库里。

2.1.4 Hadoop的发展史

Hadoop原本来自于谷歌一款名为MapReduce的编程模型包。谷歌的MapReduce框架可以把一个应用程序分解为许多并行计算指令，跨大量的计算节点运行非常巨大的数据集。使用该框架的一个典型例子就是在网络数据上运行的搜索算法。Hadoop最初只与网页索引有关，迅速发展成为分析大数据的领先平台。

Hadoop最早起源于Nutch。Nutch是一个开源的网络搜索引擎，由Doug Cutting于2002年创建。Nutch的设计目标是构建一个大型的全网搜索引擎，包括网页抓取、索引、查询等功能，但随着抓取网页数量的增加，遇到了严重的可扩展性问题，不能解决数十亿网页的存储和索引问题。之后，谷歌发表的两篇论文为该问题提供了可行的解决方案。一篇是2003年发表的关于谷歌分布式文件系统(GFS)的论文。该论文描述了谷歌搜索引擎网页相关数据的存储架构，该架构可解决Nutch遇到的网页抓取和索引过程中产生的超大文件存储需求的问题。但由于谷歌未开源代码，Nutch项目组便根据论文完成了一个开源实现，即Nutch的分布式文件系统(NDFS)。另一篇是2004年发表的关于谷歌分布式计算框架MapReduce的论文。该论文描述了谷歌内部最重要的分布式计算框架MapReduce的设计艺术，该框架可用于处理海量网页的索引问题。同样，由于谷歌未开放源代码，Nutch的开发人员完成了一个开源实现。由于NDFS和MapReduce不仅适用于搜索领域，2006年年初，开发人员便将其移出Nutch，成为Lucene的一个子项目，称为Hadoop。大约同一时间，Doug Cutting加入雅虎公司，且公司同意组织一个专门的团队继续发展Hadoop。同年2月，Apache Hadoop项目正式启动以支持MapReduce和HDFS的独立发展。2008年1月，Hadoop成为Apache顶级项目，迎来了它的快速发展期。

目前有很多公司开始提供基于Hadoop的商业软件、支持、服务以及培训。Cloudera是一家美国的软件公司，该公司在2008年开始提供基于Hadoop的软件和服务。GoGrid是一家云计算基础设施公司。在2012年，该公司与Cloudera合作加速了企业采纳基于Hadoop应用的步伐。Dataguise公司是一家数据安全公司，同样在2012年该公司推出了一款针对Hadoop的数据保护和风险评估。

2.1.5 Hadoop的应用前景

Hadoop在设计之初就定位于高可靠性、高可拓展性、高容错性和高效性。正是这些设计上与生俱来的优点，才使得Hadoop一出现就受到众多大公司的青睐，同时也引起了研究界的普遍关注。到目前为止，Hadoop技术在互联网领域已经得到了广泛的运用。例如，Yahoo！使用4000个节点的Hadoop集群来支持广告系统和Web搜索的研究；Facebook使用1000个节点的集群运行Hadoop存储日志数据，支持其上的数据分析和机器学习；百度用Hadoop处理每周200TB的数据，从而进行搜索日志分析和网页数据挖掘工作；中国移动研究院基于Hadoop开发了“大云”(Big Cloud)系统，不但用于相关数据分析，还对外提供服务；淘宝的Hadoop系统用于存储并处理电子商务交易的相关数据。国内的高校和科研院所基于Hadoop在数据存储、资源管理、作业调度、性能优化、系统高可用性和安全性方面进行研究，相关研究成果多以开源形式贡献给Hadoop社区。

除了上述大型企业将Hadoop技术运用在自身的服务中外，一些提供Hadoop解决方案的商业型公司也纷纷跟进，利用自身技术对Hadoop进行优化、改进、二次开发等，然后以公司自有产品形式对外提供Hadoop的商业服务。比较知名的有创办于2008年的Cloudera公司，它是一家专业从事基于ApacheHadoop的数据管理软件销售和服务的公司，它希望充当大数据领域中类似Red Hat在Linux世界中的角色。该公司基于Apache Hadoop发行了相应的商业版本Cloudera Enterprise，还提供Hadoop相关的支持、咨询、培训等服务。在2009年，Cloudera聘请了Doug Cutting(Hadoop的创始人)担任公司的首席架构师，从而进一步加强了Cloudera公司在Hadoop生态系统中的影响。最近，Oracle也表示已经将Cloudera的Hadoop发行版和Cloudera Manager整合到Oracle Big Data Appliance中。同样，Intel也基于Hadoop发行了自己的版本IDH。从这些可以看出，越来越多的企业将Hadoop技术作为进入大数据领域的必备技术。

目前，Hadoop技术虽然已经被广泛应用，但是该技术无论在功能上还是在稳定性等方面还有待进一步完善，所以还在不断开发和不断升级维护的过程中，新的功能也在不断地被添加和引入，读者可以关注Apache Hadoop的官方网站了解最新的信息。得益于如此多厂商和开源社区的大力支持，相信在不久的将来，Hadoop也会像当年的Linux一样被广泛应用于越来越多的领域，从而风靡全球。

2.2 深入了解Hadoop

2.2.1 Hadoop的体系结构

Hadoop的体系结构包含了HDFS体系结构和MapReduce体系结构。正如Hadoop简介中所描述的一样，HDFS和MapReduce是Hadoop的两大核心。而整个Hadoop的体系结构主要是通过 HDFS 来实现对分布式存储底层的支持，并且它会通过 MapReduce 来实现对分布式并行任务处理的程序支持。对这两种体系结构详细情况的介绍如下。

1. HDFS 体系结构

HDFS 采用了主从(Master/Slave)结构模型，一个 HDFS 集群是由一个 NameNode 和若干个 DataNode 组成的。其中，NameNode 作为主服务器，管理文件系统的命名空间和客户端对文件的访问操作；集群中的 DataNode 管理存储的数据。HDFS 允许用户以文件的形式存储数据。从内部来看，文件被分成若干个数据块，而且这若干个数据块存放在一组 DataNode 上。NameNode 执行文件系统的命名空间操作，比如打开、关闭、重命名文件或目录等，它也负责数据块到具体 DataNode 的映射。DataNode 负责处理文件系统客户端的文件读写请求，并在 NameNode 的统一调度下进行数据块的创建、删除和复制工作。HDFS 的体系结构如图 2-2 所示。

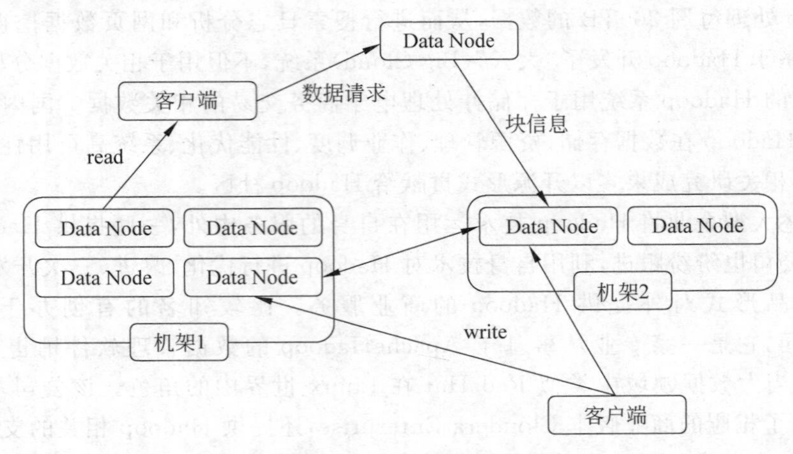

图 2-2 HDFS 体系结构

NameNode 和 DataNode 都被设计成可以在普通商用计算机上运行。这些计算机通常运行的是 GNU/Linux 操作系统。HDFS 采用 Java 语言开发，因此任何支持 Java 的计算机都可以部署 NameNode 和 DataNode。一个典型的部署场景是集群中的一台计算机运行一个 NameNode 实例，其他计算机分别运行一个 DataNode 实例。当然，并不排除一台计算机运行多个 DataNode 实例的情况。集群中单一的 NameNode 的设计则大大简化了系统的架构。NameNode 是所有 HDFS 元数据的管理者，用户数据永远不会经过 NameNode。

2. MapReduce 体系结构

MapReduce 是一种并行编程模式，这种模式使得软件开发者可以轻松地编写出分布式并行程序。在 Hadoop 的体系结构中，MapReduce 是一个简单易用的软件框架，基于它可以将任务分发到由上千台商用计算机组成的集群上，并以一种高容错的方式并行处理大量的数据集，实现 Hadoop 的并行任务处理功能。

由此可知，HDFS 和 MapReduce 共同组成了 Hadoop 分布式系统体系结构的核心。HDFS 在集群上实现了分布式文件系统，MapReduce 在集群上实现了分布式计算和任务处理。HDFS 在 MapReduce 任务处理过程中提供了文件操作和存储等支持，MapReduce 在 HDFS 的基础上实现了任务的分发、跟踪、执行等工作，并收集结果，二者相互作用完成了

Hadoop 分布式集群的主要任务。

2.2.2 Hadoop 与分布式开发

Hadoop 分布式文件系统是一个用于普通硬件设备上的分布式文件系统，它与现有的文件系统有很多相似的地方，但又和这些文件系统有很多明显的不同。实际上，它就是分布式软件系统，即支持分布式处理的软件系统。它是在通信网络互联的多处理机体系结构上执行任务的系统，包括分布式操作系统、分布式程序设计语言及其编译系统、分布式文件系统和分布式数据库系统等。Hadoop 是分布式软件系统中文件系统层的软件，它实现了分布式文件系统和部分分布式数据库系统的功能。Hadoop 中的分布式文件系统 HDFS 能够实现数据在计算机集群组成的云上高效地存储和管理，Hadoop 中的并行编程框架 MapReduce 能够让用户编写的 Hadoop 并行运用的程序运行得以简单化。本小节将介绍一些简单的 Hadoop 进行分布式并发编程的相关知识。

在 Hadoop 上开发并行应用程序是基于 MapReduce 编程模型的。MapReduce 编程模型的原理是：利用一个输入的 key/value 对集合产生一个输出的 key/value 对集合。MapReduce 库的用户用两个函数来表达这个计算：Map 和 Reduce。用户定义的 Map 函数接收一个输入 key/value，然后产生一个中间 key/value 对的集合。MapReduce 把所有具有相同 key 值的 value 集合在一起，然后传递给 Reduce 函数。用户定义的 Reduce 函数接收 key 和相关的 value 集合，Reduce 函数合并这些 value 值，形成一个较小的 value 集合。一般来说，每次调用 Reduce 函数只产生 0 或者 1 个输出的 value 值。通常通过一个迭代器把中间 value 值提供给 Reduce 函数，这样就可以处理无法全部放入内存中的大量的 value 值集合了。如图 2-3 所示的 MapReduce 数据流图，体现了 MapReduce 处理大数据集的过程。简而言之，这个过程就是将大数据集分解为成百上千个小数据集，每个或若干个数据集分别由集群中的一个节点进行处理并生成中间结果，然后这些中间结果又由大量的节点合并，形成最终结果。图 2-3 也说明了 MapReduce 框架下并行程序中两个主要函数：Map、Reduce。在这个结构中，用户需要完成的是根据任务编写 Map 和 Reduce 函数。

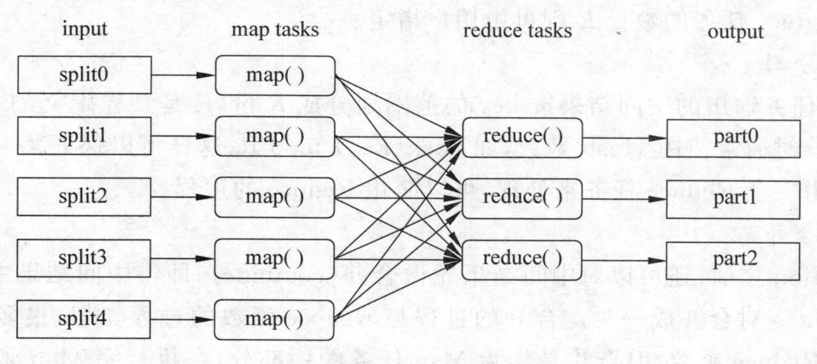

图 2-3 MapReduce 数据流

MapReduce 计算模型非常适合在大量计算机组成的大规模集群上并行运行。图 2-3 中的每一个 Map 任务和每一个 Reduce 任务均可以同时运行于一个单独的计算节点上，可想而知其运算效率是很高的。因此，接下来将了解其并行计算的原理。

1. 数据的分布存储

Hadoop 中的分布式文件系统 HDFS 由一个管理节点(NameNode)和 N 个数据节点(DataNode)组成,每个节点均是一台普通的计算机。在使用上与我们熟悉的单机上的文件系统非常相似,同样可以新建目录,创建、复制、删除文件,查看文件内容等。但其底层实现上是把文件切割成块(Block),然后这些块分散地存储于不同的 DataNode 上,每个块还可以复制数份存储于不同的 DataNode 上,达到容错容灾的目的。NameNode 则是整个 HDFS 的核心,它通过维护一些数据结构,记录了每一个文件被切割成了多少个块,这些块可以从哪些 DataNode 中获得,各个 DataNode 的状态等重要信息。

2. 分布式并行计算

Hadoop 中有一个作为主控的 JobTracker,用于调度和管理其他的 TaskTracker, JobTracker 可以运行于集群中任一台计算机上。TaskTracker 负责执行任务,必须运行于 DataNode 上,即 DataNode 既是数据存储节点,也是计算节点。JobTracker 将 Map 任务和 Reduce 任务分发给空闲的 TaskTracker,让这些任务并行运行,并负责监控任务的运行情况。如果某一个 TaskTracker 出故障了,JobTracker 会将其负责的任务转交给另一个空闲的 TaskTracker 重新运行。

3. 本地计算

数据存储在哪一台计算机上,就由这台计算机进行这部分数据的计算,这样可以减少数据在网络上的传输,降低对网络带宽的需求。在 Hadoop 这样的基于集群的分布式并行系统中,计算节点可以很方便地扩充,因而它的计算能力几乎是无限的。但是由于数据需要在不同的计算机之间流动,故网络带宽变成了瓶颈,是非常宝贵的。"本地计算"是最有效的一种节约网络带宽的手段,业界将其形容为"移动计算比移动数据更经济"。

4. 任务粒度

把原始大数据集切割成小数据集时,通常让小数据集小于或等于 HDFS 中一个块的大小(默认是 128MB),这样能够保证一个小数据集位于一台计算机上,便于本地计算。有 M 个小数据集待处理,就启动 M 个 Map 任务,注意这 M 个 Map 任务分布于 N 台计算机上并行运行,Reduce 任务的数量 R 则可由用户指定。

5. 数据分割

把 Map 任务输出的中间结果按 key 的范围划分成 R 份(R 是预先定义的 Reduce 任务的个数),划分时通常使用 Hash 函数,如 hash(key) mod R,这样可以保证某一段范围内的 key,一定是由一个 Reduce 任务来处理,可以简化 Reduce 的过程。

6. 数据合并

在 partition 之前,还可以对中间结果先做合并(combine),即将中间结果中有相同 key 的<key,value>对合并成一对。合并的过程与 Reduce 函数的过程类似,很多情况下就可以直接使用 Reduce 函数,但合并是作为 Map 任务的一部分,在执行完 Map 函数后紧接着执行的。合并能够减少中间结果中<key,value>对的数目,从而减少网络流量。

7. reduce 任务

Map 任务的中间结果在做完合并和分区之后,以文件形式存于本地磁盘。中间结果文件的位置会通知主控,再通知 Reduce 任务到哪一个 DataNode 上去取中间结果。注意,所有的 Map 任务产生中间结果均按其 key 用同一个 Hash 函数划分成了 R 份,R 个 Reduce

任务各自负责一段 key 区间。每个 Reduce 函数需要向许多个 Map 任务节点取得落在其负责的 key 区间内的中间结果,然后执行 Reduce 函数,形成一个最终的结果文件。

8. 任务管道

有 R 个 Reduce 任务,就会有 R 个最终结果,很多情况下这 R 个最终结果并不需要合并成一个最终结果。因为这 R 个最终结果又可以作为另一个计算任务的输入,开始另一个并行计算任务。

2.2.3 Hadoop 生态系统

现代社会中,Hadoop 已经成为一个庞大的体系,只要和海量数据相关的领域就会有 Hadoop 的身影。Hadoop 的核心是 HDFS 和 MapReduce。Hadoop 的生态系统如图 2-4 所示。

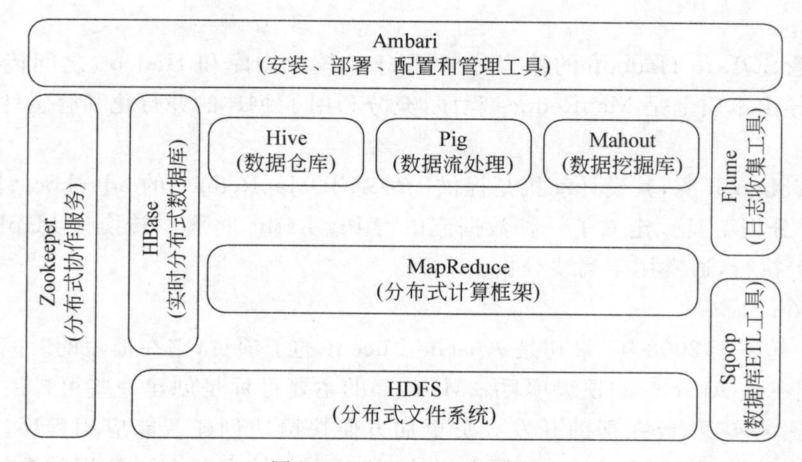

图 2-4 Hadoop 生态系统

1. HDFS

HDFS 源自于 Google 的 GFS 论文,发表于 2003 年 10 月,HDFS 是 GFS 的克隆版。HDFS 是 Hadoop 体系中数据存储管理的基础。它是一个高度容错的系统,能检测和应对硬件故障,用于在低成本的通用硬件上运行。HDFS 简化了文件的一致性模型,通过流式数据访问,提供高吞吐量应用程序数据访问功能,适合带有大型数据集的应用程序。

2. MapReduce

MapReduce 源自于 Google 的 MapReduce 论文,发表于 2004 年 12 月,而 Hadoop MapReduce 是 Google MapReduce 的克隆版。MapReduce 是一种计算模型,用于进行大数据量的计算。其中,Map 对数据集上的独立元素进行指定的操作,生成键-值对形式的中间结果。Reduce 则对中间结果中相同"键"的所有"值"进行规约,以得到最终结果。MapReduce 这样的功能划分,非常适合在大量计算机组成的分布式并行环境里进行数据处理。

3. Hive

Hive 由 facebook 开源,最初用于解决海量结构化的日志数据统计问题。Hive 定义了一种类似 SQL 的查询语言(HQL),将 SQL 转化为 MapReduce 任务在 Hadoop 上执行,通常用于离线分析。

4. HBase

HBase源自Google的Bigtable论文,发表于2006年11月,HBase是Google Bigtable的克隆版。HBase是一个针对结构化数据的可伸缩、高可靠、高性能、分布式和面向列的动态模式数据库。和传统关系数据库不同,HBase采用了BigTable的数据模型:增强的稀疏排序映射表(key/value)。其中,键由行关键字、列关键字和时间戳构成。HBase提供了对大规模数据的随机、实时读写访问,同时,HBase中保存的数据可以使用MapReduce来处理,它将数据存储和并行计算完美地结合在一起。

5. Zookeeper

Zookeeper源自Google的Chubby论文,发表于2006年11月,Zookeeper是Chubby的克隆版。解决分布式环境下的数据管理问题:统一命名、状态同步、集群管理、配置同步等。

6. Sqoop

Sqoop是SQL-to-Hadoop的缩写,主要用于传统数据库和Hadoop之间传输数据。数据的导入和导出本质上是MapReduce程序,充分利用了MR的并行化和容错性。

7. Pig

Pig由Yahoo开源,其设计动机是提供一种基于MapReduce的ad－hoc(计算在query时发生)数据分析工具。定义了一种数据流语言Pig Latin,将脚本转换为MapReduce任务在Hadoop上执行,通常用于离线分析。

8. Mahout

Mahout起源于2008年,最初是Apache Lucent的子项目,它在极短的时间内取得了长足的发展,现在是Apache的顶级项目。Mahout的主要目标是创建一些可扩展的机器学习领域经典算法的实现,旨在帮助开发人员更加方便快捷地创建智能应用程序。Mahout现在已经包含了聚类、分类、推荐引擎(协同过滤)和频繁集挖掘等广泛使用的数据挖掘方法。除了算法,Mahout还包含数据的输入/输出工具、与其他存储系统(如数据库、MongoDB或Cassandra)集成等数据挖掘支持架构。

9. Flume

Flume是Cloudera开源的日志收集系统,具有分布式、高可靠、高容错、易于定制和扩展的特点。它将数据从产生、传输、处理并最终写入目标路径的过程抽象为数据流,在具体的数据流中,数据源支持在Flume中定制数据发送方,从而支持收集各种不同协议数据。同时,Flume数据流提供对日志数据进行简单处理的能力,如过滤、格式转换等。此外,Flume还具有能够将日志写入各种数据目标(可定制)的能力。总的来说,Flume是一个可扩展、适合复杂环境的海量日志收集系统。

2.3 Hadoop与其他系统

2.3.1 Hadoop与关系型数据库管理系统

现代社会,数据库已不再对大量磁盘上的大规模数据进行批量分析,因为对磁盘的寻址时间的提高远远慢于传输速率的提高,如果数据的访问模式中包含大量的磁盘寻址,那么读

取大量数据集所花的时间势必会更长于流式数据读取模式。另一方面，如果数据库系统只更新一小部分，那么使用传统的关系型数据库则更有优势，但数据系统在更新大部分数据时，使用关系型数据库的效率就比 MapReduce 低得多，因为需要使用排序/合并来重建数据库。在很多情况下，MapReduce 也可以看作是关系型数据库管理系统的补充，两个系统之间的差异见表 2-1。

表 2-1 关系型数据库和 MapReduce 的比较

比较项	传统关系型数据库	MapReduce	比较项	传统关系型数据库	MapReduce
数据大小	吉字节(GB)级	拍字节(PB)级	结构	静态模式	动态模式
访问	交互式和批处理	批处理	完整性	高	底
更新	多次读写	一次写入多次读取	横向扩展	非线性	线性

MapReduce 比较适合以批处理的方式处理所需要分析的整个数据集的问题，而关系型数据库适用于点查询和更新，数据集被索引后，数据库系统能够提供低延迟的数据检索和快速的少量数据更新，MapReduce 适合一次写入、多次读取数据的应用，而关系型数据库更适合持续更新的数据集。

MapReduce 和关系型之间的另一个区别在于它们所操作的数据集的结构化程度。结构化数据是具有既定格式的实体化数据，例如满足 XML 文档或特定预定义格式的数据库表。这是 RDBMS 包括的内容。另一方面，半结构化数据比较松散，虽然可能有格式，但经常被忽略，所以它只能用做对数据结构的一般指导。例如，一张电子表格，其结构是由单元格组成的网格，但是每个单元格自身可保存任何形式的数据。分结构化数据没有什么特别的内部结构，例如纯文本或图像数据。MapReduce 对于非结构化或半结构化数据非常有效，因为在处理数据时才对数据进行解释。换句话说，MapReduce 输入的键和值并不是数据固有的属性，而是由分析数据的人员来选择的。

关系型数据库往往是规范的，以保持数据的完整性且不含冗余。规范化给 MapReduce 带来了问题，因为它使记录读取成为异地操作，然而 MapReduce 的核心假设之一是，记录可以进行流式读写操作。Web 服务器日志是一个典型的非规范化数据记录，例如每次都需要记录客户端主机全名，导致同一客户端全名可能会多次出现，这也是 MapReduce 非常适合用于分析各种日志文件的原因之一。MapReduce 是一种线性可伸缩的编程模型。程序员编写两个函数，分别为 Map 函数和 Reduce 函数，每个函数定义一个键/值对集合到另一个键/值对集合的映射。这些函数无须关注数据集及其所用集群的大小，因此可以原封不动地应用到小规模数据集或大规模的数据集上。更重要的是，如果输入的数据量是原来的两倍，那么运行的时间也需要两倍。但是如果集群是原来的两倍，作业的运行仍然与原来一样快。SQL 查询一般不具备该特性。

随着时间的流逝，社会的不断发展，在不久的将来关系型数据库系统和 MapReduce 系统之间的差异很可能变得模糊。一方面，关系型数据库开始吸收 MapReduce 的一些思路（如 Aster DATA 的和 GreenPlum 的数据库）；另一方面，基于 MapReduce 的高级查询语言（如 Pig 和 Hive）使得 MapReduce 的系统更接近传统的数据库编程方式。

2.3.2 Hadoop与云计算

云计算和大数据在很大程度上是相辅相成的。两者最大的区别在于，云计算是正在做的事情，大数据则是所拥有的事物。云计算对于普通人来说就像云一样，一直没有机会真正地感受到，而大数据则更加实际，是确确实实能够改变人们生活的事物。Hadoop从某个方面来说，与大数据结合得更加紧密。

目前，现有的计算机技术远远赶不上数据的增长，设计最合理的分层存储架构已成为信息系统的关键。分布式存储架构不仅需要Scala Up式的可扩展性，也需要Scala Out式的可扩展性，因此大数据处理离不开云计算技术，云计算可为大数据提供弹性可扩展的基础设施支撑环境以及数据服务的高效模式，大数据则为云计算提供了新的商业价值，大数据技术与云计算技术必将更完美地结合。

云计算的关键技术包括分布式并行计算、分布式存储以及分布式数据管理技术，而Hadoop就是一个实现了Google云计算系统的开源平台，包括并行计算模型MapReduce、分布式文件系统HDFS，以及分布式数据库HBase，同时Hadoop的相关项目也很丰富，包括Zookeeper、Pig、Chukwa、Hive、HBase、Mahout等。总而言之，用一句话概括就是云计算因大数据问题而生，大数据驱动了云计算的发展，而Hadoop在大数据和云计算之间建立起了一座坚实可靠的桥梁。

2.4 Hadoop应用案例

2.4.1 Hadoop在百度的应用

百度作为全球最大的中文搜索引擎公司，提供基于搜索引擎的各种产品，包括以网络搜索为主的功能性搜索，以贴吧为主的社区搜索，针对区域、行业的垂直搜索，MP3音乐搜索，以及百科等，几乎覆盖了中文网络世界中所有的搜索需求。

百度对海量数据处理的要求是比较高的，要在线下对数据进行分析，还要在规定的时间内处理完并反馈到平台上。在百度，Hadoop主要应用于以下几个方面。

(1) 数据挖掘与分析。

(2) 日志分析平台。

(3) 数据仓库系统。

(4) 推荐引擎系统。

(5) 用户行为分析系统。

但是百度在使用Hadoop时也遇到了如下一些问题。

(1) MapReduce的效率问题。

(2) HDFS的效率和可靠性问题。

(3) 内存使用的问题。

(4) 作业调度的问题。

(5) 性能提升的问题。

(6) 健壮性的问题。

(7) Streaming 局限性的问题。

(8) 用户认证的问题。

因此,百度为了更好地用 Hadoop 进行数据处理,在以下几个方面做了改进和调整。

1. 调整 MapReduce 策略

(1) 限制作业处于运行状态的任务数。

(2) 调整预测执行策略,控制预测执行量,一些任务不需要预测执行。

(3) 根据节点内存状况进行调度。

(4) 平衡中间结果输出,通过压缩处理减少 I/O 负担。

2. 改进 HDFS 的效率和功能

(1) 权限控制。在拍字节(PB)级数据量的集群上数据应该是共享的,这样分析起来比较容易,但是需要对权限进行限制。

(2) 让分区与节点独立。这样,一个分区坏掉后节点上的其他分区还可以正常使用。

(3) 修改 DFSClient 选取块副本位置的策略,增加功能使 DFSClient 选取块时跳过出错的 DataNode。

(4) 解决 VFS(Virtual File System)的 POSIX(Portable Operating System Interface of Unix)兼容性问题。

3. 修改 Speculative 的执行策略

(1) 采用速率倒数替代速率,防止数据分布不均时经常不能启动预测执行情况的发生。

(2) 增加任务时,必须达到某个百分比后才能启动预测执行的限制,解决 Reduce 运行等待 Map 数据的时间问题。

(3) 只有一个 Map 或 Reduce 时,可以直接启动预测执行。

4. 对资源使用进行控制

(1) 对应用物理内存进行控制。如果内存使用过多会导致操作系统跳过一些任务,百度通过修改 Linux 内核对进程使用的物理内存进行独立的限制,超过阈值可以终止进程。

(2) 分组调度计算资源,实现存储共享、计算独立,在 Hadoop 中运行的进程是不可抢占的。

(3) 在大块文件系统中,X86 平台下一个页的大小是 4KB。如果页较小,管理的数据就会很多,会增加数据操作的代价并影响计算效率,因此需要增加页的大小。

百度在 2006 年就开始关注 Hadoop 并开始调研和使用,在 2012 年其总的集群规模达到近十个,单集群超过 2 800 台机器节点,Hadoop 机器总数有上万台机器,总的存储容量超过 100PB,已经使用的超过 74PB,每天提交的作业数目也有数千个之多,每天的输入数据量已经超过 7 500PB,输出超过 1 700TB。同时,百度在 Hadoop 的基础上还开发了自己的日志分析品台、数据仓库系统,以及统一的 C++ 编程接口,并对 Hadoop 进行深度改造,开发了 Hadoop C++ 扩展 HCE 系统。

2.4.2 Hadoop 在 Yahoo! 的应用

关于 Hadoop 技术的研究和应用,Yahoo! 始终处于领先地位,它不但将 Hadoop 应用于自己的各种产品中,还包括数据分析、内容优化、反垃圾邮件系统、广告的优化选择、大数据处理和 ETL 等;同时,还在用户兴趣预测、搜索排名、广告定位等方面进行了充分的应用。

在 Yahoo! 主页个性化方面，实时服务系统通过 Apache 从数据库中读取 user 到 interest 的映射，并且每隔 5 分钟生产环境中的 Hadoop 集群就会基于最新数据重新排列内容，每隔 7 分钟就在页面上更新内容。

在邮箱方面，Yahoo! 利用 Hadoop 集群根据垃圾邮件模式为邮件计分，并且每隔几个小时就在集群上改进反垃圾邮件模型，集群系统每天还可以推动 50 亿次的邮件投递。

目前，Hadoop 最大的生产应用是 Yahoo! 的 Search Webmap 应用，它运行在超过 10 000 台机器的 Linux 系统集群里，Yahoo! 的网页搜索查询使用的就是它产生的数据。Webmap 的构建步骤如下：首先进行网页的爬取，同时产生包含所有已知网页和互联网站点的数据库，以及一个关于所有页面及站点的海量数据组；然后将这些数据传输给 Yahoo! 搜索中心执行排序算法。在整个过程中，索引中页面间的链接数量将会达到 1TB，经过压缩的数据产出量会达到 300TB，运行一个 MapReduce 任务就需使用超过 10 000 的内核，而在生产环境中使用数据的存储量超过 5PB。

Yahoo! 在 Hadoop 中同时使用了 Hive 和 Pig。在许多人看来，Hive 和 Pig 大体上相似，而且 Pig Latin 与 SQL 也十分相似。那么 Yahoo! 为什么要同时使用这些技术呢？主要是因为 Yahoo! 的研究人员在查看了它们的工作负载并分析了应用案例后认为，不同的情况下需要使用不同的工具。

先了解一下大规模数据的使用和处理背景。大规模的数据处理经常分为三个不同的任务：数据收集、数据准备和数据表示。这里并不打算介绍数据收集阶段，因为 Pig 和 Hive 主要用于数据准备和数据表示阶段。

数据准备阶段通常被认为是提取、转换和加载（Extract Transform Load，ETL）数据的阶段，或者认为这个阶段是数据工厂。这里的数据工厂只是一个类比，在现实生活中的工厂接收原材料后会生产出客户所需的产品，而数据工厂与之相似，它在接收原始数据后，可以输出供客户使用的数据集。这个阶段需要装载和清洗原始数据，并让它遵守特定的数据模型，还要尽可能地让它与其他数据源结合等。这一阶段的客户一般都是程序员、数据专家或研究者。

数据表示阶段一般指的都是数据仓库，数据仓库存储了客户所需要的产品，客户会根据需要选取合适的产品。这一阶段的客户可能是系统的数据工程师、分析师或决策者。

根据每个阶段负载和用户情况的不同，Yahoo! 在不同的阶段使用不同的工具。结合了诸如 Oozie 等工作流系统的 Pig 特别适合于数据工厂，而 Hive 则适合于数据仓库。下面将分别介绍数据工厂和数据仓库。

Yahoo! 的数据工厂存在三种不同的工作用途：流水线、迭代处理和科学研究。

经典的数据流水线包括数据反馈、清洗和转换。一个常见例子是 Yahoo! 的网络服务器日志，这些日志需要进行清洗以去除不必要的信息，数据转换则是要找到点击之后所转到的页面。Pig 是分析大规模数据集的平台，它建立在 Hadoop 之上，并提供了良好的编程环境、优化条件和可扩展的性能。Pig Latin 是关系型数据流语言，并且是 Pig 核心的一部分，基于以下的原因，Pig Latin 相比于 SQL 而言，更适合构建数据流。首先，Pig Latin 是面向过程的，并且 Pig Latin 允许流水线开发者自定义流水线中检查点的位置；其次，Pig Latin 允许开发者直接选择特定的操作实现方式而不是依赖于优化器；最后，Pig Latin 支持流水线的分支，并且 Pig Latin 允许流水线开发者在数据流水线的任何地方插入自己的代码。

Pig 和诸如 Oozie 等的工作流工具一起使用创建流水线，一天可以运行数以万计的 Pig 作业。

迭代处理也是需要 Pig 的，在这种情况下通常需要维护一个大规模的数据集。数据集上的典型处理包括加入一小片数据后就会改变大规模数据集的状态。如考虑这样一个数据集，它存储了 Yahoo！新闻中现有的所有新闻。可以把它想象成一幅巨大的图，每个新闻就是一个节点，新闻节点若有边相连则说明这些新闻指的是同一个事件。每隔几分钟就会有新的新闻加入进来，这些工具需要将这些新闻节点加到图中，并找到相似的新闻节点用边连接起来，还要删除被新节点覆盖的旧节点。这和标准流水线不同的是它不断有小变化，这就需要使用增长处理模型在合理的时间范围内处理这些数据了。例如，所有的新节点加入图中后，又有一批新的新闻节点到达，在整个图上重新执行连接操作是不现实的，这也许会花费数个小时。相反，在新增加的节点上执行连接操作并使用全连接（Full Join）的结果是可行的，而且这个过程只需要花费几分钟时间。标准的数据库操作可以使用 Pig Latin 通过上述方式实现，这时 Pig 就会得到很好的应用。

Yahoo！的许多科研人员需要用网格工具处理千万亿大小的数据，并希望快速地写出脚本来测试自己的理论或获得更深的理解。但是在数据工厂中，数据不是以一种友好的、标准的方式呈现的，这时 Pig 就可以大显身手了，因为它可以处理未知模式的数据，还有半结构化和非结构化的数据。Pig 与 Streaming 相结合使得研究者在小规模数据集上测试的 Perl 和 Python 脚本可以很方便地在大规模数据集上运行。

在数据仓库处理阶段，有两个主要的应用：商业智能分析和特定查询（Ad-hoc query）。在第一种情况下，用户将数据连接到商业智能（BI）工具（如 MicroStrategy）上，来产生报告或进行深入的分析。在第二种情况下，用户执行数据分析师或决策者的特定查询。这两种情况下，关系模型和 SQL 都很好用。事实上，数据仓库已经成为 SQL 使用的核心，它支持多种查询，并具有分析师所需的工具。Hive 作为 Hadoop 的子项目，为其提供了 SQL 接口和关系模型。现在，Hive 团队正开始将 Hive 与 BI 工具通过接口（如 ODBC）结合起来使用。

Pig 在 Yahoo！得到了广泛应用，这使得数据工厂的数据被移植到 Hadoop 上运行成为可能。随着 Hive 的深入使用，Yahoo！打算将数据仓库移植到 Hadoop 上。在同一系统上，部署数据工厂和数据仓库将会降低数据加载到仓库的时间，这也使得共享工厂和仓库之间的数据、管理工具、硬件等成为可能。Yahoo！在 Hadoop 上同时使用多种工具，使 Hadoop 能够执行更多的数据处理。

2.4.3 Hadoop 在 eBay 的应用

Hadoop 是建立在商业硬件上的容错、可扩展、分布式的云计算框架，在 eBay 上存储着上亿种商品的信息，而且每天有数百万种的新商品增加，因此需要用云系统来存储和处理拍字节（PB）级别的数据，而 Hadoop 则是个很好的选择。eBay 利用 Hadoop 建立了一个大规模的集群系统——Athena。Atjema 被分为五层。

（1）最底层是 Hadoop 的核心层。核心层包括 Hadoop 运行时的环境、一些通用设施和 HDFS。其中，文件系统为读写大块数据而做了一些优化，如将块的大小由 128MB 改为 256MB。

(2) 核心层之上是 MapReduce 层，为开发和执行任务提供 API 和控件。

(3) MapReduce 层之上是数据获取层。现在数据获取层的主要框架是 HBase、Pig 和 Hive。

① HBase 是根据 GoogleBigTable 开发的按列存储的多维空间数据库，通过维护数据的划分和范围提供有序的数据，其数据储存在 HDFS 上。

② Pig(Latin)是提供加载、筛选、转换、提取、聚集、连接、分组等操作的面向过程的语言，开发者使用 Pig 建立数据管道和数据工厂。

③ Hive 是用于建立数据仓库的使用 SQL 语法的声明性语言。对于开发者、产品经理和分析师来说，SQL 接口使得 Hive 成为很好的选择。

(4) 数据获取层之上是工具、加载库层。UC4 是 eBay 从多个数据源自动加载数据的企业级调度程序。加载库有：统计库(R)、机器学习库(Mahout)、数学相关库(Hama)和 eBay 自己开发的用于解析网络日志的库(Mobius)。

(5) 最后是监视和警告。Anglia 是分布式集群的监视系统，Nagios 则用来警告一些关键事件，如服务器不可达、硬盘已满等。

eBay 的企业服务器运行着 64 位的 RedHat Linux。

(1) NameNode 负责管理 HDFS 的主服务器。

(2) JobTracker 负责任务的协调。

(3) HBaseMaster 负责存储 HBase 存储的根信息，并且方便与数据块或存取区域进行协调。

(4) ZooKeeper 是保证 HBase 一致性的分布式锁协调器。

用于存储和计算的节点是 1U 大小的运行 CentOS 的机器，每台机器拥有 2 个四核处理器和 2TB 大小的存储空间，每 38～42 个节点单元为一个 rack，从而构成了高密度网格。有关网络方面，顶层 rack 交换机到节点的带宽为 1Gbps，rack 交换机到核心交换机的带宽为 40Gpbs。

这个集群是 eBay 内多个团队共同使用的，包括产品和一次性任务。这里使用 Hadoop 公平调度器(Fair Scheduler)来管理分配、定义团队的任务池、分配权限、限制每个用户和组的并行任务、设置优先权期限和延迟调度。

eBay 的系统每天需要处理 8～10TB 的新数据，而 Hadoop 主要用于以下工作。

(1) 基于机器学习的排序。使用 Hadoop 计算需要考虑多个因素(如价格、列表格式、卖家记录、相关性)的排序函数，并需要添加新因素来验证假设的扩展功能，以增强 eBay 物品搜索的相关性。

(2) 对物品描述数据的挖掘。在完全无人监管的方式下，使用数据挖掘和机器学习技术将物品描述清单转化为与物品相关的键/值对，以扩大分类的覆盖范围。

eBay 的研究人员在系统构建和使用过程中遇到的挑战及一些初步计划有以下几个方面。

(1) 可扩展性。当前，主系统的 NameNode 拥有扩展的功能，随着集群的文件系统不断增长，需要存储大量的元数据，所以内存占有量也在不断增长。若是 1PB 的存储量，则需要将近 1GB 的内存量。可能的解决方案是使用等级结构的命名空间划分，或者使用 HBase 和 ZooKeeper 联合对元数据进行管理。

（2）有效性。NameNode 的有效性对产品的工作负载很重要，开源社区提出了一些备用选择，如使用检查点和备份节点、从 Secondary NameNode 中转移到 Avatar 节点、日志元数据复制技术等。eBay 研究人员根据这些方法建立了自己的产品集群。

（3）数据挖掘。在存储非结构化数据的系统上建立支持数据管理、数据挖掘和模式管理的系统。新的计划提议将 Hive 的元数据和 Owl 添加到新系统中，并称为 Howl。eBay 研究人员努力将这个系统联系到分析平台上去，这样用户可以很容易地在不同的数据系统中挖掘数据。

（4）数据移动。eBay 研究人员考虑发布数据转移工具，这个工具可以支持在不同的子系统（如数据仓库和 HDFS）之间进行数据的复制。

（5）策略。通过配额实现较好的归档、备份等策略（Hadoop 现有版本的配额需要改进）。eBay 的研究人员基于工作负载和集群的特点对不同的集群确定配额。

（6）标准。eBay 研究人员开发健壮的工具来为数据来源、消耗情况、预算情况、使用情况等进行度量。

同时，eBay 正在改变收集、转换、使用数据的方式，以提供更好的商业智能服务。

本章小结

本章从简到难，由浅入深地描述了 Hadoop 基本概念及应用领域，主要从以下几个方面介绍 Hadoop 相关知识。

（1）从 Hadoop 的简介中，了解 Hadoop 的功能和作用、优势以及应用前景。

（2）深入了解 Hadoop，涵盖了 Hadoop 的体系结构、分布式开发与生态系统三大部分的内容，介绍了 Hadoop 是如何做到并行计算和数据管理的，同时体现了 Hadoop 完整的数据定义和体系结构。

（3）Hadoop 与其他系统相比较以及与云计算的关联，把关系型数据库管理系统和 MapReduce 做了对比，MapReduce 适合一次写入、多次读取数据的应用，而关系型数据库更适合持续更新的数据集。Hadoop 和云计算中阐明了云计算因大数据问题而生，大数据驱动了云计算的发展，Hadoop 则是在大数据和云计算之间建立起了一座坚实可靠的桥梁。

（4）通过讲解 Hadoop 在百度、Yahoo！以及 eBay 的应用，了解 Hadoop 在大型应用中扮演的角色，以便在今后的应用中根据实际要求修改和完善 Hadoop。

习　题

1. 选择题

（1）Hadoop 采用（　　）来整合分布式文件系统上的数据，以保证分析和处理数据的高效。

A. MapReduce　　B. HDFS　　C. Namenode　　D. Datanode

（2）（　　）程序负责 HDFS 数据存储。

A. NameNode　　B. Jobracker

C. Datanode　　　　　　　　D. secondaryNamenode

(3) HDFS 默认 Block Size 的是(　　)。

A. 32MB　　B. 64MB　　C. 128MB　　D. 256MB

(4) (　　)通常是集群的最主要的性能瓶颈。

A. CPU　　B. 网络　　C. 磁盘　　D. 内存

(5) (　　)不包含在 Hadoop 生态系统中。

A. Hive　　B. MapReduce　　C. HDFS　　D. Spark

2. 问答题

(1) 简要介绍 Google 采集系统的核心组件。

(2) 例举 Hadoop 的功能作用,以及 Hadoop 的优势是什么?

(3) Hadoop 的体系结构是怎样的?请简要说明。

(4) Hadoop 与大数据、云计算之间的关系是什么,主要起什么作用?

第3章

认识 HDFS

本章提要

在第1章时已经了解到，Hadoop是Apache组织正在推进的项目，它本身是一个开源分布式计算平台。它的基础部分有两大核心内容，分别是并行计算框架MapReduce和分布式存储系统HDFS。Hadoop的存储系统HDFS是Google的GFS(Google File System)的开源实现，是一个典型的主从架构模型系统，也是管理大型分布式数据密集型计算的可扩展的分布式文件系统。HDFS就像Hadoop的基石一般，为分布式计算框架MapReduce提供底层的分布式存储支撑。

本章将从Hadoop分布式文件系统HDFS的基本概念讲起，然后描述其特性、目标、核心设计及体系结构等内容，让读者在学习本章的内容后能对Hadoop的存储系统有一个系统的认识和理解。

3.1 HDFS简介

HDFS(Hadoop Distributed File System)是基于流数据模式访问和处理超大文件的需求而开发的，是一个分布式文件系统。它是Google的GFS提出之后出现的另外一种文件系统。它有一定高度的容错性，而且提供了高吞吐量的数据访问，非常适合应用在大规模数据集上。

那么，HDFS的优点有哪些呢？

(1) 处理超大文件。这里的超大文件通常是指百MB、甚至数百TB大小的文件。但是，目前在实际应用中，HDFS已经能用来存储管理PB级的数据了。在雅虎，Hadoop集群也已经扩展到了4 000个节点。

(2) 流式的访问数据。HDFS的设计建立在“一次写入、多次读写”任务的基础上。这意味着一个数据集一旦由数据源生成，就会被复制分发到不同的存储节点中，然后响应各种各样的数据分析任务请求。在多数情况下，分析任务都会涉及数据集中的大部分数据。也就是说，对HDFS来说，请求读取整个数据集要比读取一条记录更加高效。

(3) 运行于廉价的商用机器集群上。在第1章已经了解到，廉价是大数据系统最重要的一个目标。Hadoop对应急这方面的要求比较低，所以只需运行在低廉的商用硬件集群上即可。廉价的商用机也就意味着大型集群中出现节点故障情况的概率非常高。HDFS遇到了上述故障时，被设计成能够继续运行且不让用户察觉到明显的中断。

正是由于以上的种种考虑，我们会发现，现在的HDFS在处理一些特定问题时不但没有优势，反而存在着很多的局限性，它的局限性主要表现在以下三个方面。

(1) 不适合处理低延迟数据访问。如果要处理一些用户要求时间比较短的低延迟应用请求，则HDFS不适合。HDFS是为了处理大型数据集分析任务的，主要是为达到高的数据吞吐量而设计的，这就可能要求以高延迟作为代价。

应对方案：对于那些有低延时要求的应用程序，我们可以使用HBase，通过上层数据管理项目尽可能地弥补这个不足。

(2) 无法高效存储大量的小文件。小文件是指文件大小小于HDFS上Block大小的文件。这样的文件会给Hadoop的扩展性和性能带来严重问题。因为NameNode(名称节点)把文件系统的元数据放置在内存中，所有文件系统所能容纳的文件数目是由NameNode的内存大小来决定的。例如，每个文件、索引目录及块大约占100字节，如果有100万个文件，每个文件占一个块，那么至少要消耗200MB内存，但如果有更多的文件，那么NameNode的工作压力会更大，检索处理元数据所需要的时间会很漫长，这是很难以接受的。

应对方案：我们可以利用SequenceFile、MapFile等方式归档小文件，这个方法的原理就是把小文件归档起来管理。

(3) 不支持多用户写入及任意修改文件。在HDFS的每个文件中只有一个写入者，而且写操作只能在文件末尾完成，即只能执行追加操作，目前HDFS还不支持多个用户对同一文件的写操作，以及在文件任意位置进行修改。

这些也只是HDFS目前存在的一些问题，随着Hadoop的不断发展，只会更加成熟。

3.2 HDFS的特性和设计目标

3.2.1 HDFS的特性

HDFS和传统的分布式文件系统相比较，有其独特的特性，可以总结为以下几点。

(1) 高度容错，可扩展性及可配置性强。由于容错性高，因此非常适合部署利用通用的硬件平台构建容错性很高的分布式系统。容易扩展是指扩展无须改变架构，只需要增加节点即可，同时可配置性很强。

(2) 跨平台。使用Java语言开发，支持多个主流平台环境。

(3) shell命令接口。和Linux文件系统一样，拥有文件系统shell命令，可直接操作HDFS。

(4) Web界面。NameNode和DataNode有内置的Web服务器，方便用户检查集群的当前状态。

(5) 文件权限和授权。拥有和Linux系统类似的文件权限管理。

(6) 机架感知功能。在调度任务和分配存储空间时系统会考虑节点的物理位置，从而实现高效访问和计算。

(7) 安全模式。一种维护时需要的管理模式。

（8）Rebalancer。当 DataNode 之间数据不均衡时，可以平衡集群上的数据负载，实现数据负载均衡。

（9）升级和回滚。在软件更新后有异常发生的情况下，能够回滚到 HDFS 升级之前的状态。

3.2.2 HDFS 的设计目标

HDFS 作为 Hadoop 的分布式文件存储系统，与传统的分布式文件系统有很多相同的设计目标，但是也有明显的不同之处。下面简述 HDFS 的设计目标。

1. 检测和快速恢复硬件故障

硬件故障是计算机常见的问题，而非异常问题。整个 HDFS 系统由成百上千个存储着数据文件的服务器组成，而 HDFS 的每个组件随时都有可能出现故障。因此，故障的检测和快速自动恢复是 HDFS 的一个核心目标。

2. 流式数据访问

运行在 HDFS 上的应用主要是以流式数据读取为主，HDFS 被设计成适合进行批量处理，而不是用户交互式处理。所以它重视数据吞吐量，而不是数据访问的反应速度。

3. 大规模数据集

运行在 HDFS 上的应用具有很大的数据集。HDFS 上的一个典型文件大小可能都在 GB 级甚至 TB 级，因此 HDFS 支持大文件存储，并能提供整体较高的数据传输带宽，能在一个集群里扩展到数百个节点。一个单一的 HDFS 实例应该能支撑数以千万计的文件。

4. 简化一致性模型

HDFS 的应用程序需要对文件实行一次性写入、多次读取的访问模式。一个文件一旦经过创建、写入和关闭之后就不需要再修改了。这样的假设简化了数据一致性问题，使高吞吐量的数据访问成为可能。

5. 移动计算代价比移动数据代价低

对于大文件来说，移动计算比移动数据的代价要低一些。如果在数据旁边执行操作，那么效率会比较高，当数据特别大的时候效果更加明显，这样可以减少网络的拥塞和提高系统的吞吐量。这样就意味着，将计算移动到数据附近，比之将数据移动到应用所在之处显然更好，HDFS 提供了这样的接口。

6. 在异构的软硬件平台间的可移植性

HDFS 在设计时就考虑到平台的可移植性，这种特性方便了 HDFS 作为大规模数据应用平台的推广。

7. 通信协议

所有的通信协议都是在 TCP/IP 协议之上的。一旦客户端和明确配置了端口的名字节点（NameNode）建立连接后，它和名字节点的协议便是客户端协议（Client Protocal）。数据节点（DataNode）和名字节点之间则用数据节点协议（DataNode Protocal）。

3.3 HDFS的核心设计

3.3.1 数据块

每个磁盘都有默认的数据块(Data Block)大小，这是磁盘进行数据读/写的最小单位。构建于单个磁盘之上的文件系统通过磁盘来管理该文件系统中的块，该文件系统块的大小可以是磁盘块的整数倍。文件系统块一般为几千字节，而一个磁盘块一般为512B。这些信息对用户来说都是透明的，都由系统来维护。

HDFS是一个文件系统，它也遵循按块的方式进行文件操作的原则。在默认情况下，HDFS块的大小为128MB。也就是说，HDFS上的文件会被划分为多个大小为128MB(默认时)的数据块。当一个文件小于128MB时，HDFS不会让这个文件占据整个块的空间。

> **扩展阅读**
>
> **为什么HDFS的块如此之大?**
>
> HDFS的块比磁盘块要大，目的是减小寻址开销。通过这个足够大的块，从磁盘一次读取数据的时间将远远大于定位这个块开始端所消耗的时间。因此，传送一个由多块组成的文件的时间取决于磁盘传输速度。如果块太小，那么大量的时间将会花在磁盘块的定位时间上。

对分布式文件系统中的块进行抽象会带来很多好处，具体有以下几点。

(1) 一个文件的大小可以大于网络中任意一个磁盘的容量。文件的所有块并不需要存储在同一个磁盘上，因此它们可以利用集群上的任意一个磁盘进行存储。

(2) 使用块而不是文件可以简化存储子系统。简化是所有系统的目标，但是这对于故障种类繁多的分布式系统来说尤为重要。将存储子系统控制单元设置为块，可简化存储管理(由于块的大小是固定的，因此计算单个磁盘能存储多少个块相对容易一些)。同时也消除了对元数据的顾虑，因为块的内容和块的元数据是分开存放和处理的，所以其他系统可以单独来管理这些元数据。

(3) 块非常适用于数据备份，进而提供数据容错能力和可用性。将每个块复制到少数几个独立的机器上(默认为3个)，可以确保在发生块、磁盘或机器故障后数据不丢失。如果发现一个块不可用，系统会从其他地方读取另一个副本，而这个过程对用户是透明的。

3.3.2 数据复制

HDFS被设计成一个可以在大集群中、跨机器、可靠地存储海量数据的框架。它将每个文件存储成块(Block)序列，除了最后一个Block，所有的Block都是同样的大小。文件的所有Block为了容错都会被冗余复制。每个文件的Block大小和复制(Replication)因子都是可配置的。Replication因子在文件创建的时候会默认读取客户端的HDFS配置，然后创建，以后也可以改变。HDFS中的文件只写入一次（write-one），并且严格要求在任何时候只有一个写入者（writer）。HDFS的数据冗余复制示意如图3-1所示。

块复制（Block Replication）
NameNode(Filename,numReplicas,block-ids,...)
/user/zkpk/data/part-0001,r:2,{1,3}
/user/zkpk/data/part-0002,r:3,{2,4,5}

DataNode

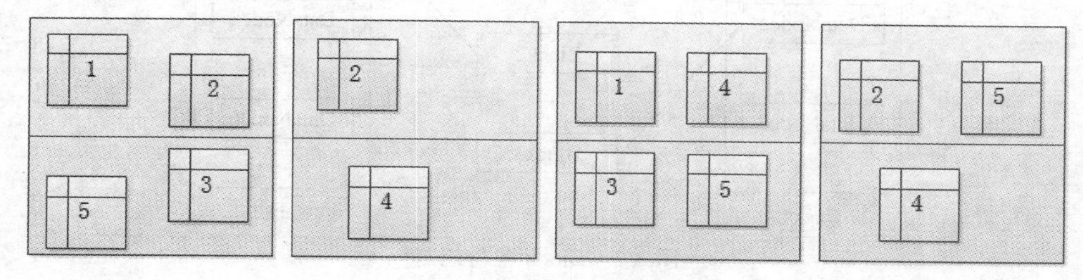

图3-1 数据冗余复制示意

由图3-1可见，文件/user/zkpk/data/part-0001的Replication因子值是2，Block的ID列表包括1和3，可以看到1和块3分别被冗余备份了两份数据块；文件/user/zkpk/data/part-0002的Replication因子值是3，Block的ID列表包括2、4、5，可以看到块2、4、5分别被冗余复制了三份。在HDFS中，文件所有块的复制会全权由名称节点（NameNode）进行管理，NameNode周期性地从集群中的每个数据节点（DataNode）接收心跳包和一个BlockReport。心跳包的接收表示该DataNode节点正常工作，而BlockReport包括了该DataNode上所有的Block组成的列表。

3.3.3 数据副本的存放策略

数据分块存储和副本的存放是HDFS保证可靠性和高性能的关键。HDFS将每个文件的数据进行分块存储，同时每一个数据块又保存有多个副本，这些数据块副本分布在不同的机器节点上。优化的副本存放策略是HDFS区分于其他大部分分布式文件系统的重要特性。这种特性需要做大量的调优，并需要经验积累。HDFS采用一种称为机架感知（rack-aware）的策略来改进数据的可靠性、可用性和网络带宽的利用率。通过一个机架感知（见3.3.4小节）的过程，NameNode可以确定每个DataNode所属的机架ID。一个简单但没有优化的策略就是将副本存放在不同的机架上。这样可以有效防止当整个机架失效时数据的丢失，并且允许读数据的时候充分利用多个机架的带宽。这种策略设置可以将副本均匀分布在集群中，有利于组件失效情况下的负载均衡。但是，因为这种策略的一个写操作需要传输数据块到多个机架，因此增加了写的代价。

目前实现的副本存放策略只是在这个方向上的第一步。实现这个策略的短期目标是验证它在生产环境下的有效性，观察它的行为，为实现更先进的策略打下测试和研究的基础。

在多数情况下，HDFS 默认的副本系数是 3。为了数据的安全和高效，Hadoop 默认对 3 个副本的存放策略，如图 3-2 所示。

(1) 第一块：在本机器的 HDFS 目录下存储一个 Block。

(2) 第二块：不同 Rack(机架)的某个 DataNode 上存储一个 Block。

(3) 第三块：在该机器的同一个 Rack 下的某台机器上存储最后一个 Block。

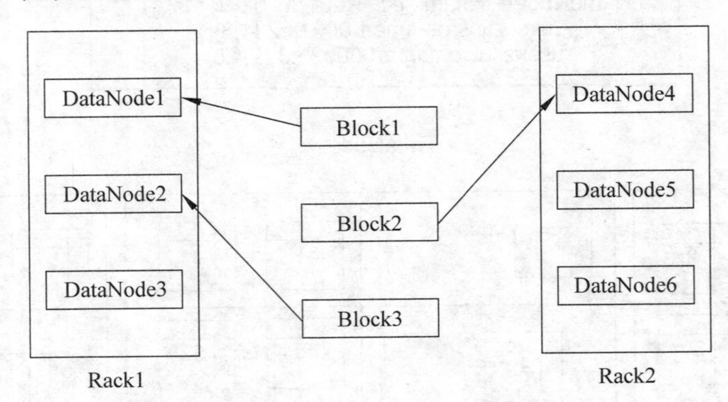

图 3-2 Block 备份规则

这种策略减少了机架间的数据传输，提高了写操作的效率，而且可以保证对该 Block 所属文件的访问能够优先在本 Rack 下找到，如果整个 Rack 发生了异常，也可以在另外的 Rack 上找到该 Block 的副本。这样可以保障足够的高效，同时做到了数据的容错。

机架的错误远远比节点的错误少，所以这个策略不会影响数据的可靠性和可用性。与此同时，因为数据块只放在两个(不是 3 个)不同的机架上，所以此策略减少了读取数据时需要的网络传输总带宽。在这种策略下，副本并不是均匀分布在不同的机架上。三分之一的副本在一个节点上，三分之一的副本在同一个机架的其他节点上，其他副本均匀分布在剩下的机架中，这一策略在不损害数据可靠性和读取性能的情况下改进了写的性能。

如果将 Block 备份设置成三份，那么这三份一样的块是怎么复制到 DataNode 上的呢？下面了解一下 Block 块的备份机制，如图 3-3 所示。

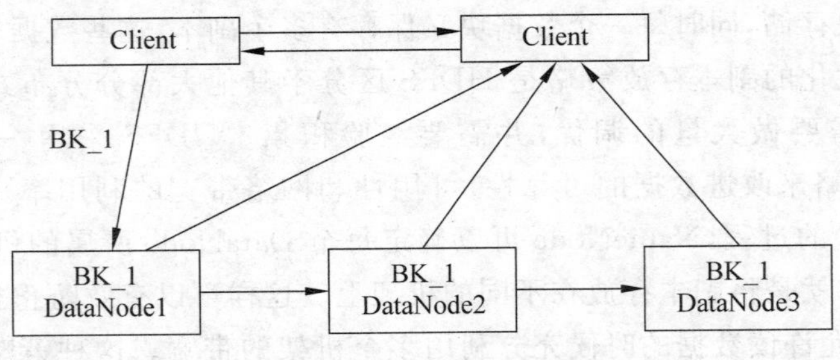

图 3-3 Block 的备份机制

假设第一个备份传到 DataNode1 上，那么第二个备份是从 DataNode1 上以流的形式传输到 DataNode2 上，同样，第三个备份是从 DataNode2 上以流的形式传输到 DataNode3 上。

扩展阅读

如何设置集群 Block 的备份数？

方法1：修改配置文件 hdfs-site.xml 以下配置。

```
<property>
  <name>dfs.replication</name>
  <value>1</value>
  <description>Default block replication.The actual number of replications
can be specified when the file is created.The default is used if replication is
not specified in create time.
  </description>
</property>
```

默认 dfs.replication 的值为3，通过这种方法虽然更改了配置文件，但是参数只在文件被写入 dfs 时起作用，不会改变之前写入的文件的备份数。

方法2：通过命令更改备份数。

```
bin/hadoop fs - setrep -R 1/
```

这样可以改变整个 HDFS 里面的备份数，不需要重启 HDFS 系统。而方法1需要重启 HDFS 系统才能生效。

3.3.4 机架感知

在通常情况下，大型 Hadoop 集群是以机架的形式来组织的，同一个机架上不同节点间的网络状况比不同机架之间的更为理想。另外，NameNode 设法将数据块副本保存在不同的机架上，尽量做到将3个副本分布到不同的节点上，以提高容错性。

那么，通过什么方式告知 Hadoop 哪些 Slave 机器属于哪个 Rack？

默认情况下，Hadoop 的机架感知是没有被启用的。所以，在通常情况下，Hadoop 集群的 HDFS 在选机器的时候，是随机选择的，也就是说，很有可能在写数据时，Hadoop 将第一块数据 Block1 写到 Rack1 上，然后在随机的选择下将 Block2 写入到 Rack2 下，此时两个 Rack 之间产生了数据传输的流量。之后，在随机的情况下，又将 Block3 重新又写回 Rack1，此时，两个 Rack 之间又产生了一次数据流量。在 Job 处理的数据量非常大，或者往 hadoop 推送的数据量非常大的时候，这种情况会造成 Rack 之间的网络流量成倍的上升，成为性能的瓶颈，进而影响作业的性能乃至整个集群的服务。

要将 Hadoop 机架感知的功能启用，配置非常简单，在 NameNode 所在机器的 core-site.xml 配置文件中配置一个选项：

```
<property>
<name>topology.script.file.name</name>
<value>/path/to/script</value>
</property>
```

这个配置选项的value指定为一个可执行程序，通常为一个脚本，该脚本接受一个参数，输出一个值。接受的参数通常为某台DataNode机器的IP地址，而输出的值通常为该IP地址对应的DataNode所在的Rack，例如/Rack1。NameNode启动时，会判断该配置选项是否为空，如果非空，则表示已经用机架感知的配置，此时NameNode会根据配置寻找该脚本，并在接收到每一个DataNode的heartbeat（心跳）时，将该DataNode的IP地址作为参数传给该脚本运行，并将得到的输出作为该DataNode所属的机架保存到内存的一个Map中。

3.3.5 安全模式

1. 简介

NameNode在启动时会自动进入安全模式（SafeMode），也可以手动进入。安全模式是Hadoop集群的一种保护模式。当系统处于安全模式时，会检查数据块的完整性。假设我们设置的副本数（即参数dfs.replication）是5，那么在DataNode上就应该有5个副本存在，若只有3个副本，那么比率就是3/5=0.6。在配置文件hdfs-default.xml中定义了一个最小的副本率0.999。

```
<property>
    <name>dfs.safemode.threshold.pct</name>
    <value>0.999f</value>
</property>
```

当前的副本率0.6明显小于0.999，因此系统会自动复制副本到其他DataNode，当DataNode上报的Block个数达到了元数据记录的Block个数的0.999倍时才可以离开安全模式，否则一直是这种只读模式。如果设为1则HDFS永远处于安全模式。如果系统中有8个副本，超过我们设定的5个副本，那么系统也会删除多余的3个副本。

由此看来，安全模式是Hadoop的一种保护机制，用于保证集群中数据块的安全性的。

2. 影响

当系统处于安全模式时，不接受任何对名称空间的修改，同时也不会对数据块进行复制或删除。虽然不能进行修改文件的操作，但是可以浏览目录结构、查看文件内容等操作。

在安全模式下运行Hadoop程序时，有时会报以下错误：

```
org.apache.hadoop.dfs.SafeModeException:
Cannotdelete/user/hadoop/input. Name node is in safe mode.
```

正常情况下，安全模式会运行一段时间后自动退出，只是需要等一会儿。有没有不用等，直接退出安全模式的方法呢？下面一起来看一下如何用命令来操作安全模式。

3. 操作

```
hadoop dfsadmin -safemode leave        //强制 NameNode退出安全模式
hadoop dfsadmin -safemode enter        //进入安全模式
hadoop dfsadmin -safemode get          //查看安全模式状态
hadoop dfsadmin -safemode wait         //等待，一直到安全模式结束
```

3.3.6 负载均衡

HDFS 的数据也许并不是非常均匀地分布在各个 DataNode 中。机器与机器之间磁盘利用率不平衡是 HDFS 集群非常容易出现的情况，尤其是在 DataNode 节点出现故障或在现有的集群上增加新的 DataNode 的时候。当新增一个数据块（一个文件的数据被保存在一系列的块中）时，NameNode 在选择 DataNode 接收这个数据块之前，会考虑很多因素。其中的一些因素如下。

(1) 将数据块的一个副本放在正在写这个数据块的节点上。

(2) 尽量将数据块的不同副本分布在不同的机架上，这样集群可在完全失去某一机架的情况下还能存活。

(3) 一个副本通常被放置在和写文件的节点同一机架的某个节点上，这样可以减少跨越机架的网络 I/O。

(4) 尽量均匀地将 HDFS 数据分布在集群的 DataNode 中。

由于上述多种因素的影响，数据可能不会均匀分布在 DataNode 中。当 HDFS 出现不平衡状况的时候，会引发很多问题，比如 MapReduce 程序无法很好地利用本地计算的优势，机器之间无法达到更好的网络带宽使用率、机器磁盘无法利用等。为此，HDFS 提供了一个专门用于分析数据块分布和重新均衡 DataNode 上的数据分布的工具：

```
$HADOOP_HOME/bin/start-balancer.sh-t 10%
```

在这个命令中，-t 参数后面跟的是 HDFS 达到平衡状态的磁盘使用率偏差值。如果机器与机器之间磁盘使用率偏差小于 10%，那么我们就认为 HDFS 集群已经达到了平衡状态。

Hadoop 开发人员在开发负载均衡程序 Balancer 的时候，建议遵循以下几个原则。

(1) 在执行数据重分布的过程中，必须保证数据不能出现丢失，不能改变数据的备份数，不能改变每一个机架中所具备的 Block 数量。

(2) 系统管理员可以通过一条命令启动数据重分布程序或停止数据重分布程序。

(3) Block 在移动的过程中，不能占用过多的资源，如网络带宽。

(4) 数据重分布程序在执行的过程中，不能影响 NameNode 的正常工作。

负载均衡程序作为一个独立的进程与 NameNode 进程分开执行。HDFS 负载均衡的处理步骤如下。

(1) 负载均衡服务 Rebalancing Server 从 NameNode 中获取所有的 DataNode 情况，具体包括每一个 DataNode 磁盘使用情况，见图 3-4 中的流程 1. get datanode report。

(2) Rebalancing Server 计算哪些机器需要将数据移动，哪些机器可以接受移动的数据，以及从 NameNode 中获取需要移动数据的分布情况，见图 3-4 中的流程 2. get partial blockmap。

(3) Rebalancing Server 计算出可以将哪一台机器的 Block 移动到另一台机器中去，见图 3-4 中流程 3. copy a block。

(4) 需要移动 Block 的机器将数据移动到目标机器上，同时删除自己机器上的 Block 数据，见图 3-4 中的流程 4～6。

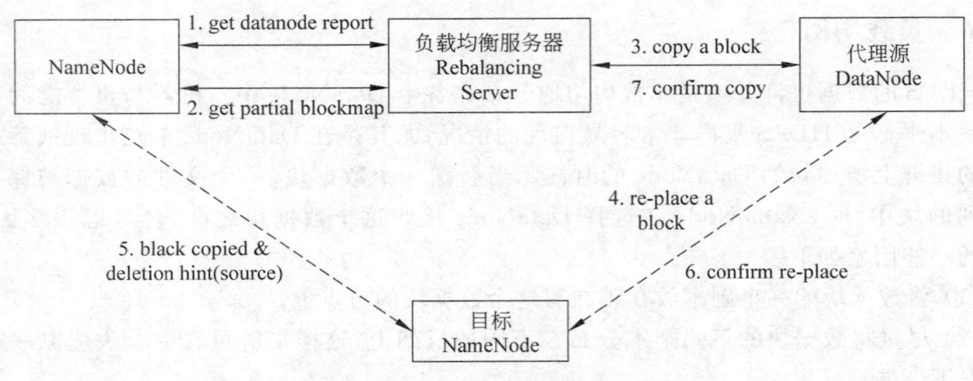

图 3-4　HDFS 数据重分布流程示意

(5) Rebalancing Server 获取本次数据移动的执行结果，并继续执行这个过程，一直到没有数据可以移动或 HDFS 集群已经达到平衡的标准为止，见图 3-4 中的流程 7。

HDFS 数据重分布程序实现的逻辑流程，如图 3-4 所示。

在大多数情况下，我们可以选择上述 HDFS 的这种负载均衡工作机制，然而一些特定的场景确实还是需要不同的处理方式，这里设定一种场景。

(1) 复制因子是 3。

(2) HDFS 由两个机架(Rack)组成。

(3) 两个机架中的机器磁盘配置不同，第一个机架中每一台机器的磁盘配置为 2TB，第二个机架中每一台机器的磁盘配置为 12TB。

(4) 大多数数据的两份备份都存储在第一个机架中。

在这样的情况下，HDFS 集群中的数据肯定是不平衡的，现在运行负载均衡程序会发现运行结束以后整个 HDFS 集群中的数据依旧不平衡：Rack1 中的磁盘剩余空间远远小于 Rack2，这是因为负载均衡程序的原则是不能改变每一个机架中所具备的 Block 数量。简单地说，就是在执行负载均衡程序的时候，不会将数据从一个机架移到另一个机架中，所以就导致了负载均衡程序永远无法平衡 HDFS 集群的情况。

针对这种情况，就需要 HDFS 系统管理员手动操作来达到负载均衡，操作步骤如下。

(1) 继续使用现有的负载均衡程序，但修改机架中的机器分布，将磁盘空间小的机器部署到不同的机架中去。

(2) 修改负载均衡程序，允许改变每一个机架中所具有的 Block 数量，将磁盘空间告急的机架中存放的 Block 数量减少，或者将其移到其他磁盘空间充足的机架中去。

3.3.7　心跳机制

所谓"心跳"，是一种形象化描述，指的是持续的按照一定频率在运行，类似于心脏在永无休止的跳动。Hadoop 中心跳机制的具体实现如下。

(1) Hadoop集群是 master/slave 模式。其中，master 包括 NameNode 和 ResourceManager；slave 包括 DataNode 和 NodeManager。

(2) master 启动的时候，会开一个 ipc server 在那里，等待 slave 心跳。

(3) slave 启动时，会连接 master，并每隔 3 秒钟主动向 master 发送一个"心跳"，这个时间可以通过 heartbeat.recheck.interval 属性来设置。将自己的状态信息告诉 master，然后 master 也是通过这个心跳的返回值，向 slave 节点传达指令。

(4) 需要指出的是，NameNode 与 DataNode 之间的通信，ResourceManager 与 NodeManager 之间的通信，都是通过"心跳"完成的。

(5) 当 NameNode 长时间没有接收到 DataNode 发送的心跳时，NameNode 就判断 DataNode 的连接已经中断，不能继续工作了，就把它定性为 dead node。NameNode 会检查"dead node"中的副本数据，复制到其他 DataNode 中。

3.4 HDFS的体系结构

在 2.2.1 小节中，已经简要介绍了 HDFS，接下来详细了解 HDFS 的体系结构。从组织结构上来讲，HDFS 最重要的两个组件为：作为 Master 的 NameNode 和作为 Slave 的 DataNode。NameNode 负责管理文件系统的命名空间和客户端对文件的访问；DataNode 是数据存储节点，所有的这些机器通常都是普通的运行 Linux 的机器，运行着用户级别的服务进程。客户端可以和 NameNode 或 DataNode 在同一台服务器上，前提是机器资源允许，并且能够接受不可靠的应用程序代码带来的风险。

3.4.1 Master/Slave 架构

相比于基于 P2P 模型的分布式文件系统架构，HDFS 采用的是基于 Master/Slave 主从架构的分布式文件系统，一个 HDFS 集群包含一个单独的 Master 节点和多个 Slave 节点服务器，这里的一个单独的 Master 节点的含义是 HDFS 系统中只存在一个逻辑上的 Master 组件。一个逻辑的 Master 节点可以包括两台物理主机，即两台 Master 服务器、多台 Slave 服务器。一台 Master 服务器组成单 NameNode 集群，两台 Master 服务器组成双 NameNode 集群，并且同时被多个客户端访问，所有的这些机器通常都是普通的 Linux 机器，运行着用户级别(user-level)的服务进程。HDFS 架构设计如图 3-5 所示。

图 3-5 中展示了 HDFS 的 NameNode、DataNode 以及 Client(客户端)之间的存取访问关系，单一节点的 NameNode 使系统的架构大大地简化了。NameNode 负责保存和管理所有的 HDFS 元数据，因而用户数据就不需要通过 NameNode，也就是说文件数据的读写是直接在 DataNode 上进行的。

HDFS 存储的文件都被分割成固定大小的 Block 块，在创建 Block 的时候，NameNode 服务器会给每个 Block 分配一个唯一不变的 Block 标识。DataNode 服务器把 Block 以 Linux 文件的形式保存在本地硬盘上，并且根据指定的 Block 标识和字节范围来读写块数据。出于可靠性的考虑，每个块都会复制到多个 DataNode 服务器上。在默认情况下，HDFS 使用三个冗余备份，当然用户可以为不同的文件命名空间设定不同的复制因子数。

NameNode 管理所有的文件系统元数据。这些元数据包括命名空间、访问控制信息、文件和 Block 的映射信息，以及当前 Block 的位置信息。NameNode 还管理着系统范围内的活动，例如，Block 租用管理、孤立 Block 的回收，以及 Block 在 DataNode 服务器之间的迁移。NameNode 使信息周期性地和每个 DataNode 服务器通信，发送指令到各个 DataNode 服务器并接收 DataNode 中 Block 的状态信息。

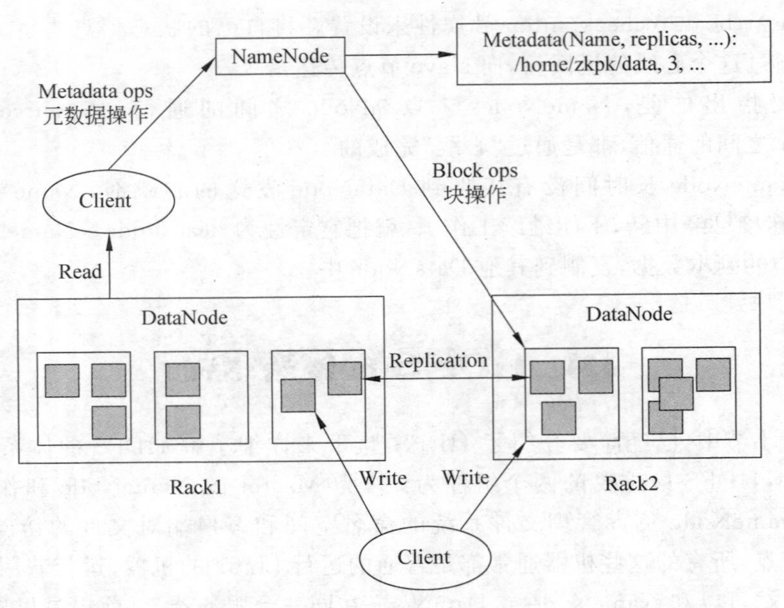

图 3-5　HDFS架构设计示意

HDFS客户端代码以库的形式被链接到客户程序中。在客户端代码中需要实现 HDFS 文件系统的 API 接口函数，应用程序与 NameNode 和 DataNode 服务器通信，以及对数据进行读写操作。客户端和 NameNode 的通信只获取元数据，所有的数据操作都是由客户端直接和 DataNode 服务器进行交互的。HDFS 不提供 POSIX 标准的 API 功能，因此 HDFS API 调用不需要深入到 Linux vnode 级别。无论是客户端还是 DataNode 服务器都不需要缓存文件数据。客户端缓存数据几乎没有什么用处，因为大部分程序要么以流的方式读取一个巨大的文件，要么工作集太大根本无法被缓存。因此，无须考虑与缓存相关的问题，同时也简化了客户端及整个系统的设计和实现。

3.4.2　NameNode、SecondaryNameNode、DataNode

1. NameNode

元数据节点 NameNode 是管理者，一个 Hadoop 集群只有一个 NameNode 节点，是一个通常在 HDFS 实例中的单独机器上运行的软件。NameNode 主要负责 HDFS 文件系统的管理工作，具体包括命名空间管理(namespace)和文件 Block 管理。NameNode 决定是否将文件映射到 DataNode 的复制块上。对于最常见的 3 个复制块，第一个复制块存储在同一个机架的不同节点上，最后一个复制块存储在不同机架的某个节点上。

1) 协议接口

在 3.4.1 小节已经学习过，HDFS 采用的是 Master/Slave 架构，而 NameNode 就是 HDFS 的 Master 架构。NameNode 提供的是始终被动接收服务的 server，主要有三类协议接口。

(1) ClientProtocol 接口，提供给客户端，用于访问 NameNode。它包含了文件的 HDFS 功能。和 GFS 一样，HDFS 不提供 POSIX 形式的接口，而使用了一个私有接口。

(2) DataNodeProtocol 接口，用于 DataNode 向 NameNode 通信。

(3) NameNodeProtocol 接口，用于从 NameNode 到 NameNode 的通信。

在 HDFS 内部，一个文件被分成一个或多个 Block，这些 Block 存储在 DataNode 集合里，NameNode 就负责管理文件 Block 的所有元数据信息，这些元数据主要信息如下：

(1)"文件名→数据块"映射；

(2)"数据块→DataNode 列表"映射。

其中，"文件名→数据块"保存在磁盘上进行持久化存储，需要注意的是 NameNode 上不保存"数据块→DataNode 列表"映射，该列表是通过 DataNode 上报给 NameNode 建立起来的。NameNode 执行文件系统的名称空间操作，例如打开、关闭、重命名文件和目录，同时决定文件数据块到具体 DataNode 节点的映射。

2) 结构

上文提到，NameNode 管理着文件系统的命名空间(namespace)。它维护着文件系统树(filesystem tree)以及文件树中所有的文件和文件夹的元数据(metadata)。管理这些信息的文件有两个，分别是命名空间镜像文件(namespace image)和操作日志文件(edit log)，这些信息被缓存在 RAM 中。当然，这两个文件也会被持久化存储在本地硬盘。NameNode 记录着每个文件中各个块所在的数据节点的位置信息，但是它并不持久化存储这些信息，因为这些信息会在系统启动时从数据节点重建。

抽象的 NameNode 结构如图 3-6 所示。

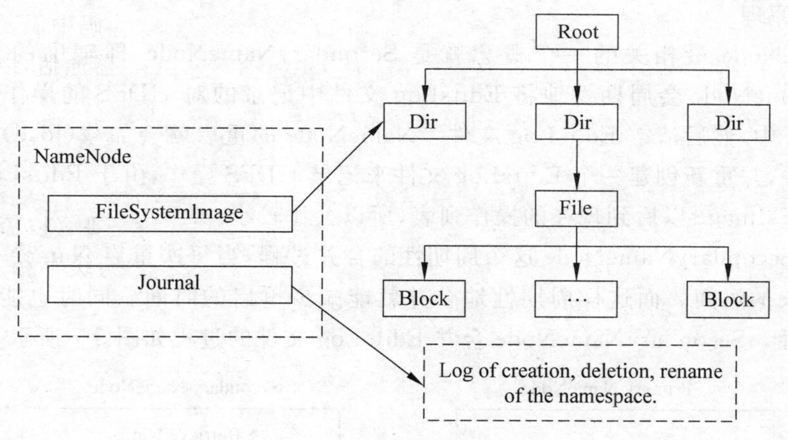

图 3-6 NameNode 结构

3) 功能

NameNode 主要功能有以下几点。

(1) NameNode 提供名称查询服务，它是一个 Jetty 服务器。

(2) NameNode 保存 metadate 信息。具体包括：文件 owership 和 permissions；文件包含哪些块；Block 保存在哪个 DataNode(由 DataNode 启动时上报)。

(3) NameNode 的 metadate 信息在启动后会加载到内存。

4) 容错机制

NameNode 对 HDFS 来说非常重要，若没有 NameNode，HDFS 很难工作。事实上，如果运行 NameNode 的机器坏掉，系统中的文件将会完全丢失，因为没有其他方法能够将位于不同 DataNode 上的文件块重建文件。因此，NameNode 的容错机制非常重要，Hadoop 提供了两种机制。

第一种机制是将持久化存储在本地硬盘的文件系统元数据备份。Hadoop 可以通过配置来让 Namenode 将它的持久化状态文件写到不同的文件系统中。这种写操作是同步并且是原子化的。比较常见的配置是在将持久化状态写到本地硬盘的同时，也写入到一个远程挂载的网络文件系统。

另外一种机制是运行一个 SecondaryNameNode，事实上 SecondaryNameNode 并不能被用作 Namenode。它的主要作用是定期地将命名空间镜像文件(namespace image)与操作日志文件(edit log)合并，以防止操作日志文件变得过大。SecondaryNameNode 通常会运行在一个单独的物理机上，因为合并操作需要占用大量 CPU 时间以及和 NameNode 相当的内存。SecondaryNameNode 保存着合并后的命名空间镜像的一个备份，万一哪天 NameNode 宕机了，就可以通过这个备份进行数据恢复。

但是，辅助的 NameNode(SecondaryNameNode)总是落后于主 NameNode，所以在 Namenode 宕机时，数据丢失是不可避免的。在这种情况下，一般需要结合第一种方式中提到的远程挂载的网络文件系统(NFS)中的 NameNode 的元数据文件来使用，把 NFS 中的 NameNode 元数据文件复制到辅助 NameNode，并把辅助 NameNode 作为主 NameNode 来运行。

2. SecondaryNameNode

1) 工作原理

和 NameNode 最相关的一个概念就是 SecondaryNameNode，即辅助的 NameNode。SecondaryNameNode 会周期性地将 EditsLog 文件中记录的对 HDFS 的操作合并到一个 FsImage 文件中，然后清空 EditsLog 文件。NameNode 的重启就会加载(load)最新的一个 FsImage 文件，并重新创建一个 EditsLog 文件来记录 HDFS 操作，由于 EditsLog 中记录的是从上一次 FsImage 以后到现在的操作列表，所以会比较小。

若没有 SecondaryNameNode 这个周期性的合并过程，当每次重启 NameNode 的时候，就会花费很长的时间。而这样周期性地合并就能减少重启的时间。同时也能保证 HDFS 系统的完整性。SecondaryNameNode 合并 EditsLog 文件的过程如图 3-7 所示。

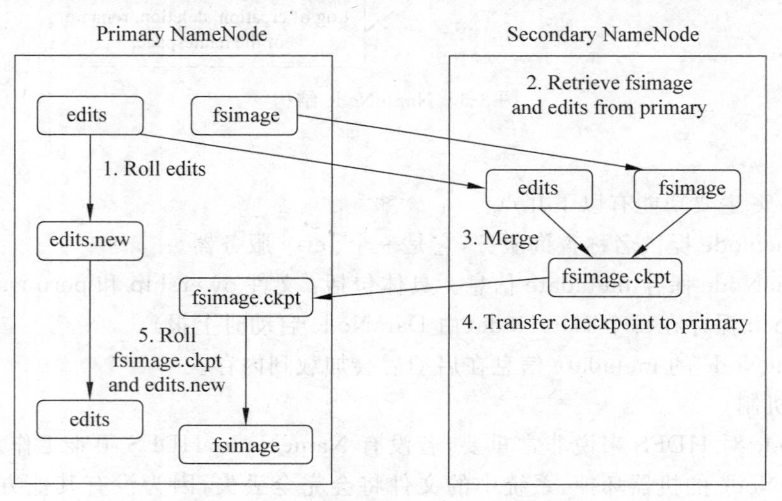

图 3-7　SecondaryNameNode 工作原理

SecondaryNameNode 合并 FsImage 和 EditsLog 文件的过程如下。

(1) 文件系统客户端(Client)进行写操作时,首先把它记录在修改日志中(EditsLog)。

(2) NameNode 在内存中保存了文件系统的元数据信息。在记录修改日志后,NameNode 会修改内存中的数据结构。

(3) 每次的写操作成功之前,修改日志都会同步(Sync)到文件系统。

(4) FsImage 文件即命名空间映像文件,是内存中的元数据在硬盘上的 CheckPoint,它是一种序列化的格式,并不能够在硬盘上直接修改。

(5) 当元数据节点失败时,最新 CheckPoint 的元数据信息从 FsImage 加载到内存中,然后逐一重新执行修改日志中的操作。

(6) SecondaryNameNode 用于帮助 NameNode 将内存中的元数据信息 CheckPoint 到硬盘上。

CheckPoint 的过程如下。

(1) SecondaryNameNode 通知 NameNode 生成新的日志文件,以后的日志都写到新的日志文件中。

(2) SecondaryNameNode 用 HTTP Get 从 NameNode 获得 FsImage 文件及旧的日志文件。

(3) SecondaryNameNode 将 FsImage 文件加载到内存中,并执行日志文件中的操作,然后生成新的 FsImage 文件。

(4) SecondaryNameNode 将新的 FsImage 文件用 HTTP Post 传回 NameNode。

(5) NameNode 可以将旧的 FsImage 文件及旧的日志文件,换为新的 FsImage 文件和新的日志文件,然后更新 fstime 文件,写入此次 CheckPoint 的时间。

(6) 这样 NameNode 中的 FsImage 文件保存了最新 CheckPoint 的元数据信息,日志文件也重新开始,不会变得很大了,从而使得 NameNode 启动时花费很少的时间进行日志的合并。

SecondaryNameNode 会周期性地将 EditsLog 文件进行合并,合并的前提条件是:

(1) EditsLog 文件到达某一个阈值时会对其进行合并;

(2) 每隔一段时间对其进行合并。

2) 参数配置

将记录 HDFS 操作的 EditsLog 文件与其上一次合并后存在的 FsImage 文件合并到 FsImage. checkpoint,然后创建一个新的 EditsLog 文件,将 FsImage. checkpoint 复制到 NameNode 上。复制触发的条件是在 core-site. xml 里面有两个参数可配置。

```
<property>
    <name>fs.checkpoint.period</name>
    <value>3600</value>
    <description>The number of seconds between two periodic checkpoints.
    </description>
</property>
<property>
    <name>fs.checkpoint.size</name>
```

```
    <value>67108864</value>
    <description>The size of the current edit log(in bytes)that triggers a
    periodic checkpoint even if the fs .checkpoint.period hasn't expired.
    </description>
</property>
```

参数解释如下。

(1) fs. checkpoint. period：时间间隔，默认为1小时合并一次。

(2) fs. checkpoint. size：文件大小默认为64MB，当EditsLog文件大小超过64MB，就会触发EditsLog与FsImage文件的合并。

如果NameNode损坏或丢失之后，导致无法启动Hadoop，这时就要人工去干预恢复到SecondaryNameNode中所照快照的状态，意味着集群的数据会或多或少地丢失一些宕机时间，并且将SecondaryNameNode作为重要的NameNode来处理。这就要求，尽量避免将SecondaryNameNode和NameNode放在同一台机器上。

3. DataNode

上面已经学习过，Hadoop的管理节点是NameNode，用于存储并管理元数据。那么具体的文件数据存储在哪里呢？DataNode就是负责存储数据的组件，一个数据块Block会在多个DataNode中进行冗余备份，而一个DataNode对于一个块最多只包含一个备份。所以可以简单地认为DataNode上存储了数据块ID和数据块内容，以及它们的映射关系。

Hadoop集群包含一个NameNode和大量的DataNode。DataNode通常以机架的形式组织，机架通过一个交换机将所有系统连接起来。Hadoop的一个假设是：机架内部节点之间的传输速度快于机架间节点的传输速度。

集群中包含的这些DataNode定时和NameNode进行通信，接受NameNode的指令。为了减轻NameNode的负担，NameNode上并不永久保存哪个DataNode上有哪些数据块的信息，而是通过DataNode启动时的上报来更新NameNode上的映射表。DataNode一旦和NameNode建立连接，就会不断地和NameNode保持联系。反馈的信息中也包含了NameNode对DataNode的一些命令，如删除数据库或把数据块复制到另一个DataNode上。应该注意的是：NameNode不会发起到DataNode的请求，在这个通信过程中，它们是严格遵从客户端/服务器架构的。

DataNode同时也作为服务器接受来自客户端的访问，处理数据块的读/写请求。DataNode之间还会相互通信，执行数据块复制任务，同时，在客户端执行写操作的时候，DataNode之间需要相互配合，保证写操作的一致性。

DataNode的功能如下。

(1) 保存Block，每个块对应一个元数据信息文件。这个文件主要描述这个块属于哪个文件、第几个块等信息。

(2) 启动DataNode线程的时候会向NameNode汇报Block信息。

(3) 通过向NameNode发送心跳保持与其联系(3秒一次)，如果NameNode 10分钟没有收到DataNode的心跳，则认为其已经lost，并将其上的Block复制到其他DataNode。

本章小结

本章对 Hadoop 的存储系统 HDFS 做了比较详细的介绍，主要包括以下几点。

(1) HDFS 和传统的分布式文件系统相比较，有其独特的特性。同时，HDFS 作为 Hadoop 的分布式文件存储系统和传统的分布式文件系统有很多相同的设计目标，但是也有明显的不同之处。

(2) 详细讲述了 HDFS 的核心设计，包括数据块、数据复制、数据副本的存放策略、机架感知、安全模式、负载均衡以及心跳机制。

(3) 从组织结构上来讲，HDFS 最重要的两个组件为：作为 Master 的 NameNode 和作为 Slave 的 DataNode。掌握 HDFS 架构是怎样设计的。

(4) 详细讲述了 HDFS 中 NameNode、DataNode 以及 SecondaryNameNode 的概念和功能，掌握 SecondaryNameNode 的工作原理。

习题

1. 选择题

(1) 在默认情况下，HDFS 块的大小为(　　)。

A. 512KB　　B. 32MB　　C. 64MB　　D. 128MB

(2) 在大多数情况下，副本系数为 3，HDFS 的存放策略将第二个副本放在(　　)。

A. 同一机架上的同一节点　　B. 同一机架上的不同节点

C. 不同机架的节点　　D. 没有特殊要求，都可以

(3) 假设设置的副本数(即参数 dfs. replication)是 3，现在系统中有 5 个副本，那么系统会删除(　　)个副本。

A. 0　　B. 1　　C. 2　　D. 3

(4) 在配置文件 hdfs-default. xml 中定义副本率为(　　)时，HDFS 将永远处于安全模式。

A. 0　　B. 0.999　　C. 0.999 的倍数　　D. 1

(5) 下列(　　)不属于 NameNode 的功能。

A. 提供名称查询服务　　B. 保存 Block，汇报 Block 信息

C. 保存 metadate 信息　　D. metadate 信息在启动后会加载到内存

2. 问答题

(1) HDFS 和传统的分布式文件系统相比较，有哪些独特的特性？

(2) 为什么 HDFS 的块如此之大？

(3) HDFS 中数据副本的存放策略是什么？

(4) 负载均衡作为一个独立的进程与 NameNode 进程分开执行，HDFS 负载均衡的处理步骤是什么？

(5) NameNode 和 DataNode 的功能分别是什么？

(6) SecondaryNameNode 合并 FsImage 和 EditsLog 文件的过程是什么？

第4章

HDFS 的运行机制

本章提要

通过前面的学习，对于 HDFS 的作用相信大家已经了解了很多了，本章主要介绍 HDFS 的运行机制，包括客户端与服务端的 RPC 通信，文件的读取、写入、文件的一致模型。在了解了 HDFS 的基本机制后，知道了单台计算机无法处理的数据通过 HDFS 可以做到存储和读取，但是 HDFS 集群作为商用的服务器，在保证了性能的前提下，其可靠性也是至关重要的，在企业中因为服务器宕机很多时候会带来巨大的经济损失，甚至是无法承受的损失。

而在早期的 HDFS 框架中，NameNode 作为集群的首脑，对整个集群的重要性不言而喻，也正是因为它的至关重要，导致了单点故障，即一旦 NameNode 节点出现故障或者宕机，将导致整个集群的瘫痪。为了解决这个问题，我们引入了 HA(高可靠性)，做到了在单台 NameNode 出现故障后，集群仍然可以正常运作。

HDFS 如此强大，是不是就没有瓶颈了呢？当然不是，技术在不断地发展，在信息化如此发达的今天，任何的技术都是在不断的进化或者被淘汰，而 HDFS 的发展要解决哪些瓶颈呢？这个问题的关键还是在 NameNode 上，大家都知道集群文件的元数据是存储在 NameNode 的内存当中，而内存的容量是有限的，也就限制了集群的承载量。不仅如此，在访问元数据的同时，NameNode 需要运行多个进程，这些进程也需要消耗内存。那么如何解决这个瓶颈呢？在本章的最后一小节将介绍 HDFS 的 Federation 机制，通过 HDFS Federation 来解决 NameNode 内存的瓶颈问题。

4.1 HDFS 中数据流的读写

在 HDFS 中，NameNode 作为集群的大脑，保存着整个文件系统的元数据，而真正的数据是存储在 DataNode 的块中。本节将介绍 HDFS 如何读取和写入文件。

4.1.1 RPC 实现流程

RPC ——远程过程调用协议，它是一种通过网络从远程计算机程序上请求服务，而不需要了解底层网络技术的协议。RPC 协议假定某些传输协议的存在，如 TCP 或 UDP，为通信程序之间携带信息数据。在 OSI 网络通信模型中，RPC 跨越了传输层和应用层。RPC 使得开发包括网络分布式多程序在内的应用程序更加容易。

RPC采用客户机/服务器模式。请求程序就是一个客户机,而服务提供程序就是一个服务器。首先,客户机调用进程发送一个有进程参数的调用信息到服务进程,然后等待应答信息。在服务器端,进程保持睡眠状态直到调用信息到达为止。当一个调用信息到达,服务器获得进程参数,计算结果,发送答复信息,然后等待下一个调用信息。最后,客户端调用进程接收答复信息,获得进程结果,然后调用执行继续进行。

简单来说,Hadoop RPC=动态代理 + 定制的二进制流。如果不关注细节,从用户的角度来看,RPC的实现流程如下。

远程的对象拥有固定的接口,这个接口用户也是可见的,只是真实的实现(Object)是在服务端。用户如果想使用哪个实现,调用过程是:先根据哪个接口动态代理生成一个代理对象,调用这个代理对象的时候,用户的调用请求被RPC捕捉到,然后包装成调用请求,序列化成数据流发送到服务端;服务端从数据流中解析出调用请求,然后根据用户所希望调用的接口,调用接口真正地实现对象,再把调用结果返回给客户端。RPC架构如图4-1所示。

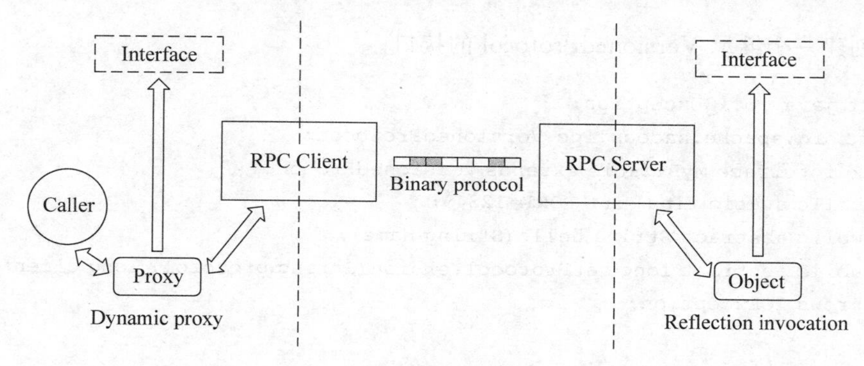

图4-1 RPC架构

4.1.2 RPC实现模型

在宏观地了解了RPC的调用过程后,接下来从细节上分析RPC。

RPC在服务端的模型由一系列实体组成,分别负责调用的整个流程。各个实体分工明确,各司其职。下面逐一介绍。

(1) Listener:监听RPC Server的端口,如果客户端有连接请求到达,它就接受连接,然后把连接转发到某个Reader,让Reader读取那个连接的数据。如果有多个Reader,当有新连接过来时,就在这些Reader间顺序分发。

(2) Reader:从某个客户端连接中读取数据流,把它转化成调用对象(call),然后放到调用队列(call queue)里。

(3) Handler:真正做事的实体。它调用队列中获取调用信息,然后反射调用真正的对象,得到结果再把此次调用放到响应队列(response queue)里。

(4) Responder:不断地检查响应队列中是否有调用信息,如果有,就把调用的结果返回给客户端。

RPC Server架构如图4-2所示。

下面通过四段代码来实现一个RPC的调用过程。

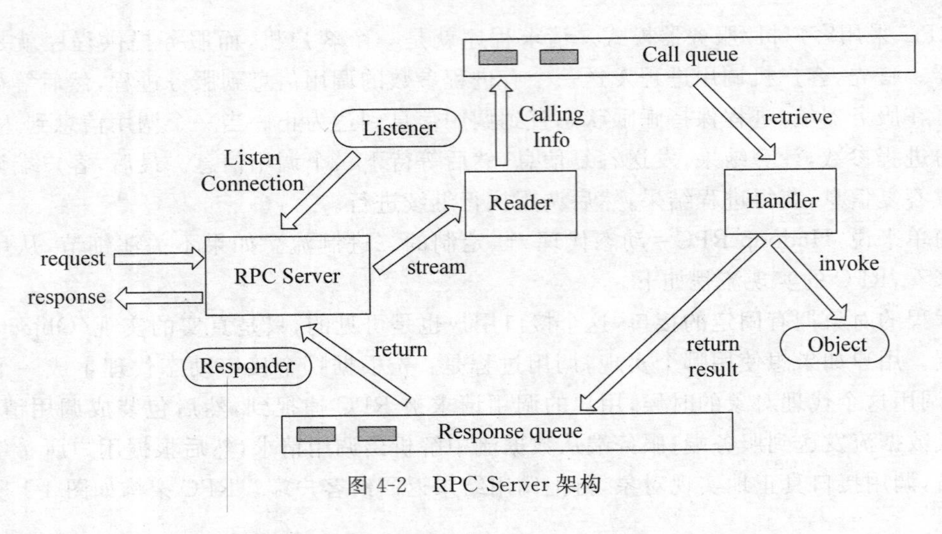

图 4-2　RPC Server 架构

(1) 创建一个继承 VersionedProtocol 的接口。

```
import java.io.IOException;
import org.apache.hadoop.ipc.VersionedProtocol;
public interface MyBizable extends VersionedProtocol{
    public static final int PORT=12345;
    public abstract String hello(String name);
    public abstract long getProtocolVersion(String protocol, long clientVersion)
    throws IOException;
}
```

(2) 创建一个类去实现接口,并重写 hello()方法。

```
import java.io.IOException;
import org.apache.hadoop.ipc.VersionedProtocol;
public class MyBiz implements MyBizable{
   /* (non-Javadoc)
     * @see rpc.MyBizable#hello(java.lang.String)
     */
   @Override
   public String hello(String name) {
       System.out.println("我被调用了");
       return "hello "+name;
   }
   /* (non-Javadoc)
    * @see rpc.MyBizable#getProtocolVersion(java.lang.String, long)
     */
   @Override
   public long getProtocolVersion(String protocol, long clientVersion)
   throws IOException {
       return MyBizable.PORT;
   }
}
```

(3) 创建服务器端并启动。

```
import org.apache.hadoop.conf.Configuration;
import org.apache.hadoop.ipc.RPC;
import org.apache.hadoop.ipc.RPC. Server;
public class MyServer {
    public static final String ADDRESS="localhost";
    public static final int PORT=2454;
    public static void main(String[] args) throws Exception{
        /**
         * 构造一个 RPC 的服务端
         * @param instance
         * @param bindAddress the address to bind on to listen for connection
         * @param port the port to listen for connections on
         * @param conf the configuration to use
         */
        final Server server = RPC. getServer (new MyBiz ( ), MyServer. ADDRESS,
        MyServer.PORT, new Configuration());
        server.start();
    }
}
```

(4) 创建客户端,并调用 hell()方法。

```
import java.net.InetSocketAddress;
import org.apache.hadoop.conf.Configuration;
import org.apache.hadoop.ipc.RPC;
public class MyClient {
    public static void main(String[] args) throws Exception{
        MyBizable client= (MyBizable) RPC. getProxy(MyBizable.class,
        MyBizable.PORT,
        new InetSocketAddress(MyServer.ADDRESS, MyServer.PORT),
        new Configuration());
        final String result=client.hello("world");
        System.out.println(result);
    }
}
```

4.1.3 文件的读取

文件的读取是指客户端从 HDFS 中读取文件的过程,如图 4-3 所示为客户端以及与之交互的 HDFS、NameNode、DataNode 的读数据流的过程。

下面具体的分析一下文件读取的过程。

(1) 使用 HDFS 提供的客户端开发库(Client JVM)调用 DistributedFileSystem 对象的 open()方法来打开希望读取的文件。

(2) 客户端开发库向 NameNode 发起 RPC 请求,NameNode 会返回所要读取文件的 Block 列表,其中每个 Block、NameNode 都会返回有该 block 副本的 DataNode 地址。

(3) 客户端开发库对这个输入流调用 read()方法开始读取数据。

(4) 开发库会选取离客户端最近的 DataNode 来读取 Block;读取完当前 Block 的数据

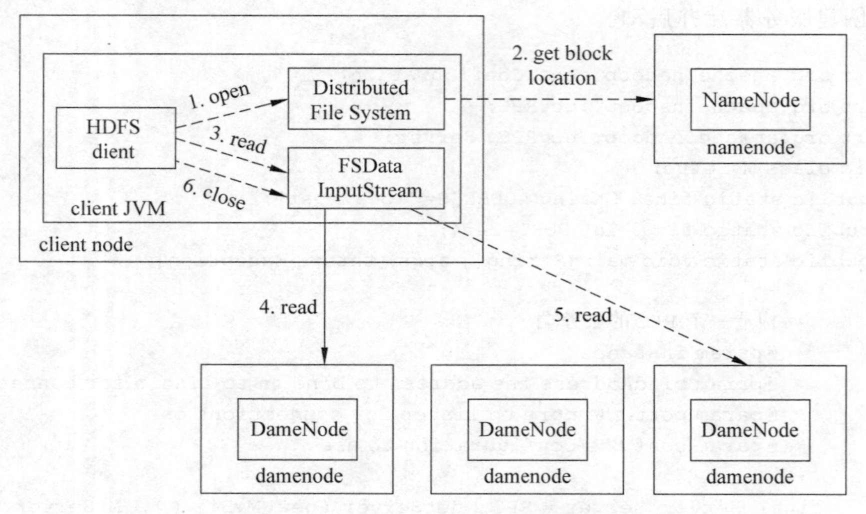

图 4-3　客户端从 HDFS 中读取数据

后，关闭与当前 DataNode 连接，并为下一个 Block 寻找最佳的 DataNode。

(5) 在本次 Block 列表读取完成后，且文件的读取还没有结束，客户端会继续向 NameNode 获取下一批 Block 列表。

(6) 整个文件读取完成后，且每个 DataNode 读取时都未出现错误，调用 close()方法关闭 DFSInputStream。(每读取完一个 Block 都会进行 Checksum 验证，如果读取 DataNode 时出现错误，客户端会通知 NameNode，然后从下一个拥有 Block 复本的 DataNode 继续读)。

4.1.4 文件的写入

文件的写入是指客户端将文件写入 HDFS 文件系统的过程，如图 4-4 所示为客户端以及与之交互的 HDFS、NameNode、DataNode 的写数据流的过程。

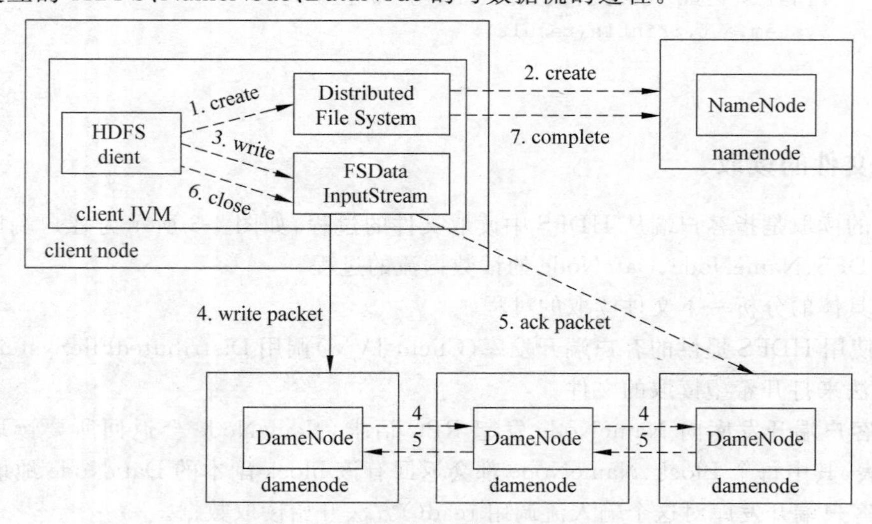

图 4-4　客户端将数据写入 HDFS

下面来具体分析一下文件的写入过程。

(1) 客户端开发库通过对 Distributed FileSystem 对象调用 create()函数来创建文件。

(2) 客户端开发库向 NameNode 发出创建新文件的请求，NameNode 执行各种不同的检查以确保这个文件不存在，并且客户端有创建该文件的权限。如果这些检查通过，NameNode 就会为创建新文件作一条记录；否则，文件创建失败并向客户端抛出一个 IOException 异常。

(3) 客户端调用 write 方法写入数据，首先会将它分成一个个的 replicas(数据包)，并写入内部队列，称为"数据队列"(data queue)，并向 NameNode 申请新的 Block，获取用来存储这些 replicas 的合适的 DataNode 列表。

(4) 开始以管道(pipeline)的形式将 packet 写入所有的 replicas 中。开发库把 packet 以流的方式写入第一个 DataNode，该 DataNode 把 packet 存储后，再将其传递给在此管道中的下一个 DataNode，直到最后一个 DataNode。这种写数据的方式呈现流水线的形式。

(5) DFSOutputStream 也维护着一个内部数据包队列来等待 DataNode 的回执，称为"确认队列"(ack queue)。当收到管道中所有 DataNode 确认信息后，该数据包才会从确认队列删除。如果传输过程中，有某个 DataNode 出现故障，当前的管道会被关闭，出现故障的 DataNode 会从当前的管道中移除，剩余的 Block 会在剩下的 DataNode 中继续以管道的形式传输，同时 NameNode 会分配一个新的 DataNode，保持 replicas 设定的数量。

(6) 客户端完成数据的写入后，会调用 DFSOutputStream 的 close()方法。

(7) 该操作将在联系 NameNode 且发送文件写入完成信号之前，等待确认。NameNode 已经知道文件由哪些块组成(通过 Datastreamer 询问数据块的分配)，所以它在返回成功前只需要等待数据块进行最小量的复制。

4.1.5 文件的一致模型

文件系统的一致模型描述了对文件读写的数据可见性。HDFS 为性能牺牲了一些 POSIX 请求，因此一些操作可能比想象的困难。

在创建一个文件之后，该文件在文件系统的命名空间中是可见的，如下所示。

```
Path p=new Path("p");
Fs.create(p);
assertThat(fs.exists(p),is(true));
```

但是，写入文件的内容并不保证能被看见，即使数据流已经被刷新。所以文件长度显示为 0。

```
Path p=new Path("p");
OutputStream out=fs.create(p);
out.write("content".getBytes("UTF-8"));
out.flush();
assertThat(fs.getFileStatus(p).getLen(),is(0L));
```

当写入的数据超过一个块后，新的 reader 就能看见第一个块。之后的块也不例外。总之，其他 reader 无法看见当前正在写入的块。

HDFS 提供一个方法来强制所有的缓存与数据节点同步，即对 FSDataOutputStream

调用 sync()方法。当 sync()方法返回成功后,对所有新的 reader 而言,HDFS 能保证文件中到目前为止写入的数据均可见且一致。万一发生冲突(与客户端或 HDFS),也不会造成数据丢失。

```
Path p=new Path("p");
FSDataOutputStream out=fs.create(p);
out.write("content".getBytes("UTF-8"));
out.flush();
out.sync();
assertThat(fs.getFileStatus(p).getLen(), is(((long) "content".length())));
```

该操作类似于 POSIX 中的 fsync 系统调用,该调用将提交一个文件描述符的缓冲数据。例如,利用标准 Java API 将数据写入本地文件,能够在刷新数据流且同步之后看到具体文件内容。

```
FileOutputStream out=new FileOutputStream(localFile);
out.write("content".getBytes("UTF-8"));
out.flush();                    //flush to operating system
out.getFD().sync();    //sync to disk
assertThat(localFile.length(), is(((long) "content".length())));
```

在 HDFS 中关闭一个文件其实还执行了一个隐含的 sync()。

```
Path p=new Path("p");
OutputStream out=fs.create(p);
out.write("content".getBytes("UTF-8"));
out.close();
assertThat(fs.getFileStatus(p).getLen(),is(((long) "content".length())));
```

这个一致模型与具体设计应用程序的方法有关。如果不调用 sync(),那么一旦客户端或系统发生故障,就可能失去一个块的数据。对很多应用来说,这是不可接受的,所以我们应该在适当的地方调用 sync()。例如,在写入一定的记录或字节之后。尽管 sync()操作被设计为尽量减少 HDFS 负载,但它仍然有开销,所以在数据健壮性和吞吐量之间就会有所取舍。应用依赖就比较能接受,通过不同的 sync()频率来衡量应用程序,最终找到一个合适的平衡。

4.2 HDFS 的 HA 机制

Hadoop 2.0.0 版本之前,NameNode 是 HDFS 集群的单点故障点,NameNode 作为集群的首脑,存放着集群中所有文件的元数据,一旦该节点出现故障将导致整个集群不可用,直到重启 NameNode 或者重新启动一个 NameNode 节点。

4.2.1 为什么有 HA 机制

NameNode 出现故障后必须重启或重新启动一个新的 NameNode 节点。在这样的情况下,要想从一个失效的 NameNode 恢复,系统管理员需启动一个拥有文件系统元数据副本的新的 NameNode,并配置 DataNode 和客户端,以便使用这个新的 NameNode。新的

NameNode直到满足以下情形才能响应服务。

(1) 将命名空间的映像导入内存中；

(2) 重做编辑日志；

(3) 接收到足够多的来自DataNode的数据块报告并退出安全模式。

对于一个大型并拥有大量文件和数据块的集群，NameNode的冷启动需要30分钟，甚至更长时间。

系统恢复时间太长，也会影响到日常维护。事实上，NameNode失效的可能性非常低，所以在实际应用中计划系统失效时间就显得尤为重要。

为了解决上述问题，在Hadoop 2.0.0及其以后的版本中，新增了对高可靠性(HA)的支持。在这一实现中，配置了一对活动-备用(active-standby) NameNode。当活动NameNode失效，备用NameNode就会接管它的任务并开始服务于来自客户端的请求，不会有任何明显中断。

4.2.2 HA集群和架构

为了实现集群的高可用性(HA)，就需要对集群架构上做如下修改。

(1) NameNode之间需要通过高可用的共享存储实现编辑日志的共享(在早期的高可用实现版本中，需要一个NFS过滤器来辅助实现，但是在后期版本中将提供更多的选择，比如构建于ZooKeeper之上的BookKeeper这样的系统)，当备用NameNode接管工作之后，它将通读共享编辑日志直至末尾，以实现与活动NameNode的状态同步，并继续读取由活动NameNode写入的新条目。

(2) DataNode需要同时向两个NameNode发送数据块处理报告，因为数据块的映射信息存储在NameNode的内存中，而非磁盘。

(3) 客户端需要使用特定的机制来处理NameNode的失效问题，这一机制对用户是透明的。

在活动NameNode失效之后，备用NameNode能够快速(几十秒的时间)实现任务接管，因为最新的状态存储在内存中：包括最新的编辑日志条目和最新的数据块映射信息。实际观察到的失效时间略长一点(需要1分钟左右)，这是因为系统需要保守地确定活动NameNode是否真的失效了。

在活动NameNode失效且备用NameNode也失效的情况下(当然这类情况发生的概率非常低)，管理员依旧可以申明一个备用NameNode并实现冷启动。这类情况并不会比非高可用(no-HA)的情况更差，并且从操作的角度讲这是一个进步，因为上述处理已是一个标准的处理过程并植入Hadoop中。

HA架构如图4-5所示。

HA架构解释如下。

(1) 只有一个NameNode是Active额，并且只有这个ActiveNameNode能提供服务，改变NameSpace。以后可以考虑让StandbyNameNode提供服务。

(2) 提供手动Failover，在升级过程中，Failover在NameNode-DataNode之间写不变的情况下才能生效。

(3) 在之前的NameNode重新恢复之后不能提供Failback。

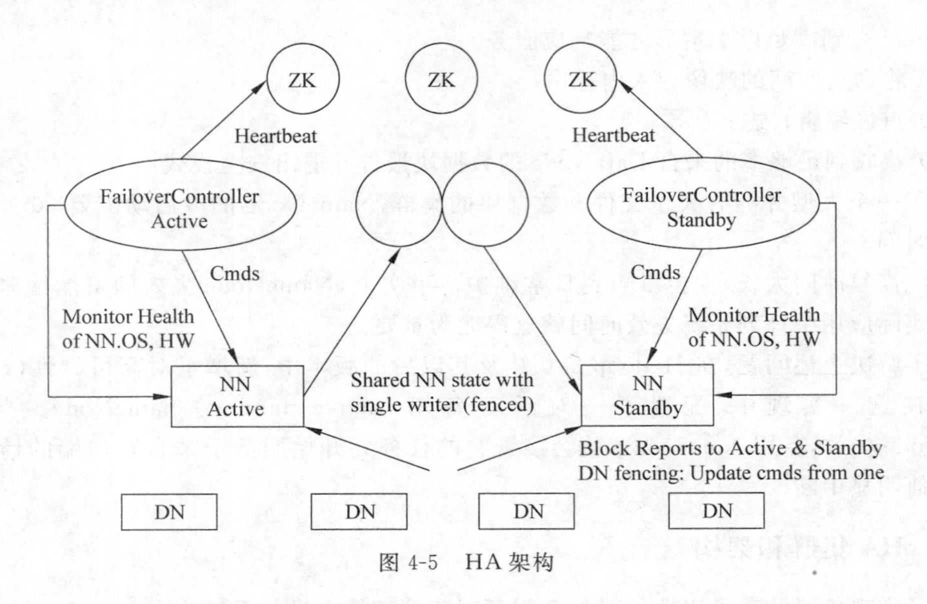

图 4-5　HA 架构

(4) 数据一致性比 Failover 更重要。

(5) 尽量少用特殊的硬件。

(6) HA 的设置和 Failover 都应该保证在两者操作错误或者配置错误的时候,不得导致数据损坏。

(7) NameNode 的短期垃圾回收不应该触发 Failover。

(8) DataNode 会同时向 NameNode Active 和 NameNode Standby 汇报块的信息。NameNode Active 和 NameNode Standby 通过 NFS 备份 MetaData 信息到一个磁盘上面。

4.3　HDFS 的 Federation 机制

集群的全部元数据都存放在 NameNode 的内存中,当集群扩大到一定程度,NameNode 进程使用的内存可能达到数百 GB,与此同时,所有的元数据信息的读取和操作都需要与 NameNode 进行通信,在集群规模变大后,NameNode 成为性能的瓶颈。Hadoop2.0.0 之前的 HDFS 架构中,在整个 HDFS 集群中只有一个名字空间,并且只有单独一个 NameNode,这个 NameNode 负责对这个单独的名字空间进行管理。这也正是单点失效的隐患所在。本节中的 HDFS Federation 就是针对当前 HDFS 架构上的缺陷所做出的改进。

简单说,HDFS Federation 就是使得 HDFS 支持多个名字空间,并且允许在 HDFS 中同时存在多个 NameNode。

4.3.1　为什么引入 Federation 机制

引入 Federation 的最主要原因是对 HDFS 系统中文件的隔离,Federation 能够快速解决大部分单 NameNode HDFS 的问题。

下面来看一下单个 NameNode 的 HDFS 架构,如图 4-6 所示。

单个 NameNode 的 HDFS 包含以下两层结构。

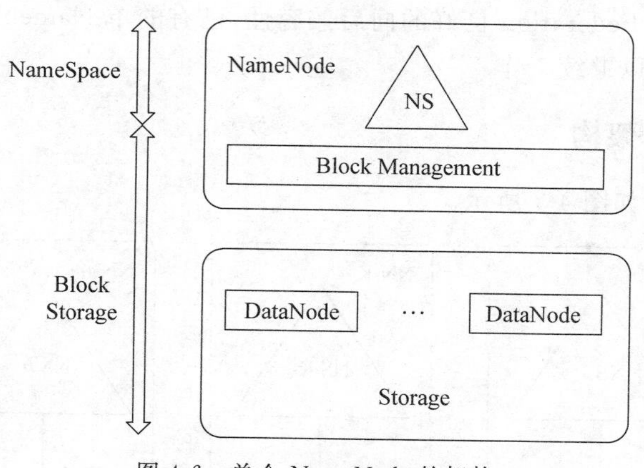

图 4-6 单个 NameNode 的架构

(1) NameSpace 管理目录，文件和数据块。它支持常见的文件系统操作，如创建文件、修改文件、删除文件等。

(2) Block Storage 由两部分组成。

① Block Management 维护集群中 DataNode 的基本关系，它支持数据块相关的操作，如创建数据块，删除数据块等。同时，它也会管理副本的复制和存放。

② Physical Storage 存储实际的数据块并提供针对数据块的读写服务。

单个 NameNode 的 HDFS 架构只允许整个集群中存在一个 NameSpace，而该 NameSpace 被仅有的一个 NameNode 管理。这个架构使得 HDFS 非常容易实现，但是，它在具体实现过程中会出现一些模糊点(见图 4-6)，进而导致了很多局限性(下面将要详细说明)，当然这些局限性只有在拥有大集群的公司(如百度、腾讯等)出现。

单个 NameNode 的 HDFS 架构的局限性如下。

(1) 性能的瓶颈。由于是单个 NameNode 的 HDFS 架构，因此整个 HDFS 文件系统的吞吐量受限于单个 NameNode 的吞吐量。

(2) 隔离问题。由于 HDFS 仅有一个 NameNode，无法隔离各个程序，因此 HDFS 上的一个实验程序就很有可能影响整个 HDFS 上运行的程序。在 HDFS Federation 中，可以用不同的 NameSpace 来隔离不同的用户应用程序，使得不同 NameSpace Volume 中的程序互相不影响。

(3) 集群的可用性。在只有一个 NameNode 的 HDFS 中，此 NameNode 的宕机无疑会导致整个集群不可用。

(4) NameSpace 和 Block Management 的紧密耦合。当前在 NameNode 中的 NameSpace 和 Block Management 组合的紧密耦合关系会导致实现另外一套 NameNode 方案比较困难，而且也限制了其他想要直接使用块存储的应用。

Federation 是简单健壮的设计，由于联盟中各个 NameNode 之间是相互独立的，Federation 大部分改变是在 DataNode、Config 和 Tools，而 NameNode 本身的改动非常少，这样 NameNode 原先的健壮性不会受到影响。

Federation 比分布式的 NameNode 简单，虽然这种实现的扩展性比起真正的分布式 NameNode 要小些，但是可以迅速满足需求。

另外一个原因是 Federation 良好的向后兼容性，已有的单 NameNode 集群的部署配置不需要任何改变就可以继续工作。

4.3.2 Federation 架构

Fedetration 架构如图 4-7 所示。

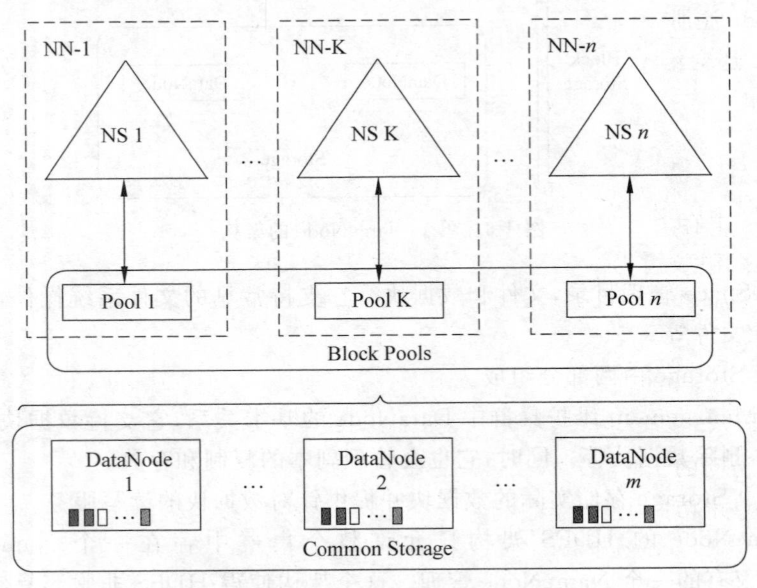

图 4-7　Federation 架构

HDFS Federation 使用了多个独立的 NameNode/NameSpace，从而使 HDFS 的命名服务能够水平扩张。

HDFS Federation 中的 NameNode 之间是联合的，即它们直接相互独立且不需要互相协调，各自分工，管理自己的区域。分布式的 DataNode 对联合的 NameNode 来说是通用的数据块存储设备。每个 DataNode 要向集群中所有的 NameNode 注册，且周期性地向所有 NameNode 发送心跳和块报告，并执行所有 NameNode 的命令。

单个 NameNode 的 HDFS 只有一个名字空间，它使用全部的块。而 Federation HDFS 中有多个独立的 NameSpace，并且每一个名字空间使用一个块池(Block Pool)。

单个 NameNode 的 HDFS 中只有一组块，而 Federation HDFS 中有多组独立的块。块池就是属于同一个名字空间的一组块。

所谓块池就是属于单个名字空间的一组 Block。每个 DataNode 为所有的块池存储块。DataNode 是一个物理概念，而块池是一个重新将块划分的逻辑概念。同一个 DataNode 中可以存着属于多个块池的多个块。块池允许一个名字空间在不通知其他名字空间的情况下，为一个新的 Block 创建 Block ID。同时，一个 NameNode 失效不会影响其他的 DataNode 的服务。

当 DataNode 与 NameNode 建立联系并开始对话后自动建立块池。每个 Block 都是唯一标识，这个标识称为扩展块 ID(Extended Block ID=BlockID + BlockID)。这个扩展的块 ID 在 HDFS 集群之间都是唯一的，为以后集群归并创造了条件。

DataNodeHong 中的数据结构都是通过块池 ID(BlockPooliD)索引,即 DataNode 中的 BlockMap、Storage 等都通过 BPID 索引。

在 HDFS 中,所有的更新、回滚都是以 NameNode 和 BlockPool 为单元发生的,即同 HDFS Federation 中不同的 NameNode/BlockPool 之间没有什么关系。

在 DataNode 中,对应于每个 NameNode 都有一个相应的线程。每个 DataNode 会去每一个 NameNode 注册,并且周期性地给所有的 NameNode 发送心跳,即 DataNode 的使用报告。DataNode 还会给 NameNode 发送其所在的块池的块报告(block report)。由于有多个 NameNode 同时存在,因此任何一个 NameNode 都可以随时动态加入、删除和更新。

4.3.3 多命名空间管理

Federation 中存在多个命名空间,如何划分和管理这些命名空间非常关键。在 Federation 中采用"文件名 hash"的方法,因为该方法的 locality 非常差。例如,查看某个目录下面的文件,如果采用文件名 hash 的方法存放文件,则这些文件可能被放到不同 NameSpace 中,HDFS 需要访问所有 NameSpace,代价过大。为了方便管理多个命名空间,HDFS Federation 采用了经典的 Client Side Mount Table。

如图 4-8 所示,下面四个深色三角形代表一个独立的命名空间,上方浅色的三角形代表从客户角度去访问的子命名空间。各个深色的命名空间 Mount 到浅色的表中,客户可以访问不同的挂载点来访问不同的命名空间,这就如同在 Linux 系统中访问不同挂载点一样。这就是 HDFS Federation 中命名空间管理的基本原理:将各个命名空间挂载到全局 mount-table 中,就可以做将数据到全局共享;同样的命名空间挂载到个人的 mount-table 中,这就成为应用程序可见的命名空间视图。

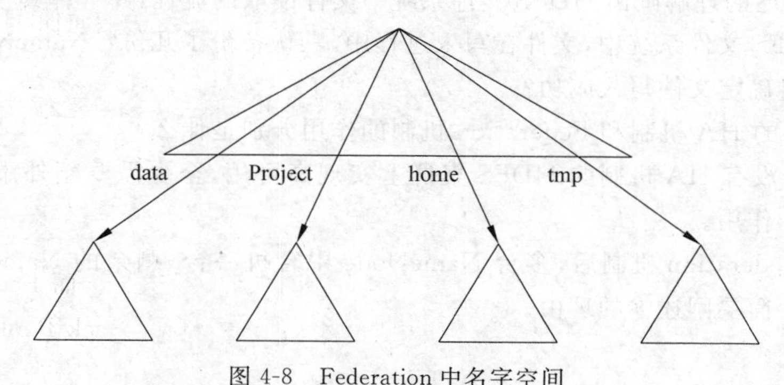

图 4-8 Federation 中名字空间

本章小结

通过本章的学习,大家基本掌握了 HDFS 的运行机制,接下来回顾一下本章中的知识点。

(1) RPC 作为客户端与服务端的通信桥梁,其重要性不言而喻,在宏观上学习了 RPC 的调用过程后,还从细节上分析了 RPC 的运行过程以及其各个流程的作用。

(2) HDFS 文件系统对文件的读取和写入,要明白从 HDFS 文件系统中读取、写入数据的具体流程，对流程图的每个步骤都要理解并掌握。在写入数据的过程中要注意在 HDFS 中文件是有多个备份的。

(3) 文件的一致模型，要理解"一次写入，多次读取"。

(4) HDFS 的高可用，解决了单点故障，提高了 HDFS 的可靠性，要掌握 HA 的运行机制和基本架构。

(5) HDFS 的 Federation 机制解决了 HDFS 中 NameNode 内存瓶颈的问题，要分清 HA 和 Federation 的区别，两者都是增加了 NameNode 的数量，但 HA 是保障了 HDFS 的可靠性，其中增加的 NameNode 节点是备用的，而 Federation 中增加的 NameNode 是联合运作的。

(6) 掌握 HDFS Federation 的运行机制和基本架构，以及多个命名空间的管理问题。

习　题

1. 填空题

(1) 在 HDFS 文件系统读取文件的过程中，客户端通过对输入流调用________方法开始读取数据；写入文件的过程中客户端通过对输出流调用________方法开始写入数据。

(2) HDFS 全部文件的元数据是存储在 NameNode 节点的________(硬盘/内存)，为了解决这个瓶颈，HDFS 产生了________(HA 机制/Federation 机制)。

2. 问答题

(1) 从宏观上简单阐述 RPC 的实现流程。

(2) 根据自己的理解画出 HDFS 文件系统中文件读取的流程，并解释其中的各个步骤。

(3) 在 HDFS 文件系统中，文件在写入过程中，默认备份了几份？NameNode 在文件写入到什么程度时确定文件写入成功？

(4) HDFS 的 HA 机制和 Federation 机制的作用分别是什么？

(5) 在一个没有 HA 机制的 HDFS 集群上实现高可用，至少需要额外添加几台节点？解释每台节点的作用。

(6) 引入 Federation 机制后，多台 NameNode 中宕机一台，剩余的 NameNode 是否可以正常的工作？简要阐述你的理由。

第 5 章

访问 HDFS

本章提要

在前面的章节中，我们已对 Hadoop 分布式文件系统 HDFS 有了简单的认识，包括 HDFS 的基本原理、架构以及核心设计，并且也了解了 HDFS 的工作机制。HDFS 虽然是 Hadoop 的一个组件，但同时 HDFS 本身也是独立的，并不依赖于 MapReduce 运行环境，可以作为一个独立的分布式文件系统来使用。Hadoop 作为一个分布式文件系统可以通过接口来访问 HDFS。本章将通过命令行接口、Java 接口以及其他常用的接口来进一步认识 HDFS。

5.1 命令行常用接口

接下来，将通过命令行与 HDFS 交互。HDFS 还有很多其他接口，但命令行是最简单的，同时也是许多开发者最熟悉的。所有的命令均由 bin/hadoop 脚本引发，不指定参数运行 Hadoop 脚本会打印所有命令的描述。

在设置伪分布配置时，有两个属性需要进一步解释。首先是 fs.default.name，设置为 hdfs://localhost/，用来为 Hadoop 设置默认文件系统。文件系统是由 URI 指定的，这里已使用了一个 HDFS URI 来配置 HDFS 为 Hadoop 的默认文件系统。HDFS 的守护程序将通过这个属性来决定 HDFS 名称节点的宿主机和端口。我们将在 localhost 上运行，默认端口为 8020。这样一来，HDFS 用户将通过这个属性得知名称节点在哪里运行，以便于连接到它。

第二个属性 dfs.replication 设为 1，这样 HDFS 就不会按默认设置将文件系统块复制 3 份。在单独一个数据节点上运行时，HDFS 无法将块复制到 3 个数据节点上，所以会持续警告块的副本不够。此设置可以解决这个问题。

5.1.1 HDFS 操作体验

文件系统已经就绪，可以执行所有其他文件系统都有的操作。例如，读取文件，创建目录，移动文件，删除数据，列出索引目录等。输入 hadoop fs -help 命令，即可看到所有命令详细的帮助文件。

首先从本地文件系统将一个文件复制到 HDFS。

```
%hadoop fs -copyFromLocal input/docs/quangle.txt hdfs://localhost
```

```
/user/tom/quangle.txt
```

该命令调用 Hadoop 文件系统的 shell 命令 fs，该命令提供了一系列子命令，在本例中执行的是-copyFromLocal。本地文件 quangle. txt 被复制到运行在 localhost 上的 HDFS 实例中，路径为/user/tom/quangle. txt。事实上，可以简化命令格式以省略主机的 URI 默认设置，即省略 hdfs：//localhost，因为该项已在 core-sile. xml 中指定。

```
%hadoop fs-copyFromLocal input/docs/quangle.txt user/tom
/quangle.txt
```

也可以使用相对路径，并将文件复制到 HDFS 的 home 目录中，在本例中为 /user/tom：

```
%hadoop fs -copyFromLocal input/docs/quangle.txt quangle.txt
```

把文件复制回本地文件系统，并检查是否一致：

```
%hadoop fs-copyToLocal quangle.txt quangle.copy.txt
%md5 input/docs/quangle.txt quangle.copy.txt
MD5 (input/docs/quangle.txt)=a16f231da6b05e2ba7a339320e7dacd9
MD5 (quangle. copy.txt)=a16f231da6b05e2ba7a339320e7dacd9
```

由于 MD5 键值相同，表明这个文件在 HDFS 之旅中得以幸存并保存完整。最后，看一下 HDFS 文件列表。创建一个目录看它在列表中是如何显示的：

```
%hadoop fs-mkdir books
%hadoop fs-ls
```

运行结果如下：

```
Found 2 items
drwxr-xr-x   -   tom supergroup        0 2015-11-14 22:41 /user/tom/books
-rw-r--r--   1   tom supergroup      118 2015-11-14 22:29 /user/tom/quangle.txt
```

返回的结果信息与 Unix 命令 ls -l 的输出结果非常相似，仅有细微差别。第 1 列显示的是文件模式。第 2 列是这个文件的备份数(这在传统 Unix 文件系统是没有的)。由于在整个文件系统范围内设置的默认复本数为 1，所以这里显示的也都是 1。这一列的开头目录为空，因为在本例中没有使用复本的概念——目录作为元数据保存在 NameNode 中，而非 DataNode 中。第 3 列和第 4 列显示文件的所属用户和组别。第 5 列是文件的大小，以字节为单位显示，目录大小为 0。第 6 列和第 7 列是文件的最后修改日期与时间。第 8 列是文件或目录的绝对路径。

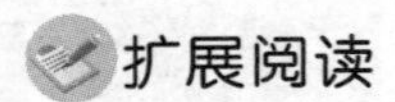
扩展阅读

HDFS 中的文件访问权限

针对文件和目录，HDFS 有与 POSIX 非常相似的权限模式。

HDFS 提供三类权限模式：只读权限(r)、写入权限(w)和可执行权限(x)。读取文件或列出目录内容时需要只读权限。写入一个文件，或是在一个目录上创建及删除文件或目录,需要写入权限。对于文件而言,可执行权限可以忽略,因为你不能在 HDFS 中执行文件(与 POSIX 不同),但在访问一个目录的子项时需要该权限。

每个文件和目录都有所属用户(owner)、所属组别(group)及模式(mode)。这个模式是由所属用户的权限、组内成员的权限及其他用户的权限组成的。

默认情况下,可以通过正在运行进程的用户名和组名来唯一确定客户端的标识。但由于客户端是远程的,任何用户都可以简单地在远程系统上以他的名义创建一个账户来进行访问。因此,作为共享文件系统资源和防止数据意外损失的一种机制,权限只能供合作团体中的用户使用,而不能在一个不友好的环境中保护资源。注意,最新版的 Hadoop 已经支持 Kerberos 用户认证,该认证去除了这些限制。但是,除了上述限制之外,为防止用户或自动工具及程序意外修改或删除文件系统的重要部分,启用权限控制还是很重要的(这也是默认的配置,参见 dfs. permissions 属性)。

如果启用权限检查,就会检查所属用户权限,以确认客户端的用户名与所属用户是否匹配,另外也将检查所属组别权限,以确认该客户端是否是该用户组的成员;若不符,则检查其他权限。

这里有一个超级用户(super-user)的概念,超级用户是 NameNode 进程的标识。对于超级用户,系统不会执行任何权限检查。

5.1.2 HDFS 常用命令

在终端输入 hadoop fs -help 就会出现以下常用命令。

```
Usage: hadoop fs [generic options]
    [-appendToFile <localsrc> ... <dst>]
    [-cat [-ignoreCrc] <src> ...]
    [-checksum <src> ...]
    [-chgrp [-R] GROUP PATH...]
    [-chmod [-R] <MODE[,MODE] ... | OCTALMODE> PATH...]
    [-chown [-R] [OWNER][:[GROUP]] PATH...]
    [-copyFromLocal [-f] [-p] <localsrc> ... <dst>]
    [-copyToLocal [-p] [-ignoreCrc] [-crc] <src> ... <localdst>]
    [-count [-q] <path> ...]
    [-cp [-f] [-p | -p[topax]] <src> ... <dst>]
    [-createSnapshot <snapshotDir> [<snapshotName>]]
    [-deleteSnapshot <snapshotDir> <snapshotName>]
    [-df [-h] [<path> ...]]
    [-du [-s] [-h] <path> ...]
    [-expunge]
    [-get [-p] [-ignoreCrc] [-crc] <src> ... <localdst>]
    [-getfacl [-R] <path>]
    [-getfattr [-R] {-n name | -d} [-e en] <path>]
    [-getmerge [-nl] <src> <localdst>]
    [-help [cmd ...]]
    [-ls [-d] [-h] [-R] [<path> ...]]
    [-mkdir [-p] <path> ...]
    [-moveFromLocal <localsrc> ... <dst>]
```

```
[-moveToLocal <src><localdst>]
[-mv <src>... <dst>]
[-put [-f] [-p] <localsrc>... <dst>]
[-renameSnapshot <snapshotDir><oldName><newName>]
[-rm [-f] [-r|-R] [-skipTrash] <src>...]
[-rmdir [--ignore-fail-on-non-empty] <dir>...]
[-setfacl [-R] [{-b|-k} {-m|-x <acl_spec>} <path>]|[--set <acl_spec><path>]]
[-setfattr {-n name [-v value] |-x name} <path>]
[-setrep [-R] [-w] <rep><path>...]
[-stat [format] <path>...]
[-tail [-f] <file>]
[-test-[defsz] <path>]
[-text [-ignoreCrc] <src>...]
[-touchz <path>...]
[-usage [cmd ...]]
```

接下来详细介绍 HDFS 命令行常用的命令。

1. 查看文件列表

和 Linux 中的 ls 命令类似，如果是文件，则返回文件在 HDFS 上的信息，返回格式如下：

```
文件名 <副本数>文件大小      修改日期 修改时间 权限 用户 ID 组 ID
```

如果是目录，则返回它直接子文件的一个列表，就像 UNIX 中一样，目录返回列表的信息如下：

```
目录名 <dir>修改日期 修改时间 权限 用户 ID 组 ID
```

fs 的命令格式为

```
hadoop fs-ls <args>
```

2. 创建目录

HDFS 上的目录结构类似 Linux，根目录使用"/"表示。下面的命令将在/user/hadoop 目录下创建目录 input。

```
hadoop fs-mkdir/test/input
hadoop fs-ls/test/
```

运行结果如下：

```
Found 1 items
drwxr-xr-x   - zkpk supergroup          0 2015-12-13 19:35 /test/input
```

3. 文件上传

上传文件 test.txt 到 input 下。

```
hadoop fs-put test.txt/test/input
hadoop fs-ls/test/input/
```

运行结果如下：

```
Found 1 items
-rw-r--r--   1 zkpk supergroup         17 2015-12-13 19:40 /test/input/test.txt
```

该命令调用 Hadoop 文件系统的 shell 命令 fs,提供一系列的子命令。在这里,我们执行的是-put。本地文件 test. txt 被上传到运行在 localhost 上的 HDFS 实体中的/test/input/文件夹中。

还可以用-copyFromLocal 参数。

4. 下载文件

把 test. txt 下载到本地。

```
hadoop fs -get/test/input/test.txt
```

还可以用-copyToLocal 参数。

5. 查看文件

查看 test. txt 内容。

```
hadoop fs - -text /test/input/test.txt
```

运行结果如下:

```
Welcom to China!
```

还可以用-cat、-tail 参数查看文件的内容。但是对于压缩结果的文件只能用-text 来查看,否则是乱码。

6. 删除数据

删除 test. txt 文件的数据。

```
hadoop fs -rm /user/hadoop/input/test.txt
```

运行结果如下:

```
Dleted /test/input/test.txt
```

5.2 Java 接口

Hadoop 是用 Java 写的,本小节要深入探索 Hadoop 的 FileSystem 类,与 Hadoop 的某一文件系统进行交互的 API。虽然主要关注的是 HDFS 的实例,即 DistributedFileSystem,但总体来说,还是应该集成 FileSystem 抽象类,并编写代码,以保持其在不同文件系统中的可移植性。这对测试用户编写的程序非常重要,例如,用户可以使用本地文件系统中的存储数据快速进行测试。

Hadoop 有一个抽象的文件系统概念,HDFS 只是其中的一个实现。Java 抽象类 org. apache. hadoop. fs. FileSystem 定义了 Hadoop 中的一个文件系统接口,并且该抽象类有几个具体实现,见表 5-1。

Hadoop 对文件系统提供了许多接口,它一般使用 URI 方案来选取合适的文件系统实例进行交互。举例来说,在前一小节中遇到的文件系统命令行解释器可以操作所有的 Hadoop 文件系统命令。要想列出本地文件系统根目录下的文件,可以输入以下命令:

```
%hadoop fs -ls file:///
```

表 5-1 Hadoop 文件系统

文件	URI	Java 实现(均包含在 org. apache. hadoop 包中)	描述系统方案
Local	file	fs. LocalFileSystem	使用了客户端校验和的本地磁盘文件系统,没有使用校验和的本地磁盘文件系统 RawLocalFileSystem
HDFS	hdfs	hdfs. DistributedFileSystem	Hadoop 的分布式文件系统。将 HDFS 设计成与 MapReduce 结合使用,可以实现高性能
HFTP	hftp	hdfs. hftpFileSystem	一个在 HTTP 上提供对 HDFS、只读访问的文件系统(尽管名称为 HFTP,但与 FTP 无关)。通常与 distcp 结合使用以实现在运行不同版本的 HDFS 的集群之间复制数据
HSFTP	hsft /p	hdfs. HsftpFileSystem	在 HTTPS 上提供对 HDFS 只读访问的文件系统(同上,与 FTP 无关)
HAR	har	fs. HarFileSystem	一个构建在其他文件系统之上用于文件存档的文件系统。Hadoop 存档文件系统通常用于需要将 HDFS 中文件进行档时,减少 NameNode 内存的使用
hfs(云存储)	hfs	fs. kfs. kosmosFileSystem	CloudStore(其前身为 Kosmos 文件系统)是类似于 HDFS 或者谷歌的 GFS 的文件系统,用 C++ 编写。详见 http://kosmosfs. sourceforge. net/
FTP	ftp	fs. ftp. FTPFileSystem	由 FTP 服务器支持的文件系统
S3	s3n	fs. ftp. FTPFileSystem	由 Amazon S3 支持的文件系统
S3	s3	fs. sa. S3FileSystem	由 Amazon S3 支持的文件系统,以块格式存储文件(与 HDFS 很相似)以解决 S3 的 5GB 文件大小限制

尽管运行的 MapReduce 程序可以访问任何文件系统(有时也很方便),但在处理大数据集时,仍然需要选择一个具有数据本地优化的分布式文件系统,如 HDFS 或 KFS。

5. 2. 1 从 Hadoop URL 中读取数据

要从 Hadoop 文件系统中读取文件,最简单的方法是使用 java. net. URL 对象打开数据流,进而从中读取数据。具体格式如下。

```
InputStream in=null;
try{
    in=new URL("hdfs://host/path").openStream();
   // process in
} finally{
    IOUtils.closeStream(in);
}
```

让 Java 程序能够识别 Hadoop 的 hdfs URL 方案还需要一些额外的工作。这里采用的方法是通过 FsUrlStreamHandlerFactory 实例调用 URL 中的 setURLStreamHandlerFactory 方法。由于 Java 虚拟机只能调用一次上述方法,因此通常在静态方法中调用上述方法。这个限制意味着如果程序的其他组件(如不受你控制的第三方组件)已经声明了一个 URLStreamHandlerFactory 实例,将无法再使用上述方法从 Hadoop 中读取数据。例 5-1

展示的程序以标准输出方式显示 Hadoop 文件系统中的文件，类似于 Unix 中的 cat 命令。

例 5-1 以标准输出方式显示 Hadoop 文件系统中的文件。

```
public class URLCat{
    static{
        URL.setURLStreamHandlerFactory(new FsUrlStreamHandlerFactory());
    }
    public static void main(String[] args) throws Exception{
        InputStream in=null;
        try {
            in=new URL(args[0]).openStream();
            IOUtils.copyBytes(in, System.out. 4096,false);
        } finally{
            IOUtils. closeStream(in);
        }
    }
}
```

可以调用 Hadoop 中简洁的 IOUtils 类，并在 finally 子句中关闭数据流，同时也可以在输入流和输出流之间复制数据（本例中为 System. out）。copyBytes 方法的最后两个参数，第一个用于设置复制的缓冲区大小，第二个用于设置复制结束后是否关闭数据流。这里选择自行关闭输入流，因而 System. out 不关闭输入流。

运行结果如下：

```
[zkpk@master ~]$ hadoop jar URL.jar com.mr.URLCat hdfs://master:9000/data/data
15/12/10 01:48:08 WARN util.NativeCodeLoader: Unable to load native-hadoop libra
ry for your platform... using builtin-java classes where applicable
One the top of the Crumpetty Tree
The Quangle Wangle sat,
But his face you could not see.
On account of his Beaver Hat.
```

5.2.2 通过 FileSystem API 读取数据

就像前一小节所解释的一样，有时候无法在应用中设置 URLStreamHandlarFactory 实例。这种情况下，需要使用 FileSystem API 来打开一个文件的输入流。

Hadoop 文件系统中通过 Hadoop Path 对象来代表文件（而非 java. io. File 对象，因为它的语义与本地文件系统联系太紧密）。你可以将一条路径视为一个 Hadoop 文件系统 URI，如 hdfs://localhost/user/tom/quangle. txt。

FileSystem 是一个通用的文件系统 API，所以第一步是检索需要使用的文件系统实例，这里是 HDFS。获取 FileSystem 实例有两种静态工厂方法：

```
public static FileSystem get(Configuration conf) throws IOException
Public static FileSystem get(URI uri. ConfigUration conf) throws IOException
```

Configuration 对象封装了客户端或服务器的配置，通过设置配置文件读取类路径来实现（如 conf/core-site. xml）。第一个方法返回的是默认文件系统（在 conflcore-site. xml 中指定的，如果没有指定，则使用默认的本地文件系统）。第二个方法通过给定的 URI 方案和权限来确定要使用的文件系统，如果给定 URI 中没有指定方案，则返回默认文件系统。

有了 FileSystem 实例之后，调用 open()函数来获取文件的输入流：

```
Public FSDataInputStream open(Path f) throws IOException
Public abstract FSDataInputStream open(Path f, int bufferSize) throws IOException
```

第一个方法使用默认的缓冲区大小 4KB。

将上述方法结合起来,可得到例 5-2。

例 5-2 直接使用 FileSystem 以标准输出格式显示 Hadoop 文件系统中的文件。

```
public class FileSystemCat {
    public static void main(String[] args) throws Exception {
        String uri=args[0];
        Configuration conf=new Configuration();
        FileSystem fs=FileSystem.get(URI.create(uri), conf);
        InputStream in=null;
        try {
          in=fs.open(new Path(uri));
          IOUtils.copyBytes(in, System.out, 4096, false);
        } finally {
          IOUtils.closeStream(in);
        }
    }
}
```

运行结果如下:

```
[zkpk@master ~]$ hadoop jar read.jar com.mr.FileSystemCat /data/data
15/12/10 01:51:49 WARN util.NativeCodeLoader: Unable to load native-hadoop libra
ry for your platform... using builtin-java classes where applicable
one the top of the Crumpetty Tree
The Quangle Wangle sat,
But his face you could not see.
On account of his Beaver Hat.
```

5.2.3 写入数据

FileSystem 类有一系列创建文件的方法。最简单的方法是给准备创建的文件指定一个 Path 对象,然后返回一个用于写入数据的输出流:

```
public FSDataOutputStream create(Path f)throws IOException
```

上述方法有多个重载版本,允许指定是否需要强制覆盖已有的文件、文件备份数量、写入文件时所用缓冲区大小、文件块大小以及文件权限。

create()方法能够为需要写入且当前不存在的文件创建父目录。尽管这样很方便,但有时并不希望这样。如果你希望不存在父目录就发生文件写入失败,则应该先调用 exists()方法检查父目录是否存在。

还有一个重载方法 Progressable,用于传递回调接口,如此一来,可以把数据写入数据节点的进度通知到用户的应用:

```
package org.apache.hadoop.util;
public interface Progressable {
    public void progress();
}
```

另一种新建文件的方法，是使用 append()方法在一个已有文件末尾追加数据（还存在一些其他重载版本）：

```
public FSDataOutputStream append(Path f)throws IOException
```

该追加操作允许一个 writer 打开文件后在访问该文件的最后偏移量处追加数据。有了这个 API，某些应用可以创建无边界文件。例如，日志文件可以在机器重启后在已有文件后面继续追加数据。该追加操作是可选的，并非所有 Hadoop 文件系统都实现了该操作。例如，HDFS 支持追加，但 S3 文件系统就不支持。

例 5-3 显示了如何将本地文件复制到 Hadoop 文件系统。每次 Hadoop 调用 progress()方法时（也就是每次将 64KB 数据包写入DataNode 管线后）打印一个时间点来显示整个运行过程。注意，这个操作并不是通过 API 实现的，因此 Hadoop 后续版本能否执行该操作，取决于该版本是否修改过上述操作。API 仅能让用户知道到“正在发生什么事情”。

例 5-3　将本地文件复制到 Hadoop 文件系统。

```
public class FileCopyWithProgress{
    public static void main(String[] args) throws Exception{
        String localSrc=args[0];
        String dst=args[1];
        InputStream in=new BufferedInputStream(new FileInputStream(localSrc));
        Configuration conf=new Configuration();
        FileSystem fs=FileSystem.get(URI.create(dst).conf);
        OutputStream out=fs.create(new Path(dst), new Progressable() {
            public void progress() {
                System.out . print (". ");
            }
        });
        IOUtils.copyBytes(in, out, 4096. true);
    }
}
```

运行结果如下：

```
[zkpk@master ~]$ hadoop jar copy.jar com.mr.FileCopy /home/zkpk/data /data
15/12/10 03:36:43 WARN util.NativeCodeLoader: Unable to load native-hadoop libra
ry for your platform... using builtin-java classes where applicable
[zkpk@master ~]$ hadoop fs -cat /data
15/12/10 03:36:56 WARN util.NativeCodeLoader: Unable to load native-hadoop libra
ry for your platform... using builtin-java classes where applicable
One the top of the Crumpetty Tree
The Quangle Wangle sat,
But his face you could not see.
On account of his Beaver Hat.
```

目前，其他 Hadoop 文件系统写入文件时均不调用 progress()方法。将在后续章节中看到进度对于 MapReduce 应用的重要性。

接下来介绍一下写入操作时用到的 FSDataOutputStream 对象。FileSystem 实例的 create()方法返 FSDataOutputStream 对象，与 FSDataInputStream 类相似，它也有一个查询文件当前位置的方法：

```
package org.apache.hadoop.fs;
```

```
public class FSDataOutputStream extends DataOutputStream implements Syncable{
    public long getPos() throws IOException{
        // implementation elided
    }
    //implementation elided
}
```

但与 FSDataInputStream 类不同的是，FSDataOutputStream 类不允许在文件中定位。这是因为 HDFS 只允许对一个已打开的文件顺序写入，或在现有文件的末尾追加数据。换句话说，它不支持在除文件末尾之外的其他位置进行写入。因此，写入时定位就没有什么意义。

5.2.4 创建目录

FileSystem 实例提供了创建目录的方法：

```
public boolean mkdirs(Path f)throws IOException
```

这个方法可以一次性新建所有必要但还没有的父目录，就像 java.io.File 类的 mkdirs()方法。如果目录（以及所有父目录）都已经创建成功，则返回 true。通常，不需要显示创建一个目录，因为调用 create()方法写入文件时会自动创建父目录。

例 5-4 显示了创建目录的方法。

```
public class MkdirTest {
    public static void main(String[] args) throws IOException {
        Configuration conf=new Configuration();
        FileSystem fs=FileSystem.get(conf);
        fs.mkdirs(new Path("/ttt"));
    }
}
```

运行结果如下：

```
[zkpk@master ~]$ hadoop jar mkdir.jar com.mr.MkdirTest
15/12/10 03:00:52 WARN util.NativeCodeLoader: Unable to load native-hadoop libra
ry for your platform... using builtin-java classes where applicable
[zkpk@master ~]$ hadoop fs -ls /
15/12/10 03:00:59 WARN util.NativeCodeLoader: Unable to load native-hadoop libra
ry for your platform... using builtin-java classes where applicable
Found 10 items

drwx------   - zkpk supergroup          0 2015-09-23 02:39 /tmp
drwxr-xr-x   - zkpk supergroup          0 2015-12-10 03:00 /ttt
```

5.2.5 查询文件系统

任何文件系统的一个重要特征都是提供其目录结构浏览和检索它所存文件和目录相关信息的功能。文件元数据 FileStatus 类封装了文件系统中文件和目录的元数据，包括文件长度、块大小、备份、修改时间、所有者以及权限信息。

FileSystem 的 getFileStatus()方法用于获取文件或目录的 FileStatus 对象。例 5-5 显示了它的用法。

例 5-5 展示文件状态信息。

```
public class ShowFileStatusTest {
    private MiniDFSCluitar cluster;
```

```
    private FileSystem fs;
    @Before
    public void setUp() throws IOExcaption {
        Configuration conf=new Configuration();
        if (System.getProperty("test . build . data") ==null)
        System . setProperty (" test . burild .data ", "/tmp " ) ;
    }
        cluster=new MiniDFSCluster(conf, 1. true. null);
        fs=cluster. getFileSystem();
        OutputStream out=fs.Create(new Path("/dir/file"));
        out .wril:e(" content " . getBytes (" UTF-8")) ;
        out.close();
 }
 @After
 public void tearDown() throws IOExcept:ion {
    if (fs !=null) { fs.close(); }
    if (cluster !=null) { cluster.shutdown(); }
 }
 @Test(expected=FileNotFoundException.class)
 public void throwsFileNotFoundForNonExistentFile() throws IOExcept:ion{
     fs.getFileStatus(new Path("no-such-file"))
 }
 @Test
 public void fileStatusForFile() throws IOException {
    Path file=new Path("/dir/file");
    FileStatus stat=fs.getFileStatus(file);
    assertThat(stat.getPath() .touri() . get Path(), is ("/dir/file")) ;
    assertThat (stat .isDir(), is(false));
    assertThat (stat.getLen(), is(7L));
    assertThat (stat .getModificationTime() ,
    is(lessThanOrEqualTo(System.currentTimeMillis())));
    assertThat (stat . getReplication(). is ((short) 1)) ;
    assertThat{stat. getBlockSize(), is(64 * 1024 * 1024L));
    assertThat(stat .getOwner(), is ("tom" )) ;
    assertThat(stat .getGroup(), is (" supergroup")) ;
    assertThat(stat . get Pe rmission() .toString(), is (" rw-r--r--"));
 }
 @Test
 public void fileStatusForDirectory() throws IOExcept:ion {
    Path dir=new Path("/dir");
    FileStatus stat=fs.getFile5tatus(dir);
    assertThat (stat . getPath() .toUri() .getPath(), is("/dir " )) ;
    assertThat (stat.isDir(). is(true));
    assertThat(stat . getLen(). is(0L));
    assert That (stat . getModificationTime() ,
    is(lessThanOrEqualTo(System.currentTimeMillis())));
    assertThat(stat . getReplication(), is((short) 0));
    assertThat (stat .getBlockSize(), is(0L));
    assertThat(stat.getOwner(), is("tom"));
```

```
    assertThat(stat.getGroup(), is ("supergroup"));
    assertThat (stat . getPermission() .toSt ring(), is (" rwxr-xr-x " )) ;
}
```

如果文件或目录均不存在，则会抛出 FileNotFoundException 异常。但是，如果只需检查文件或目录是否存在，那么调用 exists()方法会更方便。

```
public boolean exists(Path f) throws IOException
```

查找一个文件或目录的信息很实用，但通常你还需要能够列出目录的内容。这就是 FileSystem 的 listStatus()方法的功能。

```
public FileStatus[] listStatus(Path f) throws IOException
public FileStatus[] listStatus(Path f, PathFilter filter) throws IOException
public FileStatus[] listStatus(Path[] files) throws IOException
public FileStatus[] listStatus(Path[] files, PathFilter filter) throws IOException
```

当传入的参数是一个文件时，它会简单转变成以数组方式返回长度为 1 的 FileStatus 对象。当传入参数是一个目录时，则返回 0 或多个 FileStatus 对象，表示此目录中包含的文件和目录。

一种重载方法是允许使用 PathFilter 来限制匹配的文件和目录，如果指定一组路径，其执行结果相当于依次轮流传递每条路径并对其调用 listStatus()方法，再将 FileStatus 对象数组累积存入同一数组中，但该方法更为方便。当从文件系统树的不同分支构建输入文件列表时，这是很有用的。例 5-6 简单显示了这种方法。注意 FileUtil 中 stat2Paths()方法的使用，它将一个 FileStatus 对象数组转换为 Path 对象数组。

例 5-6　显示 Hadoop 文件系统中一组路径的文件信息。

```
public class ListStatus {
    public static void main(String[] args) throws Exception {
        String uri=args[0];
        Configuration conf=new Configuration();
        FileSystem fs=FileSystem.get(URI.create(uri), conf);
        Path[] paths=new Path[args.length];
            for (int i=0; i <paths.length; i++) {
            paths[i]=new Path(args[i]);
        }
        FileStatus[] status=fs. listStatus(paths);
        Path[] listedPaths=FileUtil.stat2Paths(status);
        for (Path p: listedPaths){
            System.out.println(p);
        }
    }
}
```

运行结果如下：

```
[zkpk@master ~]$ hadoop fs list.jar com.mr.ListStatus /tmp
list.jar: Unknown command
[zkpk@master ~]$ hadoop jar list.jar com.mr.ListStatus /tmp
15/12/10 03:03:59 WARN util.NativeCodeLoader: Unable to load native-hadoop l:
ry for your platform... using builtin-java classes where applicable
hdfs://master:9000/tmp/hadoop-yarn
hdfs://master:9000/tmp/hive-zkpk
```

5.2.6 删除数据

使用 FileSystem 的 delete()方法可以永久性删除文件或目录。

```
Public Boolean delete(Path f, Boolean recursive) throws IOException
```

例 5-7 显示了这种方法。

例 5-7 删除 HDFS 上的文件或者目录。

```
Public class DeleteFile{
    Public static void main(String[] args){
        String uri="hdfs://master:9000/ttt.txt";
        Configuration conf=new Configuration();
        try{
            FileSystem fs=FileSystem.get(URI.create(uri),conf);
            Path delef=new Path("hdfs://master:9000/ttt.txt");
            boolean isDeleted=fs.delete(delef,false);
            //是否递归删除文件夹及文件夹下的文件
            //boolean is Deleted=fs.delete(delef,true);
            System.out.println(isDeleted);
        }catch(IOException e){
            e.printStackTrace();
        }
    }
}
```

运行结果如下：

```
[zkpk@master ~]$ hadoop jar delete.jar com.mr.DeleteTest
15/12/10 03:07:23 WARN util.NativeCodeLoader: Unable to load native-hadoop lit
ry for your platform... using builtin-java classes where applicable
[zkpk@master ~]$ hadoop fs -ls /
15/12/10 03:07:39 WARN util.NativeCodeLoader: Unable to load native-hadoop lit
ry for your platform... using builtin-java classes where applicable
drwx------   - zkpk supergroup          0 2015-09-23 02:39 /tmp
```

如果 f 是一个文件或空目录，那么 recurslve 的值就会被忽略。只有在 recruslve 值为 true 时，一个非空目录及其内容才会被删除（否则会抛出 IOException 异常）。

5.3 其他常用接口

HDFS 设计的主要目的是对海量数据进行处理，也就是说在其上能够存储大量文件（可以存储 TB 级的文件）。HDFS 将这些文件分割后，存储在不同的 DataNode 上，HDFS 不仅是提供了 Java 接口对 HDFS 里面的文件进行操作，还提供了其他常用的接口。本小节将介绍其他常用的 HDFS 接口。

5.3.1 Thrift

因为 Hadoop 文件系统的接口是通过 Java API 提供的，所以其他非 Java 应用程序访问 Hadoop 文件系统会比较麻烦。thriftfs 定制功能模块中的 Thrift API 通过把 Hadoop 文件系统包装一个 Apache Thrift 服务来弥补这个不足，从而使任何具有 Thrift 绑定（binding）的语言都能轻松地与 Hadoop 文件系统（如 HDFS）进行交互。

thrift 是一个软件框架，thrift 最初由 Facebook 开发用作系统内各语言之间的 RPC 通信 。2007 年由 Facebook 贡献到 Apache 基金，2008 年 5 月进入 Apache 孵化器 。支持多种语言之间的 RPC 方式的通信：php 语言 client 可以构造一个对象，调用相应的服务方法来调用 java 语言的服务，跨越语言的 C/S RPC 调用，用来进行可扩展且跨语言的服务的开发。它结合了功能强大的软件堆栈和代码生成引擎，以构建在 C++，Java，Python，PHP，Ruby，Erlang，Perl，Haskell，C#，Cocoa，JavaScript，Node.js，Smalltalk，and OCaml 这些编程语言间无缝结合的、高效的服务。

thrift 允许定义一个简单的定义文件中的数据类型和服务接口，以作为输入文件，编译器生成代码用来方便地生成 RPC 客户端和服务器通信的无缝跨编程语言。为了使用 Thrift API，需要运行提供 Thrift 服务的 Java 服务器，并以代理的方式访问 Hadoop 文件系统。应用程序访问 Thrift 服务时，实际上两者是运行在同一台机器上的。

5.3.2 C 语言

Hadoop 提供了一个名为 libhdfs 的 C 语言库，该语言库是 Java FileSystem 接口类的一个镜像（它被编写成访问 HDFS 的 C 语言库，但它其实可以访问任意 Hadoop 文件系统）。它可以使用 Java 原生接口（Java Native Interface，JNI）调用 Java 文件系统客户端。

C 语言 API 与 Java 的 API 非常相似，但它的开发一般滞后于 Java API，因此目前一些新的特性可能还不支持。Hadoop 中有预先编译好的 32 位 Linux 的 libhdfs 二进制编码，但对于其他平台，需要按照 http://wiki. apache. org/hadoop/L ibHDFS 的教程自行编译。需要注意的是，libhdfs 中的函数是通过 JNI 调用 Java 虚拟机（简称 JVM），在虚拟机中构造对应的 HDFS 的 Java 类，然后反复调用该类的功能函数。总会发生 JVM 和程序之间内存复制的动作，因此在大规模使用时需要考虑其性能方面的问题。

5.3.3 HTTP

HDFS 定义了一个以 HTTP 方式检索目录列表和数据的只读接口。嵌入在 NameNode 中的 Web 服务器（运行在 50070 端口上）以 XML 格式提供目录列表服务，而嵌入在 DataNode 的 Web 服务器（运行在 50075 端口）提供文件数据传输服务。该协议并不绑定于某个特定的 HDFS 版本，由此用户可以利用 HTTP 协议编写从运行不同版本的 Hadoop HDFS 集群中读取数据的客户端。HftpFileSystem 就是其中一种：一个通过 HTTP 协议与 HDFS 交互的 Hadoop 文件系统接口（HsftpFileSystem 是 HTTPS 的变种）。

本章小结

HDFS 是 Hadoop 的一个核心子项目，是 Hadoop 进行大数据存储管理的基础。在本章中，深入介绍了 HDFS 的基本操作接口。

(1) 介绍了 HDFS 命令行接口。命令行是最简单的，同时也是许多开发者最熟悉的，我们将通过命令行与 HDFS 交互，分别讲解查看文件列表、创建目录、上传和下载文件、查看文件内容以及对文件数据删除的命令。使得读者不仅能由浅入深地学好 HDFS 相关的命令，还能更深入地了解 HDFS。

(2) 主要讲了 Java 接口，深入探索 Hadoop 的 FileSystem 类：与 Hadoop 的某一文件系统进行交互的 API，讲解了通过 Java API 对 HDFS 中的文件执行常规的文件操作，包括从 Hadoop URL 中读取数据和通过 FileSystem API 中读取数据。同时还介绍了 Java 接口中写入数据、创建目录、查询文件系统以及数据的删除。

(3) 除了命令行接口和 Java 接口，还介绍了其他常用的接口。Thrift 定制功能模块中的 Thrift API 通过把 Hadoop 文件系统包装一个 Apache Thrift 服务来弥补非 Java 应用程序访问 Hadoop 文件系统会比较麻烦的不足；C 语言的 API 与 Java 的 API 非常相似，但它的开发一般滞后于 Java API，因此目前一些新的特性可能还不支持；HTTP 是 HDFS 定义的以 HTTP 方式检索目录列表和数据的只读接口，用户可以利用 HTTP 协议编写从运行不同版本的 Hadoop HDFS 集群中读取数据的客户端。

习　题

1. 选择题

(1) HDFS 命令行接口中查看文件列表中第五列是(　　)。

A. 所属用户　　B. 组别　　C. 文件大小　　D. 时间

(2) HDFS 中，文件的访问权限不包含(　　)。

A. 只读权限　　B. 写入权限　　C. 执行权限　　D. 读写权限

(3) 每个文件和目录都有所属用户(owner)、所属组别(group)及模式(mode)。这个模式的组成不包含(　　)。

A. 所属用户的权限　　B. 组内成员的权限
C. 所属组的权限　　D. 其他用户的权限

(4) FileStatus 类封装了文件系统中文件和目录的元数据，其中不包括(　　)。

A. 文件长度　　B. 文件大小　　C. 块大小　　D. 备份

2. 问答题

(1) 描述得到 FileSystem 接口的实例的静态实例。

(2) 如何使用 FSDataInputStream 读数据。

(3) 因为 Hadoop 文件系统的接口是通过 Java API 提供的，所以其他非 Java 应用程序访问 Hadoop 文件系统会比较麻烦。Thrift 是如何避免这类问题的？

第6章

Hadoop I/O详解

本章提要

在介绍 Hadoop 的 MapReduce 编程之前，先介绍一下 Hadoop 的 I/O 知识，以免在后面的章节中看到 IntWritable、LongWritable、Text、NullWritable 等概念时会不知所措。其实，IntWritable 就是其他语言（如 Java、C++）里的 int 类型，LongWritable 就是其他语言里的 long，Text 类似 String，NullWritable 就是 Null。学习其他编程语言之前，必须先学习数据类型。因此，在学习 Hadoop 的 MapReduce 编程之前，先学习 Hadoop 的 I/O 知识。

Hadoop 自带一套原子操作用于数据 I/O 操作。其中有一些技术比 Hadoop 本身更常用，如数据完整性保持和压缩，但在处理多达 TB 级的数据集时，特别值得关注。其他一些是 Hadoop 工具和 API，它们所形成的构建模块可用于开发分布式系统，比如序列化操作和磁盘(on-disk)数据结构。

6.1 数据完整性

Hadoop 用户肯定都希望系统在存储和处理数据的时候，数据不会有任何损失或损坏。尽管磁盘或网络上的每个 I/O 操作不太可能将错误引入自己正在读、写的数据中，但是如果系统中需要处理的数据量大到 Hadoop 的处理极限时，数据被损坏的概率还是很高的。

检测数据是否损坏的常用方法是，在数据第一次引入系统时计算校验和(checksum)，并在数据通过一个不可靠的通道进行传输时再次计算校验和，这样就能发现数据是否损坏。若计算所得的新校验和与原来的校验和不匹配，我们就认为数据已损坏，但该技术并不能修复数据——它只能检测出数据错误（这正是不使用低端硬件的原因。具体来说，一定要使用 ECC 内存）。注意：校验和也是可能损坏的，不只是数据，但由于校验和比数据小得多，所以损坏的可能性非常小。

比较常用的错误校验码是 CRC-32（循环冗余校验），任何大小的数据输入均计算得到一个 32 位的证书校验和。

6.1.1 HDFS 的数据完整性

HDFS 会对写入的所有数据计算校验和，并在读取数据时验证校验和。要注意的一点是，HDFS 每固定长度就会计算一次校验和，这个值由 io.bytes.per.checksum 指定，默认是 512B(字节)。由于 CRC-32 是 32 位，即 4B，所以存储校验和的额外开销低于 1%。

DataNode负责在接收到数据后存储该数据及其验证校验和。它在收到客户端的数据或复制其他DataNode的数据时执行这个操作。正在进行写操作的客户端将数据及其校验和发送到由一系列DataNode组成的管线(详见4.1.4小节),管线中最后一个DataNode负责验证校验和,如果DataNode检测到错误,客户端便会收到一个ChecksumException异常,它是IOException异常的一个子类。

客户端从DataNode读取数据的时候也会验证校验和,它会跟DataNode上的检验和进行比较。每个DataNode均持久保存有一个用于验证的记录校验和日志(persistent log of checksum verification),所以它知道每个数据块的最后一次验证时间。客户端验证完之后会告诉DataNode,DataNode由此更新日志。保存这些统计信息对于检测损坏的磁盘很有价值。

不只是客户端在读取数据块时会验证校验和,每个DataNode也会在一个后台线程中运行一个DataBlockScanner进程,从而定期验证存储在这个DataNode上的所有的数据块。因为除了读写过程中会产生数据错误以外,硬件本身也会产生数据错误,比如说位衰减(bit rot)。

若客户端发现有Block坏掉了,该如何来恢复这个损坏的Block呢?主要有以下几步。

(1) 客户端在读取Block时,如果检测到错误,首先向NameNode报告已损坏的Block及其正在尝试读操作的这个DataNode,再抛出ChecksumException异常。

(2) NameNode将这个Block副本标记为已损坏,这样NameNode就不会把客户端指向这个Block,也不会复制这个Block到其他的DataNode。

(3) NameNode会把一个好的Block复制到另外一个DataNode上,如此一来,Block的副本因子(replication factor)又回到期望水平。

(4) 最后,NameNode把已损坏的Block副本删除。

如果出于一些原因,在操作时不想让HDFS检查校验码,那么在使用open()方法读取文件之前,将false值传递给FileSystem对象的setVerifyChecksum()方法即可。如果在命令解释器中使用带-get选项的-ignoreCrc命令或者使用等价的-copyToLocal命令,也可以达到相同的效果。若有一个已损坏的文件需要检查并决定如何处理,这个特性是非常有用的。例如,也许你希望在删除该文件之前尝试看看是否能够恢复部分数据。

6.1.2 验证数据完整性

1. 客户端校验类LocalFileSystem

Hadoop的LocalFileSystem执行客户端的校验和验证。使用LocalFileSystem写文件时,例如写入一个名为filename的文件,文件系统客户端会明确地在包含每个文件块校验和的同一个目录内新建一个名为.filename.crc的隐藏文件。校验文件的大小由属性io.bytes.per.checksum控制,默认是512B,即每512B就生成一个CRC-32校验和。.filename.crc文件会保存io.bytes.per.checksum的信息,在读取的时候,会根据此文件进行校验。如果检测到错误,LocalFileSystem将会抛出一个ChecksumException异常。

校验和的计算代价是相当低的,一般只是增加少许额外的读/写文件时间。对大多数应用来说,付出这样的额外开销以保证数据完整性是可以接受的。此外,我们也可以禁用校验和计算,特别是在底层文件系统本身就支持校验和的时候。在这种情况下,使用RawLocalFileSystem替代LocalFileSystem。要想在一个应用中实现全局校验和验证,需将

fs.file.impl 属性设置为 org.apache.hadoop.fs.RawLocalFileSystem，进而实现对文件 URI 的重新映射。也可以直接新建一个 RawLocalFileSystem 实例。如果用户想针对一些读操作禁用校验和，这个方案非常有效。代码如下：

```
Configuration conf=...
FileSystem fs=new RawLocalFileSystem();
fs.initialize(null,conf);
```

2. 校验和文件系统 ChecksumFileSystem

事实上，LocalFileSystem 是通过继承 ChecksumFileSystem 来实现校验的工作。ChecksumFileSystem 类继承自 FileSystem 类，它的一般用法如下：

```
FileSystem rawFs=...
FileSystem checksummedFs=new ChecksumFileSystem(rawFs);
```

底层文件系统称为“源”(raw)文件系统，可以使用 ChecksumFileSystem 实例的 getRawFileSystem()方法获取它。ChecksumFileSystem 类还有其他一些与校验和有关的方法，比如 getChecksumFile()可以获得任意一个文件的校验和文件路径。

如果 ChecksumFileSystem 类在读取文件时检测到错误，会调用自己的 reportChecksumFailure()方法。默认实现为空方法，但 LocalFileSystem 类会将这个出错的文件及校验和移动到同一存储设备上一个名为 bad_files 的边际文件夹(side directory)中。管理员应定期检查这些坏文件，并采取相应的处理。

6.2 文件压缩

文件压缩有两大好处：一是减少存储文件所需要的磁盘空间；二是加速数据在网络和磁盘上的传输。这两大好处在处理大量数据时相当重要，所以我们值得仔细考虑在 Hadoop 中如何使用压缩，以及使用哪种压缩。

6.2.1 Hadoop 支持的压缩格式

Hadoop 目前支持很多种压缩方式，它们各有千秋。表 6-1 列出了 Hadoop 常见的几种压缩方法。

表 6-1 Hadoop 中压缩格式总结

压缩格式	工 具	算 法	文件扩展名	是否可切分
DEFLATE	无	DEFLATE	.deflate	否
Gzip	gzip	DEFLATE	.gz	否
bzip2	bzip2	bzip2	.bz2	是
LZO	lzop	LZO	.lzo	否
LZ4	无	LZ4	.lz4	否
Snappy	无	Snappy	.snappy	否

所有压缩算法都需要权衡空间/时间：压缩和解压缩哪种速度更快，其代价通常是只能节省少量的空间。表6-1列出的所有压缩工具都提供9个不同的选项来控制压缩时必须考虑的权衡：选项－1为优化压缩速度，－9为优化压缩空间。例如，下述命令通过最快的压缩方法创建一个名为file.gz的压缩文件：

```
gzip -1 file
```

不同压缩工具有不同的压缩特性。gzip是一个通用的压缩工具，在空间/时间性能的权衡中，居于其他两个压缩方法之间。bzip2的压缩能力强于gzip，但压缩速度更慢一些。另一方面，LZO、LZ4和Snappy均优化压缩速度，其速度比gzip快一个数量级，但压缩效率稍逊一筹。Snappy和LZ4的解压缩速度比LZO高出很多。

表6-1中的“是否可切分”列表示对应的压缩算法是否支持切分(splitable)，也就是说，是否可以搜索数据流的任意位置并进一步往下读取数据。可切分压缩格式尤其适合MapReduce。

6.2.2 压缩-解压缩算法 codec

codec实现了一种压缩-解压缩算法。在Hadoop中，一个对CompressionCodec接口实现代表一个codec。例如，GzipCodec包装了gzip的压缩和解压缩算法。表6-2列举了Hadoop实现的codec。

表6-2 Hadoop的压缩codec

压缩格式	HadoopCompressionCodec
DEFLATE	org.apache.hadoop.io.compress.DefaultCodec
Gzip	org.apache.hadoop.io.compress.GzipCodec
bzip2	org.apache.hadoop.io.compress.Bzip2Codec
LZO	org.apache.compression.lzo.LzopCodec
LZ4	org.apache.hadoop.io.compress.Lz4Codec
Snappy	org.apache.hadoop.io.compress.SnappyCodec

LZO格式是基于GPL许可的，不能通过Apache来分发许可，因此，Hadoop的codec必须单独下载，地址是http://codec.google.com/p/hadoop-gpl-compression/或从http://github.com/kevinweil/hadoop-lzo下载，该代码库包含有修正的软件错误及其他一些工具。

Lzop编码器和解码器兼容lzop工具，它其实就是LZO格式，但额外还有头部，它正是我们想要的。还有一个纯LZO格式的编码/解码器LzoCodec，它使用lzo_deflate作为扩展名(根据DEFLATE类推，是没有头部的gzip格式)。

1. CompressionCodec类

CompressionCodec是对流进行压缩和解压缩，CompressionCodec包含两个函数，可以轻松用于压缩和解压缩数据。如果想对写入输出数据流的数据进行压缩，可以使用createOutputStream(OutputStream out)方法对尚未压缩的数据新建一个CompressionOutputStream对象，将其以压缩格式写入底层的流。相反，想对从输入流读取的数据进行解压缩，则调用createInputStream

(InputStream in)函数获得一个 CompressionInputStream,进而从底层的流读取解压缩后的数据。

CompressionOutputStream 和 CompressionInputStream 类,类似于 Java 中的 java. util. zip. DeflaterOutputStream 和 java. util. zip. DeflaterInput-Stream,前两者还可以提供重置其底层压缩和解压缩的功能,当把部分数据流(section of data stream)压缩为单独数据块时,此功能比较重要。例如,SequenceFile 文件格式。

例 6-1 显示了如何用 API 来压缩从标准输入中读取的数据并将其写到标准输出。

例 6-1　该程序压缩从标准输入读取的数据,然后将其写到标准输出。

```
public class StreamCompressor{
    public static void main(String[] args) throws Exception{
        String codecClassname=args[0];
        Class<? >codecClass=Class.forName(codecClassname);
        Configuration conf=new Configuration();
        CompressionCodec codec= (CompressionCodec)
        ReflectionUtils.newInstance(codecClass, conf);
        CompressionOutputStream out=
        codec.createOutputStream(System.out);
        IOUtils.copyBytes(System.in, out, 4096, false);
        out.finish();
    }
}
```

此应用需要压缩 CompressionCodec 的合法全名来作为命令行的第一个参数。我们使用 ReflectionUtils 来建立一个新的实例,然后获得一个压缩好的 System. out。之后,对 IOUtils 对象调用 copyBytes()方法将输入数据复制到输出,输出由 CompressionOutputStream 对象压缩。最后,调用 CompressionOutputStream 的 finish()方法,要求压缩方法完成到压缩数据流的写操作,但不关闭这个数据流。我们可以用下面这行命令做一个测试,通过 GzipCodec 的 StreamCompressor 对象对字符串 Text 进行压缩,然后使用 gunzip 从标准输入中对它进行读取并解压缩操作:

```
%echo "Text"|hadoop StreamCompressor org.apache.hadoop.io.
compress.GzipCodec \|gunzip
Text
```

2. CompressionCodecFactory 类

用 CompressionCodecFactory 类可以推断 CompressionCodecs 的压缩格式。在读取一个压缩文件时,通常可以通过文件扩展名推断需要使用哪个 codec。例如,若文件以. gz 结尾,则可以用 GzipCodec 来读取。表 6-1 为每一种压缩格式列举了文件扩展名。

CompressionCodecFactory 提供了 getCodec()方法,用于将文件扩展名映射到相应的 CompressionCodec,此方法接受一个 Path 对象。

例 6-2 所示的应用即为使用这个特性来对文件进行解压缩。

例 6-2　该应用根据文件扩展名 codec 解压缩文件。

```
public class FileDecompressor {
  public static void main(String[] args) throws Exception {
```

```
        String uri=args[0];
        Configuration conf=new Configuration();
        FileSystem fs=FileSystem.get(URI.create(uri), conf);
        Path inputPath=new Path(uri);
        CompressionCodecFactory factory=new
        CompressionCodecFactory(conf);
        CompressionCodec codec=factory.getCodec(inputPath);
        if (codec==null) {
            System.err.println("No codec found for " +uri);
            System.exit(1);
        }
        String outputUri=
          CompressionCodecFactory.removeSuffix(uri,codec.getDefaultExtension());
        InputStream in=null;
        OutputStream out=null;
        try {
            in=codec.createInputStream(fs.open(inputPath));
            out=fs.create(new Path(outputUri));
            IOUtils.copyBytes(in, out, conf);
        } finally {
            IOUtils.closeStream(in);
            IOUtils.closeStream(out);
        }
    }
}
```

一旦找到对应的 codec，就会被用来去掉文件扩展名形成输出文件名，这是通过 CompressionCodecFactory 对象的静态方法 removeSuffix()来实现的。这样，调用如下程序便把一个名为 file. gz 的文件解压缩为 file 文件。

```
%hadoop FileDecompressor file.gz
```

CompressionCodecFactory 从 io. compression. codecs 属性(参见表 6-3)定义的一个列表中找到 codec。在默认情况下，该列表列出了 Hadoop 提供的所有 codec，所以只有在你拥有一个希望注册的定制 codec(例如，外部管理的 LZO codec)时才需要加以修改。每个 codec 都知道自己默认的文件扩展名，因此 CompressionCodecFactory 可通过搜索注册的 codec 找到匹配指定文件扩展名的 codec(如果有)。

表 6-3 压缩 codec 的属性

属性名称	类　型	默　认　值	功能描述
io. compression. codecs	逗号分隔的类名	org. apache. hadoop. io. compress. DefaultCodec	用于压缩/解压缩的 CompressionCodec 列表
		org. apache. hadoop. io. compress. GzipCodec	
		org. apache. hadoop. io. compress. Bzip2Codec	

3. 本地库

考虑到性能，最好使用本地库(native library)来压缩和解压。例如，在一个测试中，使用本地 gizp 类库可以减少约一半的解压缩时间和约 10％的压缩时间(与内置的 Java 实现相比)。表 6-4 给出了每种压缩格式的 Java 实现和原生类库实现。并非所有格式都有本地实现(如 bzip2 压缩),而另一些则仅有本地实现(如 LZO)。

表 6-4　本地库

压缩格式	是否有 Java 实现	是否有本地实现
DEFLATE	是	是
Gzip	是	是
bzip2	是	否
LZO	否	是
LZ4	否	是
Snappy	否	是

Hadoop 带有预置的 32 位和 64 位 Linux 构建的压缩代码库(位于 lib/native 目录)。对于其他平台,需要自己编译库,具体请参见 Hadoop 的维基百科 http://wiki.apache.org/hadoop/NativeHadoop。

本地库通过 Java 系统属性 java.library.path 来使用。Hadoop 的脚本在 bin 目录中已经设置好这个属性,但如果不使用该脚本,则需要在应用中设置属性。

默认情况下,Hadoop 会根据自身运行的平台搜索本地库,如果找到相应的代码库就会自动加载。这意味着,你无须更改任何配置就可以使用本地库。但是,在某些情况下,可能希望禁用本地库,例如在调试压缩相关问题的时候。为此,将属性 hadoop.native.lib 设置为 false,即可确保内置的 Java 库被使用。

4. CodecPool

如果使用的是本地库并且需要在应用中执行大量压缩和解压缩操作,可以考虑使用 CodecPool,它支持反复使用压缩和解压缩,以分摊创建这些对象的开销。

例 6-3 中的代码显示了 API 函数,但在此程序中,它只新建了一个 Compressor,并不需要使用压缩/解压缩池。

例 6-3　使用压缩池对读取自标准输入的数据进行压缩,然后将其写到标准输出。

```
public class PooledStreamCompressor {
  public static void main(String[] args) throws Exception {
    String codecClassName=args[0];
    Class<? >codecClass=Class.forName(codecClassName);
    Configuration conf=new Configuration();
    CompressionCodec codec = (CompressionCodec) ReflectionUtils.newInstance
    (codecClass, conf);
    Compressor compressor=null;
    try {
        compressor=CodecPool.getCompressor(codec);
        CompressionOutputStream out = codec.createOutputStream(System.out,
        compressor);
        IOUtils.copyBytes(System.in, out, 4096, false);
```

```
            out.finish();
        } finally {
            CodecPool.returnCompressor(compressor);
        }
    }
}
```

在 codec 的重载方法 createOutputStream()中,对指定的 CompressionCodec,从池中获取一个 Compressor 实例。通过使用 finally 数据块,用户在不同的数据流之间来回复制数据,即使出现 IOException 异常,也可以确保 compressor 返回池中。

6.2.3 压缩和输入分片

在考虑如何压缩由 MapReduce 处理的数据时,理解这些压缩格式是否支持切分(splitting)是非常重要的。以一个存储在 HDFS 文件系统中且压缩前大小为 1GB 的文件为例。如果 HDFS 的块大小设置为 64MB,那么该文件将被存储在 16 个块中,把这个文件作为输入数据 MapReduce 作业,将创建 16 个数据块,其中每个数据块作为一个 map 任务的输入。

现在,经过 gzip 压缩后,文件大小为 1GB。与以前一样,HDFS 将这个文件保存为 16 个数据块。但是,将每个数据块单独作为一个输入分片是无法实现工作的,因为无法实现从 gzip 压缩数据流的任意位置读取数据,所以让 map 任务独立于其他任务进行数据读取是行不通的。gzip 格式使用 DEFLATE 算法来存储压缩后的数据,而 DEFLATE 算法将数据存储在一系列连续的压缩块中。问题在于,从每个块的起始位置进行读取与从数据流的任意位置开始读取时一致,并接着往后读取下一个数据块,因此需要与整个数据流进行同步。由于上述原因,gzip 并不支持文件切片。

在这种情况下,MapReduce 会采用正确的方法,它不会去尝试切分 gzip 压缩文件,因为它知道输入是 gzip 压缩文件(通过文件扩展名看出),且 gzip 不支持切分。这是可行的,但牺牲了数据的本地性:一个 map 任务处理 16 个 HDFS 块,而其中大多数块并没有存储在执行该 map 任务的节点。而且,map 任务数越少,作业的粒度就越大,因而运行时间可能会更长。

如果文件是通过 LZO 压缩的,我们会面临相同的问题,因为这个压缩格式也不支持数据读取和数据流同步。但是,在预处理 LZO 文件时使用包含在 Hadoop LZO 库文件中的索引工具是可能的,可以从 6.2.2 节所列出的网站上获得该类库。该工具创建了切分点索引,如果使用恰当的 MapReduce 输入格式可有效实现文件的可切分特性。

另一方面,bzip2 文件提供不同数据块之间的同步标识(pi 的 48 位近似值),因而它是支持切分的。可以参见表 6-1,了解每个压缩格式是否支持切分。

扩展阅读

应该使用哪种压缩格式?

Hadoop 应用处理的数据集非常大,因此需要借助于压缩。使用哪种压缩格式与待处理的文件的大小、格式和所使用的工具相关。下面有一些建议,大致是按照效率从高到低排列的。

(1) 使用容器文件格式,如顺序文件、RCFile 或者 Avro 数据文件所有这些文件格式同时支持压缩和切分。通常最好与一个快速压缩工具联合使用,如 LZO,LZ4 或者 Snappy。

(2) 使用支持切分的压缩格式,如 bzip2(尽管 bzip2 非常慢)。或者使用通过索引实现切分的压缩格式,如 LZO。

(3) 在应用中将文件切分成块,并使用任意一种压缩格式为每个数据块建立压缩文件(不论它是否支持切分)。这种情况下,需要合理选择数据块的大小,以确保压缩后数据块的大小近似于 HDFS 块的大小。

(4) 存储未经压缩的文件。对大文件来说,不要使用不支持切分整个文件的压缩格式,因为会失去数据的本地特性,进而造成 MapReduce 应用效率低下。

6.3 文件序列化

序列化和反序列化在分布式数据处理中,主要应用于进程间通行和永久存储两个领域。

序列化(serialization)是指将机构化对象转化为字节流,以便在网络上传输或写到磁盘进行永久存储的过程。

反序列化(deserialization)是指将字节流转回结构化对象的逆过程。

在 Hadoop 系统中,系统中多个节点上的进程间通信是通过"远程过程调用"(Remote Procedure Call,RPC)实现的。RPC 协议将消息序列化转化为二进制流后发送到远程节点,远程节点接着将二进制流反序列化为消息,所以 RPC 对于序列化有以下要求(也就是进程间通信对于序列化的要求)。

(1) 紧凑。紧凑的格式可以提高传输效率,充分利用网络带宽,要知道网络带宽是数据中心的一种非常重要的资源。

(2) 快速。进程间通信是分布式系统的重要内容,所以必须减少序列化和反序列化的开销,这样可以提高整个分布式系统的性能。

(3) 可扩展。通信协议为了满足一些新的要求,例如在方法调用的过程中增加新的参数,或者新的服务器系统要能够接受老客户端旧格式的消息,这样就需要直接引进新的协议,序列化必须满足可扩展的要求。

(4) 互操作。对于某些系统来说,希望能支持以不同语言写的客户端(如 C++、Java、Python 等)与服务器交互,所以需要设计一种特定的格式来满足这一需求。

表面看来,序列化框架对选择用于数据持久存储的数据格式应该会有不同的要求。毕竟,RPC 的存活时间不到 1s,永久存储的数据却可能在写到磁盘若干年后才会被读取。这么看来,对数据永久存储而言,RPC 序列化格式的四大理想属性非常重要。用户希望存储格式比较紧凑(进而高效使用存储空间)、快速(读/写数据的额外开销比较小)、可扩展(可以透明地读取老格式的数据)且可以互操作(可以使用不同的语言读/写永久存储的数据)。

Hadoop 使用的是自己的序列化格式 Writable,它绝对紧凑、速度快,但不太容易用 Java

以外的语言进行扩展或使用。因为 Writable 是 Hadoop 的核心(大多数 MapReduce 程序都会为键和值使用它),所以在接下来,要对其进行深入的探讨,然后再从总体上看看序列化框架。

6.3.1 Writable 接口

在 Hadoop 中,Writable 接口定义了两个方法:一个用于将其状态写入二进制格式的 DataOutput 流;另一个用于从二进制格式的 DataInput 流读取其状态。Writable 接口如下。

```
packageorg.apache.hadoop.io;

importjava.io.DataOutput;
importjava.io.DataInput;
importjava.io.IOException;

publicinterfaceWritable {
    voidwrite(DataOutput out)throwsIOException;
    voidreadFields(DataInput in)throwsIOException;
}
```

下面通过一个特殊的 Writable 类 IntWritable 封装 Java int 类型,来看看它的具体用途。新建一个对象,并使用 set()方法来设置它的值:

```
IntWritable writable=newIntWritable();
writable.set(163);
```

类似地,也可以使用构造函数来赋值:

```
IntWritable writable=newIntWritable(163);
```

为了检查 IntWritable 的序列化形式,写一个小的辅助方法,它把一个 java.io.ByteArrayOutputStream 封装到 java.io.DataOutputStream 中(java.io.DataOutput 的一个实现),以此来捕获序列化的数据流中的字节,实现代码如下。

```
publicstaticbyte[] serialize(Writable writable)throwsIOException {
    ByteArrayOutputStream out=newByteArrayOutputStream();
    DataOutputStream dataOut=newDataOutputStream(out);
    writable.write(dataOut);
    dataOut.close();
    returnout.toByteArray();
}
```

一个整数占用 4B(因为我们使用 JUnit4 进行声明),实现代码如下。

```
byte[] bytes=serialize(writable);
assertThat(bytes.length, is(4));
```

每个字节使用大端顺序写入(所以,最重要的字节写在数据流的开始处,这是由 java.io.DataOutput 接口规定的),可以使用 Hadoop 的 StringUtils 方法看到它们的十六进制表示,实现代码如下。

```
assertThat(StringUtils.byteToHexString(bytes),is("000000a3"));
```

再来试试反序列化。创建一个帮助方法来从一个字节数组读取一个 Writable 对象，实现代码如下。

```
publicstaticbyte[] deserialize(Writable writable,byte[] bytes)throwsIOException {
    ByteArrayInputStream in=newByteArrayInputStream(bytes);
    DataInputStream dataIn=newDataInputStream(in);
    writable.readFields(dataIn);
    dataIn.close();
    returnbytes;
}
```

构造一个新的、缺值的 IntWritable，然后调用 deserialize()方法来读取刚写入的输出流。最后发现它的值(使用 get 方法检索得到)还是原来的值 163，实现代码如下。

```
IntWritable newWritable=newIntWritable();
deserialize(newWritable, bytes);
assertThat(newWritable.get(), is(163));
```

6.3.2 WritableComparable 接口

IntWritable 实现原始的 WritableComparable 接口，该接口继承自 Writable 和 java.lang.Comparable 接口。WritableComparable 的接口声明如下所示。

```
packageorg.apache.hadoop.io;
publicinterfaceWritableComparable<t>extendsWritable, Comparable<T>{}
```

类型的比较对 MapReduce 而言至关重要，键和键之间的比较在排序阶段完成。Hadoop 提供的一个优化方法是从 Java Comparator 接口的 RawComparator 扩展而来的。

```
packageorg.apache.hadoop.io;
importjava.util.Comparator;
publicinterfaceRawComparator<t>extendsComparator<t>{
publicintcompare(byte[] b1,ints1,intl1,byte[] b2,ints2,intl2);}
```

RawComparator 接口允许执行者比较从流中读取的未被反序列化为对象的记录，从而省去了创建对象的所有开销。例如，IntWritable 的 comparator 使用原始的 compare()方法从每个字节数组的指定开始位置(S1 和 S2)和长度(L1 和 L2)读取整数 b1 和 b2，然后直接进行比较。

WritableComparator 是 RawComparator 对 WritableComparable 类的一个通用实现。它提供以下两个主要功能。

(1) 它提供了一个默认的对原始 compare()函数的调用，对从数据流要比较的对象进行反序列化，然后调用对象的 compare()方法。

(2) 它充当的是 RawComparator 实例的一个工厂方法(Writable 方法已经注册)。例如，获得 IntWritable 的 comparator，代码如下。

```
RawComparator < intwritable > comparator = WritableComparator. get (IntWritable.
class);
```

Comparator 是对象比较器，方法 compare(Object o1,Object o2)返回一个基本类型的整型，返回负数表示 o1 和 o2 相等，返回正数表示 o1 大于 o2。下面以两个 IntWritable 类型为例，来比较它们的大小，代码如下。

```
IntWritable w1=newIntWritable(163);
IntWritable w2=newIntWritable(67);
assertThat(comparator.compare(w1, w2), greaterThan(0));
```

w1 和 w2 的序列化比较大小如下。

```
byte[] b1=serialize(w1);
byte[] b2=serialize(w2);
assertThat(comparator.compare(b1, 0, b1.length, b2, 0, b2.length), greaterThan(0));
```

6.3.3 Writable 实现类

Hadoop 中，并没有使用 Java 自带的基本类型类(Integer、Float 等)，而是使用自己开发的类，包括 IntWritable、FloatWritable、BooleanWritable、LongWritable、ByteWritable、BytesWritable、DoubleWritable。

1. *Writable 类的层次结构*

Writable 接口是一个序列化对象的接口，能够将数据写入流或者从流中读出。实现之后，能够进行特定类型数据的异地传输。

Writable 类的层次结构如图 6-1 所示，它们都实现了 Writable Comparable 接口。除了这些基本类型的定义，还添加了 VLongWritable 和 VIntWritable，V 指的是可变长度。例如，long 型的 1 实际只需要一个字节的空间，但由于是 long 型的，所以会占用 8 字节的空

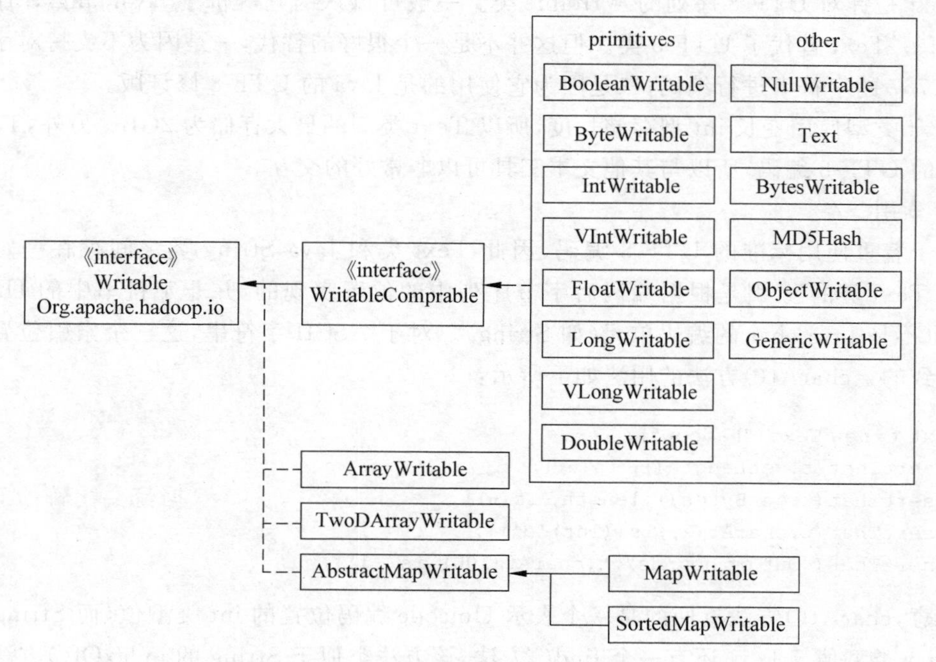

图 6-1 Hadoop 自带 Writable 类层次结构

间；而 VLongWritable 中，会根据数值的大小分配适当的空间（仅分配一个字节），以节省空间。在基本数据类型的 Writable 类中，readFields（DataInput in）方法是直接调用 in. readLong()（以 LongWritable 为例），而在 VLongWritable 与 VIntegerWritable 中，readFields(DataInputin)方法是使用了静态类 WritableUtils 中的 readVLong(DataInputin)方法。WritableUtils 是一个工具类，用于提供 I/O 中的 Writable 类的一些静态方法。

表 6-5 展示 Java 基本类型和 Writable 的对应关系。

表 6-5　Java 基本类型的 Writable 类

Java 基本类型	Writable 实现	序列化大小（字节）
boolean	BooleanWritable	1
byte	ByteWritable	1
short	ShortWritable	2
int	IntWritable	4
	VintWritable	1—5
float	FloatWritable	4
long	LongWritable	8
	VlongWritable	1—9
double	DoubleWritable	8

2. Text 类型

Text 是针对 UTF-8 序列的 Writable 类。一般可以认为它等价于 java. lang. String 的 Writable。Text 替代了 UTF-8 类。但这并不是一个很好的替代，一是因为不支持对字节数超过 32767 的字符串进行编码；二是因为它使用的是 Java 的 UTF-8 修订版。

Text 类型使用变长 int 型存储长度，所以 Text 类型的最大存储为 2GB。另外，Text 采用标准的 UTF-8 编码，所以与其他文本工具可以非常好的交互。

1）索引

由于着重使用标准的 UTF-8 编码，因此 Text 类和 Java String 类之间存在一定的差别。对 Text 类的索引是根据编码后字节序列中的位置实现的，并非字符串中的 Unicode 字符，也不是 Java char 的编码单元（如 String）。对于 ASCII 字符串，这三个索引位置的概念是一致的。charAt()方法的用法如下所示：

```
Text t=new Text("hadoop");
assertThat(t.getLength(), is(6));
assertThat(t.getBytes().length, is(6));
assertThat(t.charAt(2),is((int)'d'));
assertThat("Out of bounds",t.charAt(100),is(-1));
```

注意，charAt()方法返回的是一个表示 Unicode 编码位置的 int 类型值，而 String 返回一个 char 类型值。Text 还有一个 find()方法，该方法类似于 String 的 indexOf()方法：

```
Text t=new Text("hadoop");
```

```
assertThat("find a substring",t.find("do"),is(2));
assertThat ("Find first 'o'",t.find("o"),is(3));
assertThat ("Find 'o' from position 4 or later",t.find("o",4),is(4));
assertThat ("No match",t.find("pig"),is(-1));
```

2）Unicode

一旦使用需要多个字节来编码的字符时，Text 和 String 之间的区别就十分明显了。因为 String 是按照 Unicode 的 char 计算，而 Text 是按照字节计算。

例 6-4 是验证 String 和 Text 的差异性的测试，这个测试可证实 String 的长度是其所含 char 编码单元个数(5，由该字符串的前三个字符和最后的一个代理对组成)，但 Text 对象的长度却是其 UTF-8 编码的字节数(10＝1＋2＋3＋4)。相似的，String 类的 indexOf()方法返回 char 编码单元中的索引位置，Text 类的 find()方法则返回字节偏移量。

当代理对不能代表整个 Unicode 字符时，String 类中的 charAt()方法会根据指定的索引位置返回 char 编码单元。根据 char 编码单元索引位置，需要 codePointAt()方法来获取表示成 int 类型的单个 Unicode 字符。事实上，Text 类中的 charAt()方法与 String 中的 codePointAt()更加相似(相较名称而言)。唯一的区别是通过字节的偏移量进行索引。

例 6-4 验证 String 和 Text 的差异性的测试。

```
public class StringTextComparisonTest {
    @Test
    public void string() throws UnsupportedEncodingException {
        String s="\u0041\u00DF\u6771\uD801\uDC00";
        assertThat(s.length(), is(5));
        assertThat(s.getBytes("UTF-8").length, is(10));

        assertThat(s.indexOf("\u0041"), is(0));
        assertThat(s.indexOf("\u00DF"), is(1));
        assertThat(s.indexOf("\u6771"), is(2));
        assertThat(s.indexOf("\uD801\uDC00"), is(3));

        assertThat(s.charAt(0), is('\u0041'));
        assertThat(s.charAt(1), is('\u00DF'));
        assertThat(s.charAt(2), is('\u6771'));
        assertThat(s.charAt(3), is('\uD801'));
        assertThat(s.charAt(4), is('\uDC00'));

        assertThat(s.codePointAt(0), is(0x0041));
        assertThat(s.codePointAt(1), is(0x00DF));
        assertThat(s.codePointAt(2), is(0x6771));
        assertThat(s.codePointAt(3), is(0x10400));
    }
    @Test
        public void text() {
        Text t=new Text("\u0041\u00DF\u6771\uD801\uDC00");
        assertThat(t.getLength(), is(10));
        assertThat(t.find("\u0041"), is(0));
        assertThat(t.find("\u00DF"), is(1));
        assertThat(t.find("\u6771"), is(3));
```

```
        assertThat(t.find("\uD801\uDC00"), is(6));

        assertThat(t.charAt(0), is(0x0041));
        assertThat(t.charAt(1), is(0x00DF));
        assertThat(t.charAt(3), is(0x6771));
        assertThat(t.charAt(6), is(0x10400));
    }
}
```

3）迭代

利用字节偏移量实现的位置索引，对 Text 类中的 Unicode 字符进行迭代是非常复杂的，因为不能简单的通过增加位置的索引值来实现。同时迭代的语法有些模糊（参见例 6-5）：先将 Text 对象转化为 java. nio. ByteBuffer 对象，然后利用缓冲区对 Text 对象反复调用 bytesToCodePoint()静态方法，该方法能获取下一代码的位置，并返回相应的 int 值，最后更新缓冲区中的位置。当 bytesToCodePoint()返回－1 时，则检测到字符串的末尾。

例 6-5 遍历 Text 对象中的字符。

```
public class TextIterator {
  public static void main(String[] arg){
    Text t=new Text("\u0041\u00DF\u6771\uD801\uDC00");
    ByteBuffer buf=ByteBuffer.wrap(t.getBytes(),0,t.getLength());
    int cp;
    while(buf.hasRemaining()&&(cp=Text.bytesToCodePoint(buf))!=-1){
        System.out.println(Integer.toHexString(cp));
    }
  }
}
```

运行这个程序，打印出字符串中四个字符的编码点（code point）：

```
41
df
6771
10400
```

4）可变性

与 String 相比，Text 的另一个区别在于它是可变的（与所有 Hadoop 的 Writable 接口实现相似，NullWritable 除外，它是单实例对象）。可以通过调用其中一个 set()方法来重用 Text 实例。例如：

```
Text t=new Text("hadoop");
t.set(new Text("pig"));
assertThat(t.getLength(),is(3));
assertThat(t.getBytes().length,is(3));
```

5）对 String 重新排序

Text 类并不像 java. lang. String 类那样有丰富的字符串操作 API。所以，在多数情况下需要将 Text 对象转换成 String 对象。这一转换通常调用 toString()方法来实现：

```
assertThat(new Text("hadoop").toString(),is("hadoop"));
```

3. BytesWritable

BytesWritable 是对二进制数据数组的封装。它的序列化格式为一个指定所含数据字节数的整数域(4B),后跟数据内容本身。例如,长度为 2 的字节数组包含数值 3 和 5,序列化形式为一个 4B 的整数(00000002)和该数组中的两个字节(03 和 05)。

```
BytesWritable b=new BytesWritable(new byte[]{3,5});
byte[] bytes=serialize(b);
assertThat(StringUtils.byteToHexString(bytes),is("0000000020305"));
```

BytesWritable 是可变的,其值可以通过 set()方法进行修改。和 Text 相似,BytesWritable 类的 getBytes()方法返回的字节数组长度可能无法体现 BytesWritable 所存储的容量。

BytesWritable 所存储数据的实际大小可以通过 getLength()方法来确定。具体示例如下:

```
b.setCapacity(11);
assertThat(b.getLength(),is(2));
assertThat(b.getBytes().length,is(11));
```

4. NullWritable

NullWritable 是 Writable 的特殊类型,它的序列化长度为 0。它并不从数据流中读取数据,也不写入数据。它充当占位符。例如,在 MapReduce 中,如果不需要使用键或值的序列化地址,就可以将健或值声明为 NullWritable,结果是高效的存储常量空值。

NullWritable 是一个不可变的单例实例类型,可以通过调用 NullWritable. get()方法获得其实例。

5. ObjectWritable 类型

针对一些常用的 Java 类,ObjectWritable 是一种多用途的封装,它使用 Hadoop 的 RPC 来封送(marshal)和反封送(unmarshal)方法参数和返回类型。

当一个字段中包含多个类型时,ObjectWritable 是非常有用的,若 SequenceFile 中的值包含多个类型,就可以将值类型声明为 ObjectWritable。

6. GenericWritable 类型

很多时候,特别是处理大数据的时候,我们希望一个 MapReduce 过程就可以解决几个问题。这样可以避免再次读取数据。例如,在做文本聚类和分类时,Mapper 读取语料(在统计自然语言处理中实际上不可能观测到大规模的语言实例)进行分词后,要同时算出每个词条的频率以及它的文档的频率,前者对于每个词条来说其实是个向量,它代表此词条在 N 篇文档中的词频;而后者就是一个非负整数。这时候就可以借助一种特殊的 Writable 类 GenericWritable。

GenericWritable 用法是,继承这个类,然后把要输出 Value 的 Writable 类型加进它的 Class 静态变量里。

7. Writable 集合类

org. apache. hadoop. io 软件包中一共有 6 个 Writable 集合类型,分别是 ArrayWritable、ArrayPrimitiveWritable、TwoDArrayWritable 、MapWritable、SortedMapWritable 和 EnumMapWritable。

1）ArrayWritable 和 TwoDArrayWritable

ArrayWritable 和 TwoDArrayWritable 是 Writable 针对数组和二维数组（数组的数组）实例的实现。所有对 ArrayWritbale 或者 TwoDArayWritable 的使用都必须实例化相同的类，这是在构造函数中指定的，如下所示：

```
ArrayWritable writable=new ArrayWritable(Text.class);
```

若 Writable 根据类型来定义，例如在 SequenceFile 的键或值，或一般作为 MapReduce 的输入，则需要继承 ArrayWritable（或恰当使用 TwoDArrayWritable 类）以静态方式来设置类型。例如：

```
public class TextArrayWritable extends ArrayWritable{
    public TextArrayWritable(){
        super(Text.class);
    }
}
```

ArrayWritable 和 TwoDArrayWritable 都有 get()、set() 和 toArray() 方法，toArray() 方法用于创建数组（或者二维数组）的浅拷贝（shallow copy）。

2）MapWritable 和 SortedMapWritable

MapWritable 和 SortedMapWritable 分别实现了 java. util. Map(Writable, Writable) 和 java. util. SortedMap (WritableComparable, Writable)。每个键/值字段的类型都是此字段序列化格式的一部分。类型保存为单字节，充当一个数组类型的索引。数组是用 org. apache. hadoop. io 包中的标准类型来填充的，自定义的 Writable 类型也是可以的，但对于非标准类型，则需要在包头指明所使用的数组类型。

6.3.4 自定义 Writable 接口

Hadoop 自带一系列有用的 Writable 实现，如 IntWritable、LongWritable 等，可以满足一些简单的数据类型。但有时，负载的数据类型需要自定义实现。通过自定义 Writable，能够完全控制二进制表示和排序顺序。

Writable 是 MapReduce 数据路径的核心，所以调整二进制表示对其性能有显著影响。现有的 Hadoop Writable 应用已得到很好的优化，但为了对付更复杂的结构，最好创建一个新的 Writable 类型，而不是使用已有的类型。

1. 自定义一个 Writable 类型 TextPair

为了演示如何创建一个自定义 Writable，编写了一个表示一对字符串的实现，名为 TextPair，例 6-6 显示了最基本的实现。

例 6-6 存储一对 Text 对象的 Writable。

```
import java.io.*;
import org.apache.hadoop.io.*;

public class TextPair implements WritableComparable<TextPair>{
    private Text first;
    private Text second;
```

```
publicTextPair() {
    set(new Text(), new Text());
}
public TextPair(String first, String second) {
    set(new Text(first), new Text(second));
}
public TextPair(Text first, Text second) {
    set(first, second);
}
public void set(Text first, Text second) {
    this.first=first;
    this.second=second;
}
public Text getFirst() {
    return first;
}
public Text getSecond() {
    return second;
}
@Override
public void write(DataOutput out) throws IOException {
    first.write(out);
    second.write(out);
}
@Override
public void readFields(DataInput in) throws IOException {
    first.readFields(in);
    second.readFields(in);
}
@Override
public int hashCode() {
    return first.hashCode() * 163 +second.hashCode();
}
@Override
public boolean equals(Object o) {
    if (o instanceof TextPair) {
        TextPair tp= (TextPair) o;
        return first.equals(tp.first) && second.equals(tp.second);
    }
    return false;
}
@Override
public String toString() {
    return first +"\t" +second;
}
@Override
public int compareTo(TextPair tp) {
    int cmp=first.compareTo(tp.first);
    if (cmp !=0) {
        return cmp;
    }
```

```
        return second.compareTo(tp.second);
    }
}
```

此实现的第一部分直观易懂：包括两个 Text 实例变量(first 和 second)和相关的构造函数，以及 setter 方法和 getter 方法(即设置函数和提取函数)。所有的 Writable 实现都必须有一个默认的构造函数，以便 MapReduce 框架能够对它们进行实例化，进而调用 readFields()方法来填充它们的字段。Writable 实例是易变的，并且通常可以重用，所以应该尽量避免在 write()或 readFields()方法中分配对象。

通过委托给每个 Text 对象本身，TextPair 的 write()方法依次序列化输出流中的每一个 Text 对象。同样，也通过委托给 Text 对象本身，readFields()反序列化输入流中的字节。DataOutput 和 DataInput 接口有一套丰富的方法用于序列化和反序列化 Java 基本类型。所以，在通常情况下，可以完全控制 Writable 对象的数据传输格式。

就像为 Java 写的任意值对象一样，需要重写 java. lang. Object 的 hashCode()方法、equals()方法和 toString()方法。HashPartitioner(MapReduce 中的默认分区类)通常使用 hashCode()方法来选择 reduce 分区，所以应该确保有一个较好的哈希函数来确保 reduce 函数的分区在大小上是相当的。

TextPair 是 WritableComparable 的一个实现，所以它提供了 compareTo()方法，该方法可以强制数据排序：先按照第一个字符排序，如果第一个字符相同则按照第二个字符排序。需注意的是，TextPair 不同于前面的 TextArrayWritable 类(除了它可以存储 Text 对象数之外)，因为 TextArrayWritable 只继承了 Writable，并没有继承 WritableComparable。

2. 实现一个快速的 RawComparator

例 6-6 中的 TextPair 代码可以按照其描述的基本方式运行，但还可以进一步优化。正如前面所述，在 MapReduce 中，TextPair 被用作键时，它必须被反序列化为要调用的 compareTo()方法的对象。那么，是否可以通过查看其序列化表示的方式来比较两个 TextPair 对象呢？

事实证明，可以这样做，因为 TextPair 由两个 Text 对象连接而成，二进制 Text 对象表示是一个可变长度的整型，包含 UTF-8 表示的字符串中的字节数以及 UTF-8 字节本身。关键在于读取该对象的起始长度，从而得知第一个 Text 对象的字节表示有多长，然后可以委托 Text 对象的 RawComparator，利用第一或者第二个字符串的偏移量来调用它。详细过程参见例 6-7(注意，该代码嵌套在 TextPair 类中)。

例 6-7 用于比较 TextPair 字节表示的 RawComprartor。

```
public static class Comparator extends WritableComparator {
    private static final Text.Comparator TEXT_COMPARATOR=new Text.Comparator();
    public Comparator() {
        super(TextPair.class);
    }
    @Override
    public int compare(byte[] b1, int s1, int l1,
    byte[] b2, int s2,int l2) {
        try {
```

```
            int firstL1=WritableUtils.decodeVIntSize(b1[s1]) +readVInt(b1, s1);
            int firstL2=WritableUtils.decodeVIntSize(b2[s2]) +readVInt(b2, s2);
            int cmp=TEXT_COMPARATOR.compare(b1, s1, firstL1, b2, s2, firstL2);
            if (cmp !=0) {
                return cmp;
            }
            return TEXT_COMPARATOR.compare(b1, s1 +firstL1, l1-firstL1,
                                           b2, s2 +firstL2, l2-firstL2);
        } catch (IOException e) {
          throw new IllegalArgumentException(e);
        }
    }
}
static {
    WritableComparator.define(TextPair.class, new Comparator());
}
```

事实上，采取的做法是继承 WritableComparator 类，而不是直接实现 RawComparator 接口，因为它提供了一些比较好用的方法和默认实现。这段代码的精妙之处在于计算 firstL1 和 firstL2，这两个参数表示每个字节流中第一个 Text 字段的长度。每个都由可变长度的整型(由 WritableUtils 的 decodeVIntSize()方法返回)和它的编码值(由 readVInt()方法返回)组成。

静态代码块注册原始的 comparator 以便 MapReduce 每次看到 TextPair 类，就知道使用原始 comparator 作为其默认 comparator。

3. 自定义 Comparator

从 TextPair 可以看出，编写原始的 comparator 需要谨慎，因为必须要处理字节级别的细节。如果真的需要编写 comparator，有必要参考 org. apache. hadoop. io 包中对 Writable 接口的实现。WritableUtils 工具类提供的方法也非常方便。

如果可能，自定义的 comparator 也应该继承自 RawComparator。这些 comparator 实现的排序顺序不同于默认 comparator 定义的自然排序顺序。例 6-8 显示了一个针对 TextPair 类型的 comparator，称为 FirstComparator。它只考虑 Text 对象中的第一个字符串。注意，重载针对该类对象的 compare()方法，使两个 compare()方法有了相同的语法。

例 6-8 自定义的 RawComprartor 用于比较 TextPair 对象字节表示的第一个。

```
public static class FirstComparator extends WritableComparator {
    private static final Text.Comparator TEXT_COMPARATOR=new Text.Comparator();
    public FirstComparator() {
      super(TextPair.class);
    }
    @Override
    public int compare(byte[] b1, int s1, int l1,
                       byte[] b2, int s2, int l2) {
        try {
            int firstL1=WritableUtils.decodeVIntSize(b1[s1]) +readVInt(b1, s1);
            int firstL2=WritableUtils.decodeVIntSize(b2[s2]) +readVInt(b2, s2);
            return TEXT_COMPARATOR.compare(b1, s1, firstL1, b2, s2, firstL2);
        } catch (IOException e) {
```

```
            throw new IllegalArgumentException(e);
        }
    }
    @Override
    public int compare(WritableComparable a, WritableComparable b) {
        if (a instanceof TextPair && b instanceof TextPair) {
            return ((TextPair) a).first.compareTo(((TextPair) b).first);
        }
        return super.compare(a, b);
    }
}
```

对 public int compare(WritableComparable a, WritableComparable b)方法进行了重写,在该方法里对 first 属性进行排序,以下两个方法的语义是相同的。

```
public int compare(byte[] b1, int s1, int l1,byte[] b2, int s2,
int l2)
public int compare(WritableComparable a, WritableComparable b)
```

虽然两个 compare()方法的语义是相同的,只是实现的方式不一样,第一个方法的实现就是使用了 WritableUtils 工具类。

6.3.5 序列化框架

尽管大多数 MapReduce 程序使用的都是 Writable 类型的键和值,但这并不是 MapReduce API 强制使用的。事实上,可以使用任何类型,只要能有一种机制对每个类型进行类型与二进制表示的来回转换。

为了支持这一机制,Hadoop 有一个针对可替换序列化框架(serialization framework)的 API。序列化框架用一个 Serialization 实现(包含在 org. apache. hadoop. io. serializer 包)来表示。例如,WritableSerialization 类是对 Writable 类型的 Serialization 的实现。

Serialization 对象定义了从类型到 Serializer 实例(将对象转换为字节流)和 Deserializer 实例(将字节流转换为对象)的映射方式。

将 io. Serializations 属性设置为一个由逗号分隔的类名列表,即可注册 Serialization 实现。

6.4 Hadoop 文件的数据结构

Hadoop 的 HDFS 和 MapReduce 子框架主要是针对大数据文件来设计的,在小文件的处理上不但效率低,而且十分消耗磁盘空间(每一个小文件占用一个 Block,HDFS 默认 Block 大小为 128MB)。解决办法通常是选择一个容器,将这些小文件组织起来统一存储。

HDFS 提供了两种类型的容器,分别是 SequenceFile 和 MapFile。

6.4.1 SequenceFile 存储

SequenceFile 的存储类似于 Log 文件,所不同的是 Log File 的每条记录的是纯文本数

据，而 SequenceFile 的每条记录是可序列化的字符数组。

SequenceFile 完成新记录的添加操作 API 为 fileWriter. append(key,value)。可以看到，每条记录以键值对的方式进行组织，但前提是 Key 和 Value 需具备序列化和反序列化的功能。

在存储结构上，SequenceFile 主要由一个 Header 后跟多条 Record 组成，如图 6-2 所示。

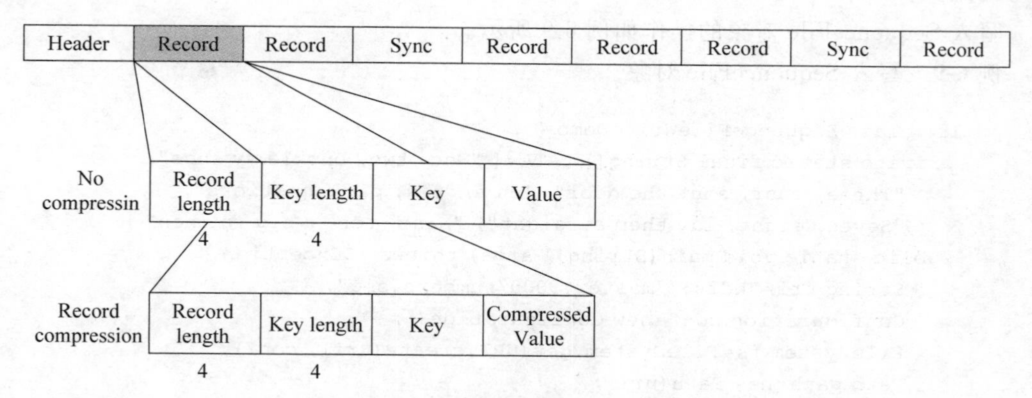

图 6-2　SequenceFile 文件结构

Header 主要包含了 Key classname、Value classname、存储压缩算法、用户自定义元数据等信息，此外，还包含了一些同步标识，用于快速定位到记录的边界。

每条 Record 以键值对的方式进行存储，用来表示它的字符数组可依次解析成：记录的长度、Key 的长度、Key 值和 Value 值，并且 Value 值的结构取决于该记录是否被压缩。

数据压缩有利于节省磁盘空间和加快网络传输，SeqeunceFile 支持两种格式的数据压缩，分别是 Record compression 和 Block compression。

(1) Record compression 如图 6-2 所示，是对每条记录的 value 进行压缩。

(2) Block compression 是将一连串的 Record 组织到一起，统一压缩成一个 Block。

如图 6-3 所示，Block 信息主要存储了块所包含的记录数、每条记录 Key 长度的集合、每条记录 Key 值的集合、每条记录 Value 长度的集合和每条记录 Value 值的集合。

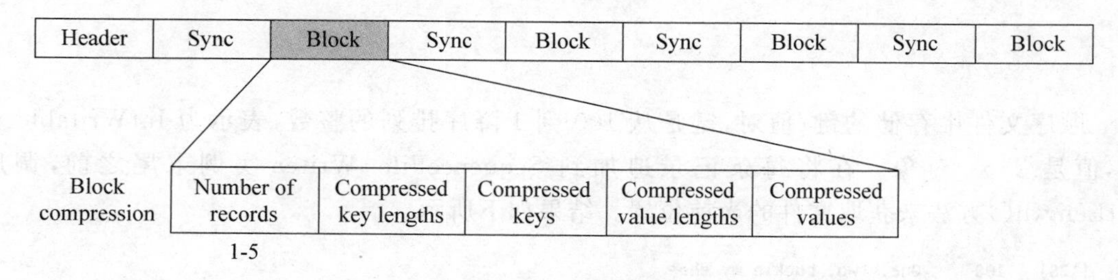

图 6-3　Block 结构模型

注意：每个 Block 的大小是可通过 io. seqfile. compress. blocksize 属性来指定的。

1. SequenceFile 写操作

通过 createWriter( ) 静态方法可以创建一个 SequenceFile 对象，并返回一个 SequenceFile. Writer 实例。该静态方法有多个重载方法，但都需要指定写入的数据流

(FSDataOutputStream、FileSystem 对象和 Path 对象)、Configuration 对象,以及键和值的类型。

存储在 SequenceFile 中的键和值对并不一定是 Writable 类型。任何一种通过 Serialization 类实现序列化和反序列化的类型均可被使用。一旦拥有 SequenceFile. Writer 实例,就可以通过 append()方法在文件末尾附加键/值对。写完后,可以调用 close()方法关闭写入流。

写入 SequenceFile 对象的操作如例 6-9 所示。

例 6-9 写入 SequenceFile 对象。

```
public class SequenceFileWriteDemo {
    private static final String[] DATA={ "One, two, buckle my shoe",
        "Three, four, shut the door", "Five, six, pick up sticks",
        "Seven, eight, lay them straight", "Nine, ten, a big fat hen" };
    public static void main(String[] args) throws IOException {
        String uri="hdfs://master:9000/numbers.seq";
        Configuration conf=new Configuration();
        FileSystem fs=FileSystem.get(URI.create(uri), conf);
        Path path=new Path(uri);
        IntWritable key=new IntWritable();
        Text value=new Text();
        SequenceFile.Writer writer=null;
        try {
            writer=SequenceFile.createWriter(fs, conf, path, key.getClass(),
            value.getClass());
            for (int i=0; i <100; i++) {
                key.set(100-i);
                value.set(DATA[i %DATA. length]);
                System.out.printf("[%s]\t%s\t%s\n", writer.getLength(), key,
                value);writer.append(key, value);
            }
        } finally {
            IOUtils.closeStream(writer);
        }
    }
}
```

顺序文件中存储的键/值对,键是从 100 到 1 降序排列的整数,表示为 IntWritable 对象,值是 Text 对象。在将每条记录追加到 SequenceFile. Writer 实例末尾之前,调用 getLength()方法来获取文件的当前位置。结果如下所示。

```
[128]   100     One, two, buckle my shoe
[173]   99      Three, four, shut the door
[220]   98      Five, six, pick up sticks
[264]   97      Seven, eight, lay them straight
[314]   96      Nine, ten, a big fat hen
[359]   95      One, two, buckle my shoe
[404]   94      Three, four, shut the door
[451]   93      Five, six, pick up sticks
[495]   92      Seven, eight, lay them straight
[545]   91      Nine, ten, a big fat hen
...
```

```
[1976]  60      One, two, buckle my shoe
[2021]  59      Three, four, shut the door
[2088]  58      Five, six, pick up sticks
[2132]  57      Seven, eight, lay them straight
[2182]  56      Nine, ten, a big fat hen
...
[4557]  5       One, two, buckle my shoe
[4602]  4       Three, four, shut the door
[4649]  3       Five, six, pick up sticks
[4693]  2       Seven, eight, lay them straight
[4743]  1       Nine, ten, a big fat hen
```

2. SequenceFile 读操作

从头到尾读取顺序文件的过程是创建 SequenceFile.Reader 实例后反复调用 next()方法迭代读取记录的过程。读取的是哪条记录与你使用的序列化框架相关。如果你使用的是 Writable 类型,那么通过键和值作为参数的 next()方法可以将数据流中的下一条键值对读入变量中。

```
public boolean next(Writable key,Writable val);
```

如果读取成功,则返回 true;如果以读到文件尾,则返回 false。如果读取非 Writable 类型的序列化框架,则需要使用以下方法。

```
public Object next(Object key ) throws IOException;
public Object getCurrentValue(Object val) throws IOException;
```

这种情况下,请确保在 io.serializations 属性已经设置了想使用的序列化框架。如果 next()方法返回非空对象,则可以从数据流中读取键/值对,并且可以通过 getCurrentValue()方法读取该值。否则返回 null 表示到文件尾。

读取 SequenceFile 文件操作的代码如例 6-10 所示。

例 6-10 读取 SequenceFile。

```
public class SequenceFileReadDemo {
    public static void main(String[] args) throws IOException {
        String uri=args[0];
        Configuration conf=new Configuration();
        FileSystem fs=FileSystem.get(URI.create(uri), conf);
        Path path=new Path(uri);
        SequenceFile.Reader reader=null;
        try {
            reader=new SequenceFile.Reader(fs, path, conf);
            Writable key=(Writable) ReflectionUtils.newInstance(
            reader.getKeyClass(), conf);
            Writable value=(Writable) ReflectionUtils.newInstance(
            reader.getValueClass(), conf);
            long position=reader.getPosition();
            while (reader.next(key, value)) {
                String syncSeen=reader.syncSeen() ? "*" : "";
                System.out.printf("[%s%s]\t%s\t%s\n", position, syncSeen, key,
                value);
                position=reader.getPosition();
            }
```

```
        } finally {
            IOUtils.closeStream(reader);
        }
    }
}
```

该程序的一个特性是能够显示顺序文件中同步点的位置信息。所谓同步点,是指数据读取的实例出错后能够再一次与记录边界同步的数据流中的一个位置。例如,在数据流中搜索到任意位置后。同步点是由 SequenceFile. Writer 记录的,后者在顺序文件写入过程中插入一个特殊项,以便每隔几个记录便有一个同步标识。这样的特殊项非常小,因而只造成很小的存储开销,不到 1%,同步点始终位于记录的边界处。

运行例 6-9 后,会显示星号表示的顺序文件中的同步点。第一同步点位于 2021 处,第二个位于 4075 处。

```
[128]    100     One, two, buckle my shoe
[173]    99      Three, four, shut the door
[220]    98      Five, six, pick up sticks
[264]    97      Seven, eight, lay them straight
[314]    96      Nine, ten, a big fat hen
[359]    95      One, two, buckle my shoe
[404]    94      Three, four, shut the door
[451]    93      Five, six, pick up sticks
[495]    92      Seven, eight, lay them straight
[545]    91      Nine, ten, a big fat hen
[590]    90      One, two, buckle my shoe
...
[1976]   60      One, two, buckle my shoe
[2021*]  59      Three, four, shut the door
[2088]   58      Five, six, pick up sticks
[2132]   57      Seven, eight, lay them straight
[2182]   56      Nine, ten, a big fat hen
...
[4075*]  15      One, two, buckle my shoe
[4140]   14      Three, four, shut the door
[4187]   13      Five, six, pick up sticks
[4231]   12      Seven, eight, lay them straight
[4281]   11      Nine, ten, a big fat hen
...
[4557]   5       One, two, buckle my shoe
[4602]   4       Three, four, shut the door
[4649]   3       Five, six, pick up sticks
[4693]   2       Seven, eight, lay them straight
[4743]   1       Nine, ten, a big fat hen
```

6.4.2 MapFile 存储

1. MapFile 写操作

MapFile 的写入类似于 SequenceFile 的写入。首先新建一个 MapFile. Writer 实例,然后调用 append()方法顺序写入文件内容。如果不按顺序写入,就抛出一个 IOException 异常,键必须是 WritableComparable 类型的实例,值必须是 Writable 类型的实例。这与 SequenceFile 中对应的正好相反。

例 6-11 中的程序新建一个 MapFile 对象,然后向它写入一些记录。

例 6-11 写入 MapFile。

```
public class MapFileWriteDemo {
    private static final String [] DATA={
        "One,two,buckle my shoe",
        "Three,four,shut the door",
        "Five,six,pick up sticks",
        "Seven,eight,lay them straight",
        "Nine,ten,a big fat hen"
    };
    public static void main(String[] args) throws Exception {
        String uri="hdfs://master:9000/numbers.map";
        Configuration conf=new Configuration();
        FileSystem fs=FileSystem.get(URI.create(uri),conf);
        IntWritable key=new IntWritable();
        Text value=new Text();
        MapFile.Writer writer=null;
        try{
            writer= new MapFile. Writer (conf, fs, uri, key. getClass ( ), value.
            getClass());
            for(int i=0;i<1024;i++){
                key.set(i+1);
                value.set(DATA[i%DATA. length]);
                writer.append(key, value);
            }
        }finally{
            IOUtils.closeStream(writer);
        }
    }
}
```

运行程序，使用这个程序构建一个 MapFile，出现下列情况说明运行成功。

```
2015-12-15 15:19:29,419 WARN  [main] util.NativeCodeLoader (NativeCodeLoader.java:<clinit>(
2015-12-15 15:19:31,906 INFO  [main] compress.CodecPool (CodecPool.java:getCompressor(151))
2015-12-15 15:19:31,920 INFO  [main] compress.CodecPool (CodecPool.java:getCompressor(151))
```

当输入命令 hadoop fs -ls /numbers. map，可以看到：

```
Found 2 items
-rw-r--r--   3 zkpk supergroup      45830 2015-12-15 15:19 /numbers.map/data
-rw-r--r--   3 zkpk supergroup        251 2015-12-15 15:19 /numbers.map/index
```

可以发现，numbers. map 实际上是一个包含 data 和 index 这两个文件的文件夹，且这两个文件都是 SequenceFile。data 文件包含所有记录，如下：

```
$hadoop fs -text /numbers.map/data|head

1       One,two,buckle my shoe
2       Three,four,shut the door
3       Five,six,pick up sticks
4       Seven,eight,lay them straight
5       Nine,ten,a big fat hen
6       One,two,buckle my shoe
7       Three,four,shut the door
8       Five,six,pick up sticks
9       Seven,eight,lay them straight
10      Nine,ten,a big fat hen
```

index 文件包含一部分键和 data 文件中键到其偏移量的映射：

```
$hadoop fs -text /numbers.map/index
1       128
129     5823
257     11542
385     17262
513     22978
641     28676
769     34391
897     40110
```

从输出可以看出，默认情况下，只有每隔 128 个键才有一个包含在 index 文件中，当然也可以调整，调用 MapFile. Writer 实例的 setIndexInterval()方法来设置 io. map. index. interval 属性进行调整。

2. MapFile 读操作

在 MapFile 依次遍历文件中所有条目的过程，类似于 SequenceFile 中的过程：首先新建一个 MapFile. Reader 实例，然后调用 next()方法，直到返回值为 false(表示没有条目返回，因为已经读到文件末尾)：

```
public boolean next(WritableComparable key,Writable val)
throws IOException
```

通过调用 get()方法可以随机访问文件中的数据：

```
publicWritableget(WritableComparable key,Writable val)
throws IOException
```

返回值用于确定是否在 MapFile 中找到相应的条目；如果是 null，说明指定 key 没有相应的条目。若找到相应的 key，则将该键对应的值读入 val 变量，通过方法调用返回。

这有助于我们理解实现过程。下面的代码是我们在前一小节中建立的，用于检索 MapFile 中的条目：

```
Text value=new Text();
Reader.get(new Intwritable(496),value);
assertThat(value.toString(),is("One,two,buckle my shoe"));
```

对于这个操作，MapFile. Reader 首先将 index 文件读入内存(由于索引是缓存的，所以后续的随机访问将使用内存中的同一个索引)。接着对内存中的索引进行二分查找，最后找到小于或等于搜索索引的键 496。在本例中，找到的键位于 385，对应的值为 18030，data 文件中的偏移量，接着顺序读 data 文件中的键，直到读取到 496 为止。至此，找到键所对应的值，最后从 data 文件中读取相应的值。就整体而言，一次查找需要一次磁盘寻址和一次最多有 128 个条目的扫描。对于随机访问，这是非常高效的。

getClost 方法和 get 方法相似，不同的是前者返回与指定键匹配的最近的值，并不是在不匹配时返回 null。更准确地说，如果 MapFile 包含指定的键，则返回对应的条目；否则，返回 MapFile 中在 key 之前或者之后的第一个键所对应的值(由相应的 boolean 参数决定)。

大型 MapFile 的索引会占据大量内存。可以不选择在修改索引间隔之后重建索引，而是在读取索引时设置 io. mao. index. skip 属性来加载一部分索引键。该属性默认为 0，表示不路过索引键;如果设置为1,则表示每次跳过索引键中的一个,也就是每隔一个索引读取一次,即只读取索引的二分之一。设置大的跳跃值可以节省大量的内存,但是会增加搜索时间。

本章小结

本章主要讲了一些 Hadoop I/O 底层的知识,让读者了解 Hadoop 底层的一些原理。

(1) 介绍了 HDFS 的数据完整性,讲述了2种验证数据完整性的方法,分别是客户端校验类 LocalFileSystem 和 ChecksumFileSystem,其中 LocalFileSystem 是继承自 ChecksumFileSystem 来完成任务的。

(2) 先讲述了文件压缩的好处。之后简单介绍了 Hadoop 支持的压缩格式有哪几种,根据它们的异同点来选择使用哪种压缩格式。

(3) 从4个方面详细讲述了压缩-解压缩算法 codec,分别是 CompressionCodec 类、CompressionCodecFactory 类、本地库和 CodecPool,掌握章节中所讲的范例。

(4) Hadoop 应用处理的数据集非常大,因此需要借助于压缩。使用哪种压缩格式与待处理的文件的大小、格式和所使用的工具相关。通过分析能够选择出使用哪种压缩格式比较合适。

(5) 理解序列化和反序列化的概念,掌握序列化的要求。

(6) 在 Hadoop 中,Writable 接口定义了两个方法:一个用于将其状态写入二进制格式的 DataOutput 流;另一个用于从二进制格式的 DataInput 流读取其状态。通过一个特殊的 Writable 类来了解了 Writable 接口的具体用途。

(7) 详细讲述了 WritableComparable 和 Comparator 之间不同的用法。

(8) 详细讲述了 Hadoop 自带的 Writable 类,它们分别是 IntWritable、FloatWritable、BooleanWritable、LongWritable、ByteWritable、BytesWritable、DoubleWritable。

(9) Text 是针对 UTF-8 序列的 Writable 类。一般可以认为它等价于 java. lang. String 的 Writable。分别从索引、Unicode、迭代、可变性和对 String 重新排序这五个方面来讲述了 Text 类型。

(10) 除了 Hadoop 自带一系列有用的 Writable 实现,还可以自定义 Writable 类型,分别从 TextPair、RawComparator 和自定义 Comparator 来详细讲述了自定义的 Writable 类型。

(11) HDFS 提供了两种类型的容器,分别是 SequenceFile 和 MapFile。重点掌握 SequenceFile 和 MapFile 的读写操作的实现代码。

习　题

1. 选择题

(1) Hadoop 目前支持很多压缩格式,(　　)支持切分。

A. Gzip　　B. bzip2　　C. LZO　　D. Snappy

(2) 考虑到性能，最好使用本地库(native library)来压缩和解压，但并非所有格式都有本地实现和 Java 实现，(　　)压缩格式即有本地实现又有 Java 实现。

A. Gzip　　B. bzip2　　C. LZO　　D. Snappy

(3) (　　)不是 RPC 对于序列化的要求。

A. 紧凑　　B. 快速　　C. 易操作　　D. 可扩展

(4) 对于 WritableComparable 的接口声明，(　　)是正确的。

A. publicinterfaceWritableComparable<t>extendsWritable，Comparable<T>{}

B. public classWritableComparable<t>extendsWritable，Comparable<T>{}

C. publicclass WritableComparable<t>extendsWritableComparable<T>{}

D. publicinterfaceWritableComparable<t>extendsWritableComparable<T>{}

(5) (　　)不是 Writable 集合类。

A. ArrayWritable　　B. ArrayPrimitiveWritable

C. MapWritable　　D. IntWritable

2. 问答题

(1) 若客户端发现有 Block 坏掉了，该如何来恢复这个损坏的 Block 呢？

(2) 数据完整性的验证有哪两种方法？它们的具体实现是什么？它们之间又有什么关系？

(3) Hadoop 目前支持的压缩格式有哪几种，它们有什么异同？

(4) 序列化和反序列化的定义是什么？它们应用在哪些领域？

(5) WritableComparator 提供的功能有哪些？详细描述一下 WritableComparable 接口和 Comparator 的具体实现。

(6) Hadoop 中，并没有使用 Java 自带的基本类型类，而是使用自己开发的类，都包括哪些？分别对应 Java 的哪种基本类型？

(7) 详细讲述一下 SequenceFile 和 MapFile 读写操作的具体实现。

第 7 章

认识 MapReduce 编程模型

本章提要

在学习了 HDFS 之后，基本掌握了 Hadoop 集群对文件的存储和读取等操作。接下来，就要对这些庞大的数据进行处理，从中提取出需要的有价值的信息。这就需要用到本章的内容——MapReduce 编程模型。

MapReduce 源于 Google 的一篇论文，它充分借鉴了分而治之的思想，将一个数据处理过程拆分成主要的 Map(映射)与 Reduce(化简)两步。这样，即使用户不懂分布式计算框架的内部运行机制，只要能用 Map 和 Reduce 的思想描述清楚要处理的问题，即编写 map()和 reduce()函数，就能轻松地使问题的计算实现分布式，并在 Hadoop 上运行。

本章要系统的学习 MapReduce 编程模型，首先要简单了解 MapReduce 编程模型，接着通过 WordCount 实例为大家展示 MapReduce 简单的程序代码，以及初步的介绍一下 MapReduce 程序的编写。

7.1 MapReduce 编程模型简介

简单来说，MapReduce 编程模型就是一个用于进行大数据量计算的并行分步式文件处理模型。但在现阶段而言，对许多开发人员来说，并行计算还是一个陌生、复杂、遥不可及的事物。如果涉及分布式计算的问题，就会变得更加棘手。MapReduce 就是一种简化并行计算的编程模型，它的设计目标是方便编程人员在不熟悉分布式并行编程的情况下，将自己的程序运行在分布式系统上。它向上层用户提供接口，屏蔽了并行计算，特别是分布式处理的诸多细节问题，让那些没有多少并行计算经验的开发人员也可以很方便的开发并行应用，从而避免了“重复发明轮子”的问题。这也就是 MapReduce 的价值所在，通过简化编程模型，降低了开发并行应用的门槛，并且大大减轻了程序员在开发大规模数据应用时的编程负担。相对于现在普通的开发而言，并行计算需要更多的专业知识，有了 MapReduce，并行计算就可以得到更广泛的应用。

7.1.1 什么是 MapReduce

MapReduce 采用的是“分而治之”的思想，把对大规模数据集的操作，分发给一个主节点管理下的各子节点共同完成，接着通过整合各子节点的中间结果，得到最终的结果。简言之，MapReduce 就是“分散任务，汇总结果”。

从 MapReduce 自身的命名特点可以看出，MapReduce 有两个阶段组成：Map 和 Reduce。用户只需编写 map()和 reduce()两个函数，即可完成简单的分布式程序的设计。

map()负责将任务分散成多个子任务，map()函数以 key/value(键/值)对作为输入，产生另外一系列 key/value 对作为中间输出写入本地磁盘。MapReduce 框架会自动将这些中间数据按照 key 值进行聚集，且 key 值相同的数据被统一交给 reduce()函数处理。

reduce()负责把分解后多个任务的处理结果汇总起来。reduce()函数以 key 及对应的 value 列表作为输入，将 key 值相同的 value 值合并后，产生另一组 key/value 对作为最终结果输出写入到 HDFS。

至于在并行编程中的其他种种复杂问题，如分布式存储、工作调度、负载均衡、容错处理、网络通信等，均由 MapReduce 框架负责处理，可以不用程序员操心。值得注意的是，用 MapReduce 来处理的数据集(或任务)必须具备这样的特点：待处理的数据集可以分解成许多小的数据集，且每个小数据集都可以完全并行地进行处理。

7.1.2 MapReduce 程序的设计方法

下面通过 MapReduce 中的入门程序——WordCount 为例介绍一下程序的设计方法。

"hello world"程序是大家学习任何一门编程语言编写的第一个入门程序。它简单且易于理解，能够帮助大家快速入门。同样，分布式处理框架也有自己的"hello world"程序：WordCount。它完成的功能是统计输入文件中的每个单词出现的次数。在 MapReduce 中的编写如下(伪代码)。

Map 部分：

```
//key:字符串偏移量
//value:文件中一行字符串的内容
map (String key, String value):
//将字符串分割为一组单词
words=SplitIntoTokens (value);
//将一组单词中的每个单词赋值给 w
for each word w in words:
//输出 key 和 value(key 为 w,value 为"1")
EmitIntermediate(w,"1");
```

Reduce 部分：

```
//key:一个单词
//value:该单词出现的次数列表
reduce (String key, Iterator values):
    int result=0;
    for each v in values:
    result +=StringToInt (v);
    Emit (key, IntToString(result));
```

用户在程序编写完成后，按照一定的规则制定程序的输入和输出目录，并提交到 Hadoop 集群中。作业在 Hadoop 中的执行过程如图 7-1 所示。Hadoop 将输入数据切分成若干个输入分片(split)，保证并行计算的效率；在 map 阶段，数据经过 map()函数的处理，转化为 key/value 的形式输出；在 shuffle 阶段基于排序的方法会将 key 相同的数据聚集在一起；最后的 reduce 阶段会调用 reduce()函数将 key 值相同的数据合并，并将结果输出。

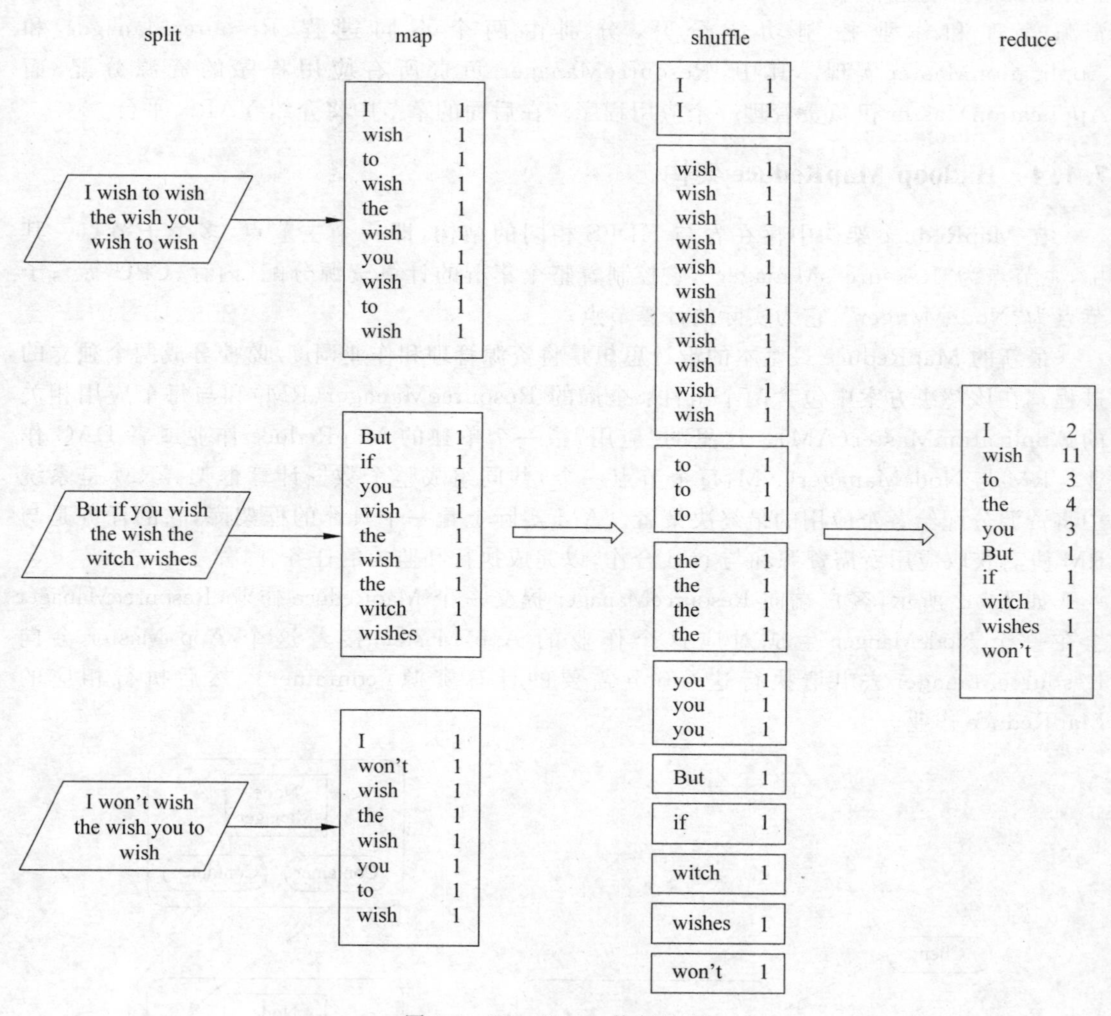

图 7-1 WordCount 执行过程

7.1.3 新旧 MapReduce 简介

在 MapReduce 编程模型的发展过程中，经历了两个版本：MRv1 和 YARN/MRv2。这一小节将为大家简单介绍一下新旧两个版本的变化。

MRv1：第一代 MapReduce 计算框架。它由编程模型(programming model)和运行时环境(runtime environment)两部分组成。它的基本编程模型是将问题抽象成 Map 和 Reduce 两个阶段。其中，Map 阶段将输入数据解析成 key/value，迭代调用 map()函数处理后，再以 key/value 的形式输出到本地目录；Reduce 阶段则将 key 相同的 value 进行归约处理，并将最终结果写到 HDFS 上。它的运行时环境由 JobTracker 和 TaskTracker 两类服务组成。其中，JobTracker 负责资源管理和所有作业的控制，而 TaskTracker 负责接收来自

JobTracker 的命令并执行它。

YARN/MRv2：针对 MRv1 中的 MapReduce 在扩展性和多框架支持方面的不足，提出了全新的资源管理框架 YARN(Yet Another Resource Negotiator)。它将 JobTracker 中的资源管理和作业控制功能分开，分别由两个不同进程 ResourceManager 和 ApplicationMaster 实现。其中，ResourceManager 负责所有应用程序的资源分配，而 ApplicationMaster 仅负责管理一个应用程序。在后面的章节中将介绍 YARN 平台。

7.1.4 Hadoop MapReduce 架构

在 MapReduce 架构中存在着与 HDFS 相同的结构，即一个主节点，多个子节点。其中，主节点为"ResourcesManager"，它控制着整个集群的计算资源分配(内存、CPU 等)；子节点为"NodeManger"，它为实际的计算节点。

最新的 MapReduce 最基本的设计思想是将资源管理和作业调度/监控分成两个独立的进程。在该解决方案中包含两个组件：全局的 ResourceManager(RM)和与每个应用相关的 ApplicationMaster(AM)。这里的"应用"指一个单独的 MapReduce 作业或者 DAG 作业。RM 与 NodeManager(NM，每个节点一个)共同组成整个数据计算框架。RM 是系统中将资源分配给各个应用的最终决策者。AM 实际上是一个具体的框架库，它的任务是与 RM 协商获取应用所需资源和与 NM 合作，以完成执行和监控的任务。

如图 7-2 所示，客户端向 ResourceManager 提交一个 MapReduce 作业，ResourceManager 会在一个 NodeManger 生成对应这个作业的 App Master，接着这个 App Master 会向 ResourceManager 去申请执行这个 job 需要的计算资源(container)，然后执行相应的 MapReduce 作业。

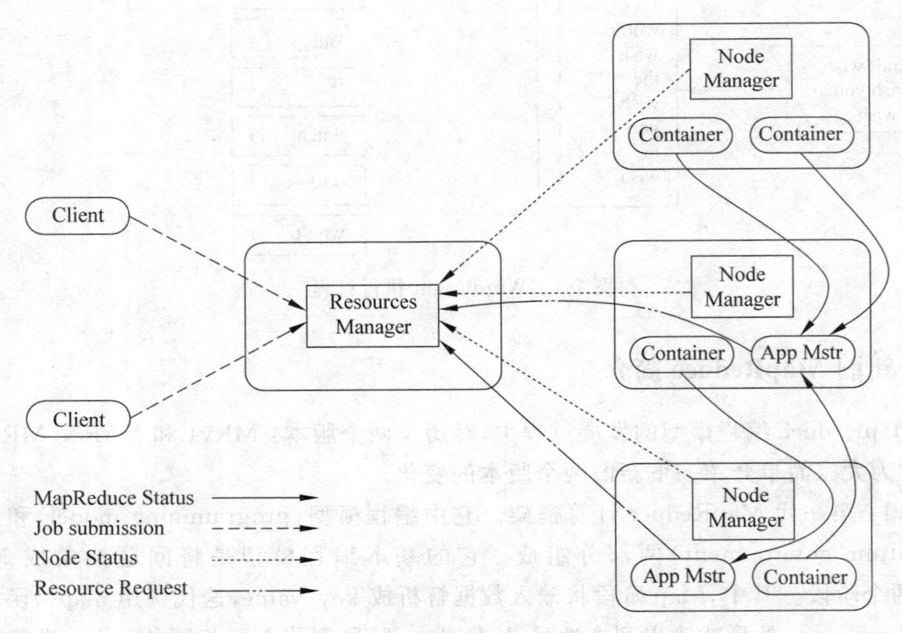

图 7-2 MapReduce 架构

7.1.5 MapReduce 的优缺点

1. MapReduce 在处理数据方面的优点

(1) 开发简单。得益于 MapReduce 的编程模型,用户可以不用考虑进程间通信、套接字编程,无须非常高深的技巧,只需要实现一些非常简单的逻辑,其他的交由 MapReduce 计算框架去完成,大大简化了分布式程序的编写难度。

(2) 可扩展性强。同 HDFS 一样,当集群资源不能满足计算需求时,可以通过增加节点的方式达到线性扩展集群的目的。

(3) 容错性强。对于节点故障导致的作业失败,MapReduce 计算框架会自动将作业分配到正常的节点重新执行,直到任务完成。这些对于用户来说都是透明的。

2. MapReduce 在处理数据方面的缺点

(1) 不适合事务/单一请求处理:MapReduce 绝对是一个离线批处理系统,对于批处理数据应用得很好。MapReduce(不论是 Google 的,还是 Hadoop 的)是用于处理不适合传统数据库的海量数据的理想技术,但它又不适合事务/单一请求处理。

(2) 性能问题。想想 N 个 map 实例产生 M 个输出文件,每个最后由不同的 reduce 实例处理,这些文件写到运行 map 实例机器的本地硬盘。如果 N 是 1 000,M 是 500,map 阶段产生 500 000 个本地文件。当 reduce 阶段开始,500 个 reduce 实例每个需要读入 1 000 个文件,并用类似 FTP 协议把它要的输入文件从 map 实例运行的节点上 pull 取过来。假如同时有数量级为 100 的 reduce 实例运行,那么 2 个或 2 个以上的 reduce 实例同时访问同一个 map 节点来获取输入文件是不可避免的,即导致大量的硬盘查找,使有效的硬盘运转速度至少降低 20%。

(3) 不适合一般 Web 应用。大部分 Web 应用,只是对数据进行简单的访问,每次请求处理所耗费的资源其实非常小,它的问题是高并发,所以要采用负载均衡技术来分担负载。只有在特殊情况下才可能用 MR,如创建索引,进行数据分析等。

扩展阅读

异军突起的 Spark

Spark 最大的优势在于速度,在迭代处理计算方面比 Hadoop 快 100 倍以上,Spark 是基于内存,是云计算领域的继 Hadoop 之后的下一代的最热门的通用的并行计算框架开源项目,尤其出色的支持 Interactive Query、流计算、图计算等。

Spark 在机器学习方面有着无与伦比的优势,特别适合需要多次迭代计算的算法。同时 Spark 拥有非常出色的容错和调度机制,确保系统的稳定运行,Spark 目前的发展理念是通过一个计算框架集合 SQL、Machine Learning、Graph Computing、Streaming Computing 等多种功能于一个项目中,具有非常好的易用性。

7.2 WordCount 编程实例

7.2.1 WordCount 的设计思路

作为 MapReduce 的入门实例，WordCount 与 MapReduce 的编程思想结合得非常紧密却又十分简单。大致思路是将 HDFS 上的文本作为输入，在 map 函数中完成对单词的拆分输出作为中间结果，并在 reduce 函数中完成对每个单词的词频计数。

文本作为 MapReduce 的输入，MapReduce 会将文本进行切片处理，并将行号作为输入键值对的键，文本内容作为输出的值，经过 map 函数的处理，输出中间结果为＜word,1＞的形式。MapReduce 会默认按键分发给 reduce 函数，问问打麻将完成计数并输出最后结果＜word,count＞。

7.2.2 编写 WordCount 代码

1. 新建工程

编写 MapReduce 程序和编写普通 java 程序没有什么不同，都需要新建一个 Java 工程，并将依赖的 jar 包引入。

2. 完整的 WordCount 代码

```
public class WordCount {
    public static class TokenizerMapper
    extends Mapper<Object, Text, Text, IntWritable>{
      private final static IntWritable one=new IntWritable(1);
      private Text word=new Text();
      public void map(Object key, Text value, Context context) throws IOException,
      InterruptedException {
        StringTokenizer itr=new StringTokenizer(value.toString());
        while (itr.hasMoreTokens()) {
            word.set(itr.nextToken());
            context.write(word, one);
        }
      }
    }

    public static class IntSumReducer
    extends Reducer<Text,IntWritable,Text,IntWritable>{
        private IntWritable result=new IntWritable();
        public void reduce(Text key, Iterable<IntWritable>values,Context context)
        throws IOException, InterruptedException {
          int sum=0;
          for (IntWritable val : values) {
              sum +=val.get();
          }
          result.set(sum);
          context.write(key, result);
```

```
        }
    }

    public static void main(String[] args) throws Exception {
      Configuration conf=new Configuration();
      String[] otherArgs=new GenericOptionsParser(conf, args).getRemainingArgs();
      if (otherArgs.length !=2) {
          System.err.println("Usage: wordcount <in><out>");
          System.exit(2);
      }
      Job job=new Job(conf, "word count");
      job.setJarByClass(WordCount.class);
      job.setMapperClass(TokenizerMapper.class);
      job.setCombinerClass(IntSumReducer.class);
      job.setReducerClass(IntSumReducer.class);

      job.setOutputKeyClass(Text.class);
      job.setOutputValueClass(IntWritable.class);

      FileInputFormat.addInputPath(job, new Path(otherArgs[0]));
      FileOutputFormat.setOutputPath(job, new Path(otherArgs[1]));
      System.exit(job.waitForCompletion(true) ? 0 : 1);
    }
}
```

7.2.3 运行程序

在程序编写完成后，还需要将代码打包成 jar 文件并运行。用 eclipse 自带的打包工具导出为 wordcount.jar 文件，上传至集群任一节点，并在该节点执行命令：

```
hadoop jar wordcount.jar hellohadoop.WordCount /user/test/input /user/test/output
```

Hellohadoop 为程序的包名，WordCount 为程序的类名，/user/test/input 为 HDFS 存放文本的目录(如果指定一个目录为 MapReduce 输入路径，则 MapReduce 会将该路径下的所有文件作为输入；如果指定一个文件，则 MapReduce 只会将该文件作为输入)，/user/test/output 为作业的输出路径(该路径在作业运行前必须不存在)。

命令执行后，屏幕会打出有关任务进度的日志：

```
15/12/14 00:53:23 INFO mapreduce.Job: Running job: job_1442977437282_0466
15/12/14 00:53:34 INFO mapreduce.Job: Job job_1442977437282_0466 running in uber
mode : false
15/12/14 00:53:34 INFO mapreduce.Job: map 0% reduce 0%
15/12/14 00:53:46 INFO mapreduce.Job: map 100% reduce 0%
15/12/14 00:53:54 INFO mapreduce.Job: map 100% reduce 100%
...
```

当任务完成后，屏幕会输出相应的日志：

```
15/12/14 00: 53: 55 INFO mapreduce. Job: Job job _ 1442977437282 _ 0466
completed successfully
```

```
15/12/14 00:53:55 INFO mapreduce.Job: Counters: 49
...
```

接下来我们查看输出目录：

```
hadoop fs-ls/user/test/output
```

会看到：

```
-rw-r--r--   2 zkpk supergroup     0 2015-12-14 00:53/user/test/output/_SUCCESS
-rw-r--r--   2 zkpk supergroup     3721 2015-12-14 00:53/user/test/output3/part-r
-00000
```

其中，_SUCCESS 文件是一个空的标志文件，它标志该作业成功完成，而结果则存放在 part-r-00000。执行命令：

```
hadoop fs-cat/user/test/output/part-r-00000
```

得到结果：

```
way        1
webpage    1
when       3
which      2
will       1
with       8
...
```

7.2.4 代码讲解

大家看到要写一个 mapreduce 程序，需要实现 map 函数和 reduce 函数。下面看看 map 的方法：

```
public void map (Object key, Text value, Context context) throws IOException,
InterruptedException {...}
```

这里有三个参数，前面两个 Object key，Text value 就是输入的 key 和 value，第三个参数 Context context 是可以记录输入的 key 和 value。例如，context. write(word，one)；此外，context 还会记录 map 运算的状态。

对于 reduce 函数的方法：

```
public void reduce (Text key, Iterable< IntWritable > values, Context context)
throws IOException, InterruptedException {...}
```

reduce 函数的输入也是一个 key/value 的形式，不过它的 value 是一个迭代器的形式 Iterable<IntWritable>values。也就是说，reduce 的输入是一个 key，对应一组的值 value，reduce 也有 context，和 map 的 context 作用一致。

至于计算的逻辑就要程序员自己去实现了。

下面就是 main 函数的调用了，这个需要详细讲述下，首先是：

```
Configuration conf=new Configuration();
```

运行 mapreduce 程序前都要初始化 Configuration，该类主要是读取 mapreduce 系统配置信息，这些信息包括 hdfs 和 mapreduce，也就是安装 hadoop 时候的配置文件。例如，core-site. xml、hdfs-site. xml 和 mapred- site. xml 等文件里的信息。理解这个问题，需要深入思考 mapreduce 计算框架。某个程度上来说，程序员开发 mapreduce 时只是在填空，在 map 函数和 reduce 函数里编写实际进行的业务逻辑，其他的工作都是交给 mapreduce 框架操作的。但程序员要告诉它怎么操作，如 hdfs 在哪里，而这些信息就在 conf 包下的配置文件里。

接下来的代码是：

```
String[] otherArgs=new GenericOptionsParser(conf, args).getRemainingArgs();
if (otherArgs.length !=2) {
    System.err.println("Usage: wordcount <in><out>");
    System.exit(1);
}
```

if 语句是比较好理解的，在运行 WordCount 程序时一定有两个参数，如果不是就会报错退出。至于第一句里的 GenericOptionsParser 类，它是用来解释常用的 hadoop 命令，并根据需要为 Configuration 对象设置相应的值，实际开发中却不太常用它，而是通过类实现 Tool 接口，然后在 main 函数里使用 ToolRunner 运行程序，而 ToolRunner 内部会调用 GenericOptionsParser。

接下来的代码是：

```
Job job=new Job(conf, "word count");
job.setJarByClass(WordCount.class);
job.setMapperClass(TokenizerMapper.class);
job.setCombinerClass(IntSumReducer.class);
job.setReducerClass(IntSumReducer.class);
```

第一行就是在构建一个 job。在 mapreduce 框架里，一个 mapreduce 任务也叫 mapreduce 作业，或者称为一个 mapreduce 的 job，而具体的 map 和 reduce 运算就是 task。这里构建了一个 job，构建时有两个参数，一个是 conf，另一个就是这个 job 的名称。

第二行是装载程序员编写好的计算程序。例如，此处装载的程序类名是 WordCount。虽然编写 mapreduce 程序只需要实现 map 函数和 reduce 函数，但是实际开发中要实现三个类，第三个类是为了配置 mapreduce 如何运行 map 和 reduce 函数。准确地说，就是构建一个 mapreduce 能执行的 job。例如，WordCount 类。

第三行和第五行是装载 map 函数和 reduce 函数实现类。第四行是装载 Combiner 类，后面讲 mapreduce 运行机制时会详述。本例去掉第四行也没有关系，只是使用了第四行，理论上运行效率会更高。

接下来的代码是：

```
job.setOutputKeyClass(Text.class);
job.setOutputValueClass(IntWritable.class);
```

这个是定义输出的 key/value 的类型，也就是最终存储在 hdfs 上结果文件的 key/value 的类型。

最后的代码是：

```
FileInputFormat.addInputPath(job, new Path(otherArgs[0]));
FileOutputFormat.setOutputPath(job, new Path(otherArgs[1]));
System.exit(job.waitForCompletion(true) ? 0 : 1);
```

第一行是构建输入的数据文件；第二行是构建输出的数据文件；最后一行是如果 job 运行成功，程序就会正常退出。

7.3 MapReduce 的编程

本节将详细介绍如何编写一个 MapReduce 作业。Hadoop 支持的编程语言有 Java、C++、Python 等，考虑到 Hadoop 是原生支持 Java，使用最广的也是 Java，所以本书只介绍 MapReduce 的 Java 编程。

从 Hadoop 0.20.0 开始，Hadoop 提供了新旧两套 MapReduce API。新 API 在旧 API 基础上进行了封装，使得其在扩展性和易用性方面更好。旧 API 主要存放在 org. apache. hadoop. mapred，而新的 API 存放在 org. apache. hadoop. mapreduce 包及其子包，目前开发中很少使用旧 API，所以本书选用新的 API 进行讲解。

7.3.1 配置开发环境

开发 Hadoop 应用时，经常需要在本地运行和集群运行之间进行切换。事实上，可能在几个集群上工作，也可能在“伪分布式”集群上测试。伪分布式集群是其守护进程运行在本机的集群。

应对这些变化的一种方法是使 Hadoop 配置文件包含每个集群的连接设置，并且在运行 Hadoop 应用或工具时指定使用哪一个连接设置。最好的做法是，把这些文件放在 Hadoop 安装目录树之外，以便于轻松地在 Hadoop 不同版本之间进行切换，从而避免重复或丢失设置信息。

为方便介绍，假设目录 conf 包含三个配置文件：hadoop-local. xml，hadoop-localhost. xml 和 hadoop-cluster. xml。注意，文件名没有特殊要求，这样命名只是为了方便打包配置的设置。

针对默认的文件系统和 jobtracker，hadoop-local. xml 包含默认的 Hadoop 配置：

```
<? xml version="1.0"? >
<configuration>
    <property>
        <name>fs.default.name</name>
        <value>file:///</value>
    </property>
    <property>
        <name>mapred.job.tracker</name>
        <value>local</value>
    </property>
</configuration>
```

Hadoop-localhost. xml 文件中的设置指向本地主机上运行的 namenode 和 jobtracker：

```
<?xml version="1.0"?>
<configuration>
    <property>
        <name>fs.default.name</name>
        <value>hdfs://localhost/</value>
    </property>
    <property>
        <name>mapred.job.tracker</name>
        <value>localhost:8021</value>
    </property>
</configuration>
```

最后，hadoop-cluster. xml 文件包含集群上 namenode 和 jobtracker 的详细信息。通常会以集群的名称来命名这个文件，而不是这里显示的那样，用 cluster 泛指：

```
<?xml version="1.0"?>
    <configuration>
        <property>
            <name>fs.default.name</name>
            <value>hdfs://namenode/ </value>
        </property>
        <property>
            <name>mapred.job.tracker</name>
            <value>localhost:8021</value>
        </property>
    </configuration>
```

还可以根据需要为这些文件添加其他配置信息。例如，如果想为特定的集群设定 Hadoop 用户名，则可以在相应的文件中进行这些设置。

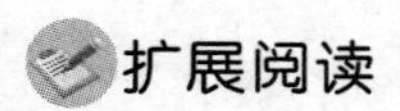

扩展阅读

设置用户标识

在 HDFS 中，可以通过在客户端系统上运行 whoami 命令来确定 Hadoop 用户标识(identity)。类似，组名(group name)来自 groups 命令的输出。

如果 Hadoop 用户标识不同于客户机上的用户账号，可以通过设置 hadoop. job. ugi 属性来显示设定 Hadoop 用户名和组名。用户名和组名由一个逗号分隔的字符串来表示，例如，preston，directors，inventors 表示用户名 preston，组名是 directors 和 inventors。

可以使用相同的语法设置 HDFS 网络接口（该接口通过设置 dfs. web. ugi 来运行）的用户标识。在默认情况下，webuser 和 webgroup 不是超级用户。因此，不能通过网络接口来访问系统文件。

注意，在默认情况下，系统没有认证机制。

有了这些设置，便可以轻松地通过-conf 命令行开关来使用各种配置。例如，下面的命令显示了一个在伪分布式模式下运行于本地主机上的 HDFS 服务器上的目录列表：

```
%hadoop fs-conf conf/hadoop-localhost.xml-ls
Found 2 items
drwxr-xr-x-tom supergroup 0 2015-12-18 10:32/user/tom/input
drwxr-xr-x-tom supergroup 0 2015-12-18 13:09/user/tom/output
```

如果省略-conf 选项，可以从 conf 子目录下的￥HADOP_INSTALL 中找到 Hadoop 的配置信息。至于是独立模式还是伪分布式集群模式，则取决于具体的设置。

Hadoop 自带的工具支持-conf 选项，也可以直接用程序（如运行 MapReduce 作业的程序）通过使用 Tool 接口来支持-conf 选项。

7.3.2 编写 Mapper 类

Mapper 类作为 map 函数的执行者，对于整个 MapReduce 作业有着很重要的作用，但我们不需要自己实例化 Mapper 类，只需要继承 org. apache. hadoop. mapreduce. Mapper 类，并实现 map 方法。

Mapper 类有 setup、map、cleanup 和 run 四个方法。其中，setup 一般是用来进行一些 map 前的准备工作；map 则承担对键值对进行处理的工作；cleanup 是收尾工作（如关闭文件或者执行 map 后的键值对分发等）；run 方法提供了 setup-map-cleanup 的执行模板。

Hadoop 自带了一些 Mapper 类的实现，如 InverseMapper 类和 TokenCounterMapper 类。InverseMapper 类的作用是调换键值对的顺序再原样输出，TokenCounterMapper 类的作用和 WordCount 中的 Mapper 类的作用是一样的，单词计数，读者可以根据需要选择。如果需要自己编写 Mapper 类时，用户只需要继承 Mapper 类并实现其中的 map 方法即可。实现 Mapper 类的示例如下。

```
publicstaticclassTestMapper
extends Mapper<Object, Text, Text, IntWritable>{
    publicvoid map(Object key, Text value, Context context)
    throws IOException, InterruptedException {
        /*
         * 编写自己的 map 方法
         * */
    }
}
```

在继承 Mapper 类的同时，也必须制定 Mapper 类的泛型：

```
public static class TokenizerMapper extends Mapper<Object, Text, Text, IntWritable>
```

此处，泛型的作用是指定 map 方法的输入键值对的类型和输出键值对的类型，格式为＜输入键值对键的类型，输入键值对值的类型，输出键值对键的类型，输出键值对值的类型＞，当实现了自己的逻辑后，使用 context 对象的 write 方法进行输出：

```
context.write(key,value);
```

context 对象保存了作业运行的上下文信息，如作业配置信息、InputSplit 信息、任务 ID 等。

7.3.3 编写 Reducer 类

编写 Reduce 类同编写 Mapper 类一样，只需要继承 org. apache. hadoop. mapreduce. Reducer 类，并根据需要实现 Reduce 函数即可。

Reducer 类也有 setup、map、cleanup 和 run 四个方法。其中，setup 一般是用来进行一些 reduce 前的准备工作；reduce 则承担对键值对进行处理的工作；cleanup 是收尾工作（如关闭文件或执行 reduce 后的键值对分发等）；run 方法提供了 setup-reduce-cleanup 的执行模块。

在继承 Reducer 的同时，还需要指定 Reducer 类的泛型：

```
public static class TokenizerReducer extends Reducer< Text, IntWritable, Text,
IntWritable>
```

此处泛型的作用是指定 reduce 方法的输入键值对（中间结果）的类型和输出键值对（最后结果）的类型，格式为＜输入键值对键的类型，输入键值对值的类型，输出键值对键的类型，输出键值对值的类型＞。代码如下：

```
publicstaticclassTestReducer
extends Reducer<Text,IntWritable,Text,IntWritable>{
    publicvoid reduce(Text key, Iterable<IntWritable>values, Context context)
    throws IOException, InterruptedException {
        /*
         * 编写自己的 reduce 方法
         * */
    }
}
```

实现了自己的逻辑后，同样通过 context 的 write 方法进行输出，注意输出类型需要和泛型一致，否则会报错。如下：

```
context.write(key,value);
```

与 map 函数不同的是，reduce 函数接受的 values 参数类型为 Iterable，该对象经过聚合后的中间结果需要通过迭代的方式对其进行处理，如下：

```
Iterator<Text>valueList=values.iterator();
```

7.3.4 编写 main 函数

在上面的工作都做完后，剩下的工作就是编写 main 函数。main 函数主要用于配置作业和提交作业。下列代码是一个最简单的 main 函数。

```
public class TestMain {
    public static void main(String[] args) throws Exception {
        Configuration conf=new Configuration();
```

```
        Job job=new Job(conf, "word count");
        //指定了 main 函数所在的类
        job.setJarByClass(TestMain.class);
        //指定了 Mapper 类
        job.setMapperClass(TestMapper.class);
        //指定了 Reducer 类
        job.setReducerClass(TestReducer.class);
        //设置 reduce()函数输出 key 的类
        job.setOutputKeyClass(Text.class);
        //设置 reduce()函数输出 value 的类
        job.setOutputValueClass(IntWritable.class);
        //指定输入路径
        FileInputFormat.addInputPath(job, new Path(args[0]));
        //指定输出路径
        FileOutputFormat.setOutputPath(job, new Path(args[1]));
        //提交任务
        System.exit(job.waitForCompletion(true) ? 0 : 1);
    }
}
```

Configuration 类代表了作业的配置，该类会加载 mapred-site.xml、hdfs-site.xml、core-site.xml，而 Job 类代表了一个作业。Job 的对象指定作业执行规范。可以用它来控制整个作业的运行。在 Hadoop 集群上运作这个作业时，要把代码打包成一个 JAR 文件(Hadoop 在集群上发布这个文件)。不必明确指定 JAR 文件的名称，在 Job 对象的 setJarByClass()方法中传递一个类即可，Hadoop 利用这个类来查找包含它的 JAR 文件，进而找到相关的 JAR 文件。

构造 Job 对象之后，需要指定输入和输出数据的路径。调用 FileInputFormat 类的静态方法 addInputPath()来定义输入数据的路径，这个路径可以是单个的文件、一个目录(此时，将目录下所有文件当作输入)或符合特定文件模式的一系列文件。由函数名可知，可以多次调用 addInputPath()来实现多路径的输入。

调用 FileOutputFormat 类中的静态方法 setOutputPath()来指定输出路径(只能有一个输出路径)。这个方法指定的是 reduce 函数输出文件的写入目录。在运行作业前，该目录是不应该存在的，否则 Hadoop 会报错并拒绝运行作业。这种预防措施的目的是防止数据丢失(如果长时间运行的作业的结果被意外覆盖，那么肯定是非常恼人的)。

接着，通过 setMapperClass()和 setReducerClass()指定 map 类型和 reduce 类型。

setOutputKeyClass()和 setOutputValueClass()控制 map 和 reduce 函数的输出类型，正如本例所示，这两个输出类型一般都是相同的。如果不同，则通过 setMapOutputKeyClass()和 setMapOutputValueClass()来设置 map 函数的输出类型。

输入的类型通过 InputFormat 类来控制，本例中没有设置，因为使用的是默认的 TextMapOutputKeyClass(文本输入格式)。

在设置定义 map 和 reduce 函数的类之后，可以开始运行作业。Job 中的 waitForCompletion()方法提交作业并等待执行完成。该方法中的布尔参数是个详细标识，所以作业会把进度写到控制台。

waitForCompletion()方法返回一个布尔值，表示执行的成(true)败(false)，这个布尔值

被转换成程序退出的代码 0 或者 1。

至此，main 方法完成。将代码导出为 jar 包，执行命令：

```
hadoop jarXXX.jar XXX.TestMain arg0 arg1
```

7.4 MapReduce 在集群上的运作

7.4.1 作业的打包和启动

本地作业运行器使用单 JVM 运行一个作业，只要作业需要的所有类都在类路径(classpath)上，那么作业就可以正常运行。

在分布式的环境中，情况稍微复杂一些。开始时作业的类必须打包进作业的 JAR 文件中并发送给集群。Hadoop 通过搜索驱动程序的类路径自动找到作业的 JAR 文件，该类路径包含了 JobConf 或 Job 上的 setJarByClass()方法中设置的类。另一种方法，如果想通过文件路径设置一个指定的 JAR 文件，可以使用 setJar()方法。

1. 客户端的类路径

由 hadoop jar <jar>设置的用户客户端类路径由以下几个部分组成：

(1) 作业的 JAR 文件；

(2) 作业 JAR 文件的 lib 目录中的所有 JAR 文件以及类目录(如果自定义)；

(3) HADOOP_CLASSPH 定义的类路径(如果已经设置)。

这也解释了如果在没有作业 JAR(hadoop CLASSNAME)情况下使用本地作业运行器时，为什么必须设置 HADOOP_CLASPATH 来指明依赖类和库。

2. 任务的类路径

在集群上(包括伪分布式模式)，map 和 reduce 任务在各自的 JVM 上运行，它们的类路径不受 HADOOP_CLASSPATH 控制。HADOOP_CLASSPATH 是一项客户端设置，并针对驱动程序的 JVM 的类路径进行设置。

反之，用户任务的类路径由以下几个部分组成：

(1) 作业的 JAR 文件；

(2) 作业 JAR 文件的 lib 目录中包含的所有 JAR 文件以及类目录(如果定义)；

(3) 使用-libjars 选项或 DistributedCache 的 addFileToClassPath()方法(老版本的 API)或 Job(新版本的 API)添加到分布式缓存的所有文件。

3. 打包依赖

给定这些不同的方法来控制客户端和类路径上的内容，也有相应的操作处理作业的库依赖：

(1) 将库解包和重新打包到作业的 JAR；

(2) 对作业的 JAR 的目录中的库打包；

(3) 保持库和作业的 JAR 分开，并且通过 HADOOP_CLASSPATH 将它们添加到客户端的类路径，通过-libjars 将它们添加到任务的类路径。

从创建的角度来看，最后使用分布式缓存的选项是最简单的，因为依赖不需要在作业的

JAR 中重新创建。同时，分布式缓存意味着在集群上更少的 JAR 文件转移，因为文件可能缓存在任务间的一个节点上。

4. 启动作业

在 jar 包存放的节点执行命令：

```
hadoop jarXXX.jar XXX.TestMain arg0 arg1
```

扩展阅读

作业、任务和 task attempt ID

作业 ID 的格式包含两部分：jobtracker（不是作业）开始的时间和唯一标识此作业的由 jobtracker 维护的增量计算器。例如，ID 为 job_200904110811_0002 的作业是第二个作业（0002，作业 ID 从 1 开始），jobtracker 在 2009 年 4 月 11 日 08:11 开始运行这个作业。计算器的数字前面由 0 开始，以便于作业 ID 在目录列表中进行排序。然而，计算器达到 10000 时，不能重新设置，导致作业 ID 更长（这些 ID 不能很好地排序）。

任务属于作业，任务 ID 通过替换作业 ID 的作业前缀为任务前缀，然后加上一个后缀表示哪个作业里的任务。例如，task-2e090411{3811-0002-m-000003 表示 ID 为 job_200904110811-0002 的作业的第 4 个 map 任务（000003，任务 ID 从 0 开始计数）。作业的任务 ID 在初始化时产生。因此，任务 ID 的顺序不必是任务执行的顺序。

由于失败或推测执行，任务可以执行多次，所以为了标识任务执行的不同实例，taskattempt 都会被指定一个在 jobtracker 上唯一的 ID。例如，attempt_20090411e811-0002-m-00Bee3-0 表示正在运行的 task-200904110811-eee2-m-000003 任务的第一个 attemp（0，attemptID 从 0 开始计数）。task attempt 在作业运行时根据需要分配，所以它们的顺序代表 tasktracker 产生并运行的先后顺序。

如果在 jobtracker 重启并恢复运行作业后，作业被重启，那么 task attempt ID 中最后的计数值将从 1 000 递增。

7.4.2 MapReduce 的 Web 界面

MapReduce 的 Web 界面用来浏览作业信息，对于跟踪作业运行进度、查找作业完成后的统计信息和日志非常有用。可以通过主节点的 18088 端口访问 Web 界面。

1. MapReduce 主页面介绍

主页的截屏如图 7-3 所示。在不单击左侧选项栏的情况下，该界面显示的是正在运行、（成功地）完成和失败的作业。每部分都有一个作业表，其中每行显示作业的 ID、所属者、作业名和进度信息。

如图 7-4 所示，在左侧单击“About”，上面一栏显示的是关于集群的概要信息，包括集群的负载情况和使用情况。下面显示 MapReduce 版本、Hadoop 版本等信息。

如图 7-5 所示，单击左侧的 Nodes，上面同样显示关于集群的概要信息，下面则显示 NodeManger 节点的详细信息。

如图 7-6 所示，单击左侧的 Scheduler，显示的是集群的资源调度信息。

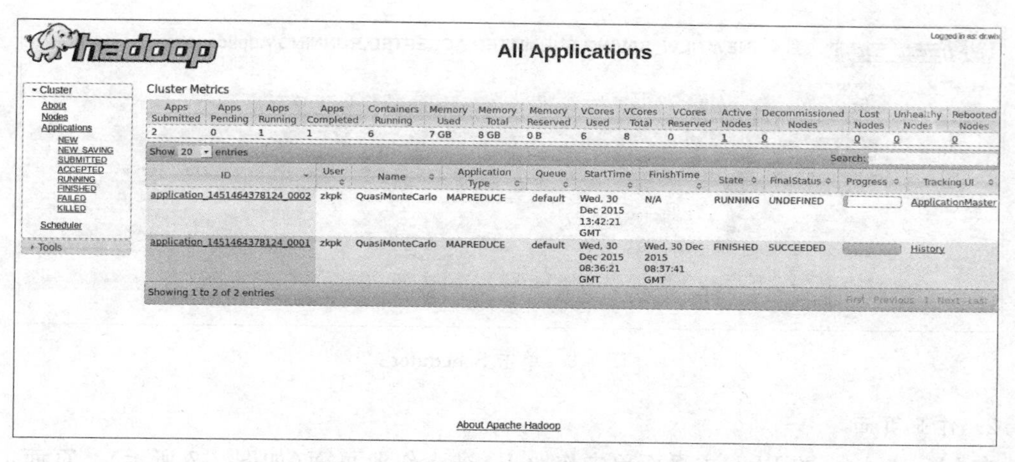

图 7-3 MapReduce 的 Web 主界面

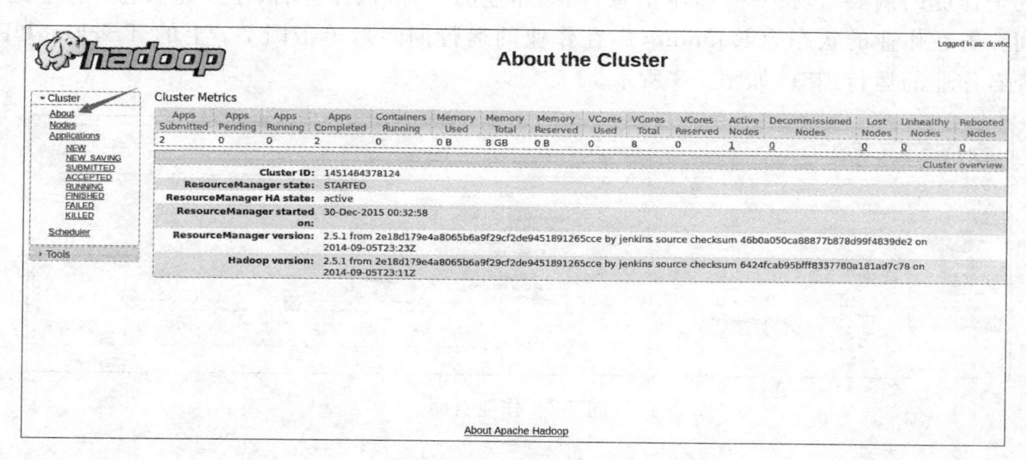

图 7-4 单击 About

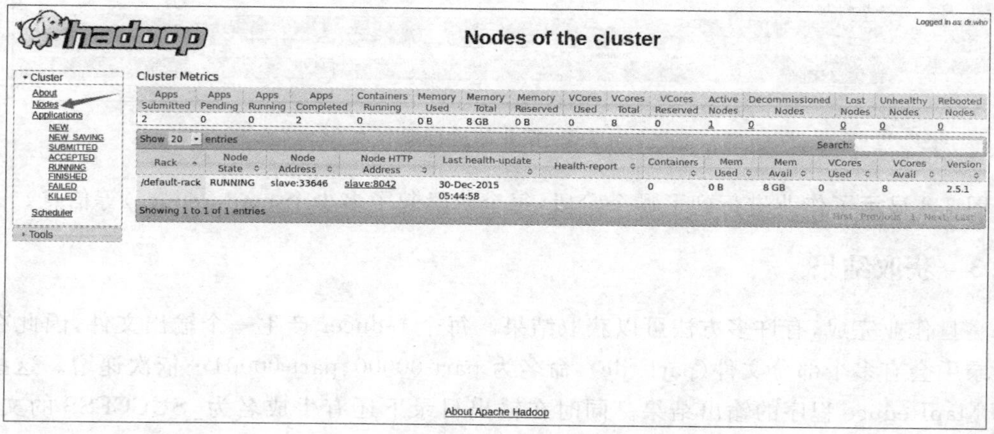

图 7-5 单击 Nodes

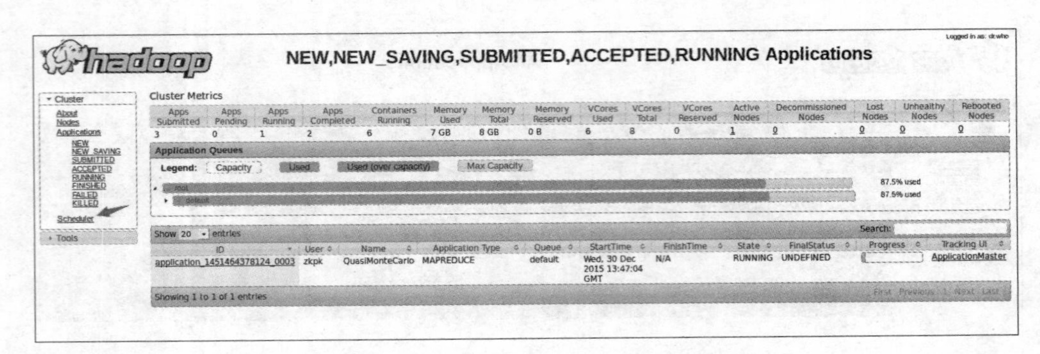

图 7-6　单击 Scheduler

2. 作业页面

在 MapReduce 的 Web 主页面单击作业 ID 进入作业页面(如图 7-7 所示)。页面上显示的是作业的摘要,包括一些基本信息,例如作业的拥有者、作业名、作业的状态和作业运行时间。若在作业的状态为 Running(即在作业的运行期间),单击图 7-7 上的 TrackingURL 可查看作业的运行细节,如图 7-8 所示。

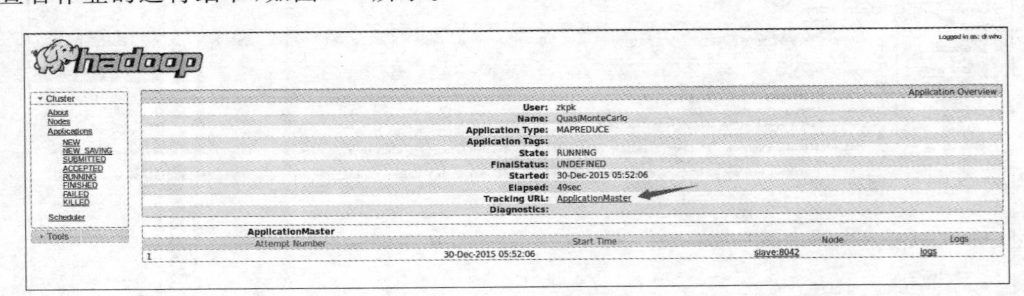

图 7-7　作业页面

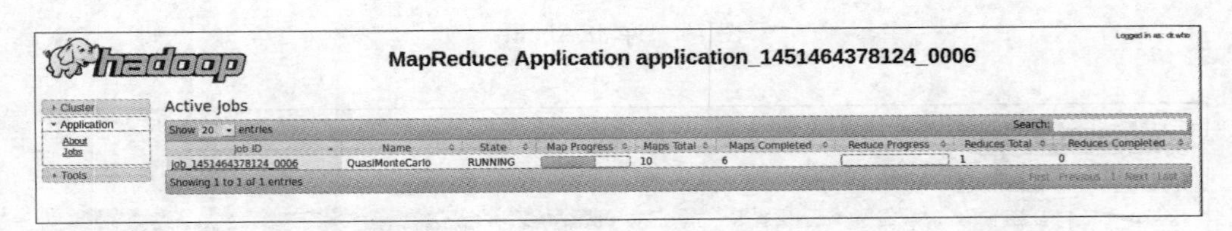

图 7-8　作业的运行细节

图 7-8 显示了作业进行到了哪个阶段,每个阶段起了多少个 map(reduce)等信息。

7.4.3　获取结果

一旦作业完成,有许多方法可以获取结果。每个 reducer 产生一个输出文件,因此在输出目录中会有多个部分文件(part file),命名为 part-00000、part-00001…依次递增。这些文件是 MapReduce 程序的输出结果。同时在输出目录下还有生成名为_SUCCESS 的文件,该文件为程序运行成功的标志空文件。

正如文件名所示,这些"part"文件可以认为是输出目录文件的一部分。如果输出文件很大,那么把文件分为多个 part 文件很重要,这样才能使多个 reducer 并行工作。通常情况

下，如果文件采用这种分割形式，使用起来仍然很方便。例如，作为另一个 MapReduce 作业的输入。在某些情况下，可以探索多个分割文件的结构来进行 map 端连接操作，或执行一个 MapFile 的查找操作。

本章小结

本章主要分三部分讲解 MapReduce 编程模型，第一部分为 MapReduce 模型简介，第二部分为简单的 MapReduce 编程介绍，第三部分为 MapReduce 在集群上的运作。

在第一部分中，我们学习了：

(1) MapReduce 的基本概念和架构；

(2) MapReduce 程序的设计方法；

(3) 新旧两个版本的 MapReduce 的区别；

(4) Hadoop MapReduce 架构；

(5) MapReduce 的优缺点。

在第二部分中：

(1) 通过完整的 WordCount 代码初步认识了 MapReduce 的完整程序；

(2) 系统地学习了 MapReduce 编程过程中的三个部分(Mapper 类、Reducer 类、Main 函数)。

在第三部分，我们学习了：

(1) 作业的打包和启动；

(2) MapReduce 的 Web 界面，通过 Web 查看 MapReduce 的详细信息和作业的进程；

(3) 在作业结束后获取结果。

习　题

1. 填空题

(1) MapReduce 程序由 Map 和 Reduce 两个阶段组成，用户只需要编写________和________两个函数即可完成分布式程序的设计。而在这两个函数中是以________作为输入输出的。

(2) 在 YARN/MRv2 计算框架中提出了全新的资源管理框架________。它将 JobTracker 中的资源管理和作业控制功能分开，分别由________和________两个不同进程实现。

(3) Mapper 类和 Reducer 类具有________、________、________、________四个方法，在我们编写的过程中只需要编写________方法即可。

2. 问答题

(1) 使用自己的语言描述 WordCount 的流程。

(2) 简述在 Hadoop 中自带的 Mapper 类：InverseMapper 类和 TokenCounterMapper 类的作用。

第8章

MapReduce应用编程开发

本章提要

在第7章中，我们了解了MapReduce编程模型，通过最基本的"WorldCould"的编写，学习了在MapReduce程序中Map、Reduce、Main这三个类的编写。相信大家对MapReduce程序的编写已经有了一定的了解。在本章中将为大家详细地介绍MapReduce程序的运行、结果的查看，以及在编写程序时适应不同情况将会用到的不同的输入输出类型。在最后的"Java API解析"小结中，将对比新旧两版API为大家深度解析作业配置与提交、InputFormat接口的设计与实现、OutputFormat接口的设计与实现、Mapper类与Reducer类。

8.1 MapReduce类型与格式

MapReduce数据处理模型非常简单：map和reduce函数的输入和输出是键/值对(key/value pair)。本章深入讨论MapReduce模型，重点介绍各种类型的数据(从简单文本到结构化的二进制对象)如何在MapReduce中使用。

8.1.1 MapReduce的类型

Hadoop的MapReduce中，map和reduce函数遵循如下常规格式：

```
map: (K1, V1)→list(k2, v2)
reduce: (K2,list(v2))→list(k3, v3)
```

简单来说，就是reduce函数的输入类型必须与map函数的输出类型相同。

表8-1总结了配置选项，把属性分为可以设置类型的属性和必须与类型相容的属性。

输入数据的类型由输入格式进行设置。例如，对应于TextlnputFormat的键类型是LongWritable，值类型是Text。其他的类型通过调用Job上的方法来进行显式设置。如果没有显式设置，中间的类型默认为(最终的)输出类型，也就是默认值LongWritable和Text。因此，如果K2与K3是相同类型，就不需要调用setMapOutputKeyClass()，因为它将调用setOutputKeyClass()来设置。同样，如果V2与V3相同，只需要使用setOutputValUeClass()。

这些为中间和最终输出类型进行设置的方法似乎有些奇怪。为什么不能结合mapper和reducer导出类型呢？原因是Java的泛型机制有很多限制：类型擦除(type erasure)导致

表 8-1 MapReduceAPI 中的设置类型

属 性	属性的设置方法	输入类型		中间类型		输出类型	
		K1	V1	K2	V2	K3	V3
可以设置类型的属性		*	*				
mapreduce. job. inputformat. class	setInputFormatClass()		*				
mapreduce. map. output. key. class	setMapOutputFormatClass()			*			
mapreduce. map. output. value. class	setMapOutputValueClass()				*		
mapreduce. job. output. key. class	setOutputKeyClass()					*	
mapreduce. job. output. value. class	setOutputValueClass()						*
类型必须一致的属性							
mapreduce. job. map. class	setMapperClass()	*	*	*	*		
mapreduce. job. combine. class	setMapperClass()			*	*		
mapreduce. job. partitioner. class	setcombinerClass()			*	*		
mapreduce. job. output. key. comparator. class	setGroupingComparatorClass()			*			
mapreduce. job. output. group. comparator. class	setFroupingComparatorClass()			*			
mapreduce. job. reduce. class	setReducerClass()			*	*	*	*
mapreduce. job. outputformat. class	setOutputFormatClass()					*	*

运行过程中类型信息并非一直不可见，所以 Hadaop 不得不明确进行设定。这也意味着可能用不兼容的类型来配置 MapReduce 作业，因为这些配置在编译时无法检查。与 MapReduce 类型兼容的设置列在表 8-1 中。类型冲突是在作业执行过程中被检测出来的，所以一个比较明智的做法是先用少量的数据跑一次测试任务，发现并修正任何类型不兼容的问题。

如果没有指定 mapper 或 reducer 就运行 MapReduce，会发生什么情况？下面是一个最简单的 MapReduce 程序。

```
publicclass MinimalMapReduce extends Configured implements Tool {
  @Override
  publicint run(String[] args) throws Exception {
    if (args.length !=2) {
      System.err.printf("Usage: %s [generic options] <input><output>\n",getClass()
      .getSimpleName());
      ToolRunner.printGenericCommandUsage(System.err);
      return-1;
    }
    Job job=newJob(getConf());
    job.setJarByClass(getClass());
    FileInputFormat.addInputPath(job, new Path(args[0]));
    FileOutputFormat.setOutputPath(job, new Path(args[1]));
```

```
        return job.waitForCompletion(true) ? 0:1;
    }
    publicstaticvoid main(String[] args) throws Exception {
        int exitCode=ToolRunner.run(new MinimalMapReduce(), args);
        System.exit(exitCode);
    }
}
```

在该代码中没有指定 mapper、reducer 类，只是设定了输入路径和输出路径。程序将调用默认的 mapper 类和 reducer 类。如果运行程序，查看结果的输出文件，会发现其在每一行都是加了一个整数和制表符。

输入文件示例：

```
#Apache Spark
Spark is a fast and general cluster computing system for Big Data. It provides
high-level APIs in Scala, Java, and Python, and an optimized engine that
supports general computation graphs for data analysis. It also supports a
```

输出结果示例：

```
0     #Apache Spark
15
16    Spark is a fast and general cluster computing system for Big Data. It provides
95    high-level APIs in Scala, Java, and Python, and an optimized engine that
168   supports general computation graphs for data analysis. It also supports a
```

例 8-1　简化的 MapReduce 驱动程序，默认值显示设置

```
publicclass MinimalMapReduceDefault extends Configured implements Tool {
    @Override
    publicint run(String[] args) throws Exception {
        if (args.length !=2) {
            System.err.printf("Usage: %s [generic options] <input><output>\n",getClass()
            .getSimpleName());
            ToolRunner.printGenericCommandUsage(System.err);
            return-1;
        }
        Job job=newJob(getConf());
        job.setJarByClass(getClass());
        FileInputFormat.addInputPath(job, new Path(args[0]));
        job.setInputFormatClass(TextInputFormat.class);
        job.setMapperClass(Mapper.class);
        job.setMapOutputKeyClass(LongWritable.class);
        job.setMapOutputValueClass(Text.class);
        job.setPartitionerClass(HashPartitioner.class);

        job.setNumReduceTasks(1);
        job.setReducerClass(Reducer.class);

        job.setOutputKeyClass(LongWritable.class);
        job.setOutputValueClass(Text.class);
```

```
        job.setOutputFormatClass(TextOutputFormat.class);

        FileOutputFormat.setOutputPath(job, new Path(args[1]));
        return job.waitForCompletion(true) ? 0:1;
    }
    publicstaticvoid main(String[] args) throws Exception {
        int exitCode=ToolRunner.run(new MinimalMapReduce(), args);
        System.exit(exitCode);
    }
}
```

例 8-2 与例 8-1 完成的事情一模一样，但是它把作业环境设置为默认值。虽然有很多其他的默认作业设置，但加粗显示的部分是执行一个作业最关键的代码。接下来作逐一讨论。

默认的输入格式是 TextInputFormat，它产生的键类型是 LongWritable（文件中每行中开始的偏移量值），值类型是 Text（文本行）。这也解释了最后输出的整数的含义：行偏移量。

默认的 mapper 是 Mapper，它将输入的键和值原封不动地写到输出中：

```
public class Mapper<KEYIN,VALUEIN,KEYOUT,VALUEOUT>
extends MapReduceBase implements Mapper<K, V, K, V>{
    public void map(KEYIN key, VALUEIN val,Context context)
    throws IOException,InterruptedException {
        context.write((KEYOUT)key, (VALUEOUT)val);
    }
}
```

Mapper 是一个泛型类型（generic type），它可以接受任何键或值的类型。在这个例子中，map 的输入和输出键是 LongWritable 类型，map 的输入输出值是 Text 类型。

默认的 partitioner 是 HashPartitioner，它对每条记录的键进行哈希操作以决定该记录应该属于哪个分区。每个分区对应一个 reducer 任务，所以分区数等于作业的 reducer 的个数：

```
public class HashPartitioner<K, V>extend Partitioner<K, V>{
    public int getPartition(K key, V value,int numPartitions) {
        return (key.hashCode() &
        Integer.MAX_VALUE) %numPartitions;
    }
}
```

键的哈希码被转换为一个非负整数，它由哈希值与最大的整型值做一次按位与操作而获得，然后用分区数进行取模操作，来决定该记录属于哪个分区索引。

默认情况下，只有一个 reducer，因此也就只有一个分区。在这种情况下，partitioner 操作将由于所有数据都已放入同一个分区而无关紧要了。然而，如果有很多 reducer，了解 HashPartitioner 的作用就非常重要。假设键的散列函数足够好，那么记录将被均匀分到若干个 reduce 任务中，这样具有相同键的记录将由同一个 reduce 任务进行处理。

大家可能已经注意到，此处并没有设置 map 任务的数量。原因是该数量等于输入文件被划分成的分块数，这取决于输入文件的大小以及文件块的大小(如果此文件在 HDFS 中)。关于如何控制块大小的操作，将在 8.2.2 小节中进行介绍。

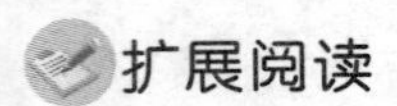

选择 reducer 的个数

单个 reducer 的默认配置对 Hadoop 新手而言很容易上手。真实的应用中，作业会把它设置成一个较大的数字，否则由于所有的中间数据都会放到一个 reducer 任务中，从而导致作业效率极低。注意，在本地作业运行器上运行时，只支持 0 个或 1 个 reducer。

reducer 最优个数与集群中可用的 reducer 任务槽数相关。总槽数由集群中节点数与每个节点的任务槽数相乘得到。该值由 mapred. tasktracker. reduce. tasks. maxlmum 属性的值决定。

一个常用的方法是：设置比总槽数稍微少一些的 reducer 数，这会给 reducer 任务留有余地(容忍一些错误发生，而不需要延长作业运行时间)。如果 reduce 任务很大，比较明智的做法是使用更多的 reducer，使得任务粒度更小，这样一来，任务的失败才不至于显著影响作业执行时间。

默认的 reducer 是 Reducer，它也是一个泛型类型，它简单地将所有的输入写到输出中：

```
public class Reducer<KEYIN, VALUEIN,KEYOUT,VALUEOUT>{
    public void reduce(KEYIN key, Iterator<VALUEIN>values,
    Context context) throws IOException {
        for(VALUEIN value:values){
            context.write(KEYOUT) key,(VALUEOUT) value;
        }
    }
}
```

对于这个任务来说，输出的键是 LongWritable 类型，而值是 Text 类型。事变上，对于 MapReduce 程序来说，所有键都是 LongWritable 类型，所有值都是 Text 类型，因为它们是输入键，值的类型，并且 map 函数和 reduce 函数都是恒等函数。然而，大多数 MapReduce 程序不会一直用相同的键或值类型，所以就像上一节中描述的那样，必须配置作业来声明使用的类型。

记录在发送给 reducer 之前，会被 MapReduce 系统进行排序。在这个例子中，键是按照数值的大小进行排序的，因此来自输入文件中的行会被交叉放入一个合并后的输出文件。

默认的输出格式是 TextOutputFormat，它将键和值转换成字符串并用 Tab 进行分隔，然后一条记录一行地进行输出。这就是为什么输出文件是用制表符(Tab)分隔原因的，这是 TextOutputFormat 的一个特点。

8.1.2 输入格式

从一般的文本文件到数据库，Hadoop可以处理很多不同类型的数据格式。本节将探讨数据格式问题。

1. 输入分片与记录

在前面讲过，一个输入分片(split)就是由单个map处理的输入块。每一个map操作只处理一个输入分片。每个分片被划分为若干个记录，每条记录就是一个键/值对，map一个接一个地处理每条记录。输入分片和记录都是逻辑的，不必将它们对应到文件，虽然常见的形式都是文件。在数据库的场景中，一个输入分片可以对应于一个表上的若干行，而一条记录对应到一行(DBInputFormat正是这么做的，这种输入格式用于从关系数据库读取数据)。输入分片在Java中被表示为InputSplit接口。

```
public abstract class InputSplit{
    public abstract long getLength()throws IOException,InterruptedException;
    public abstract String[] getLocations()throws IOException,InterruptedException;
}
```

InputSplit包含一个以字节为单位的长度和一组存储位置(即一组主机名)。注意，一个分片并不包含数据本身，而是指向数据的引用(reference)。存储位置供MapReduce系统使用以便将map任务尽量放在分片数据附近，而长度用来排序分片，以便优先处理最大的分片，从而最小化作业运行时间(这也是贪婪近似算法的一个实例)。

MapReduce应用开发人员并不需要直接处理InputSplit，因为它是由InputFormat创建的。InputFormat负责产生输入分片并将它们分割成记录。在探讨InputFormat的具体例子之前，先来简单看一下它在MapReduce中的用法。接口如下：

```
public abstract class InputFormat<K, V>{
    public abstract List < InputSplit > getSplits (JobContext context) throws
    IOException,InterruptedException;
    public abstract RecordReader < K, V > createRecordReader (InputSplit split,
    TaskAttemptContext context)throws IOException,InterruptedException;
}
```

运行作业的客户端通过调用getSplits()方法计算分片，然后将它们发送到jobtracker，jobtracker使用其存储位置信息来调度map任务，从而在tasktracker上处理这些分片数据。在tasktracker上，map任务把输入分片传给InputFormat的getRecordReader()方法来获得这个分片的RecordReader。RecordReader基本就是记录上的迭代器，map任务用一个RecordReader来生成记录的键/值对，然后再传递给map函数。查看Mapper的run()方法可以看到这些情况：

```
public void run(Context context)throws IOExcption, InterruptedException{
    setup(context);
    while(context.nextKeyValue()){
        map(context.getCurrentKey(),conext.getCurrentValue(),context);
    }
}
```

运行 setup()之后，再重复调用 Context 上的 nextKeyValue()委托给 RecordRader 的同名函数实现，来为 mapper 产生 key 和 value 对象。通过 Context、key 和 value 从 RecordReader 重新取出传递给 map()。当 reader 读到 stream 的结尾时，nextKeyValue()方法返回 false，map 任务运行其 cleanup()方法，然后结束。

最后注意，Mapper 的 run()方法是公共的，可以由用户定制。MultithreadedMapRunner 是另一个 MapRunnable 接口的实现，它可以使用可配置个数的线程来并发地运行多个 mappers（使用 mapred. map. multithreadedrunner. threads 设置）。对于大多数数据处理任务来说，MapRunner 没有优势。但是，对于因为需要连接外部服务器而造成单个记录处理时间比较长的 mapper 来说，它允许多个 mapper 在同一个 JVM 下，以尽量避免竞争的方式执行。

1）FileInputFormat 类

FileInputFormat 类是所有使用文件作为其数据源的 InputFormat 实现的基类（见图 8-1）。它提供了两个功能：①定义哪些文件包含在一个作业的输入中；②为输入文件生成分片的实现。把分片分割成记录的作业由其子类来完成。

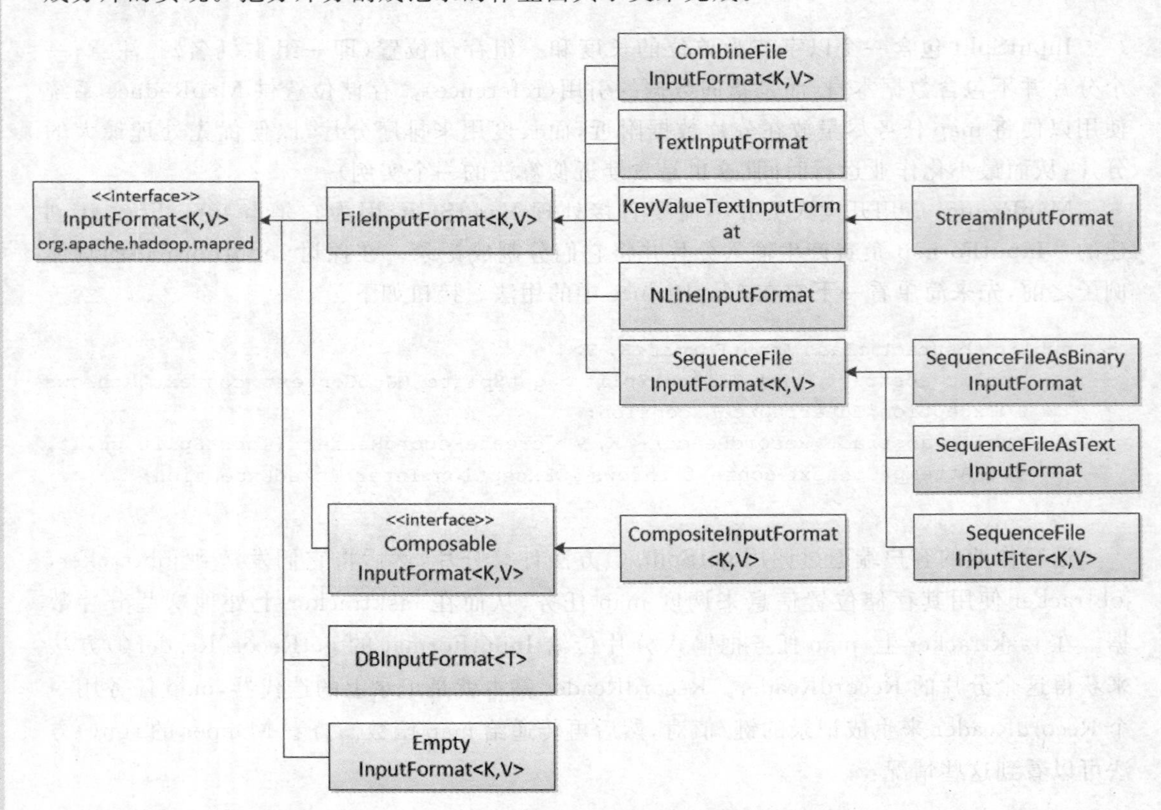

图 8-1 InputFormat 类的层次结构

2）FileInputFormat 类的输入路径

作业的输入被设定为一组路径，这对限定作业输入提供了很大的灵活性。FileInputFormat 提供四种静态方法来设定 Job 的输入路径：

```
Public static void addInputPath(JobConf, Path path)
Public static void addInputPaths(JobConf,String commaSeparatedPaths)
Public static void setInputPaths(JobConf, Path… inputPaths)
Public static void setInputPaths(JobConf, String commaSeparatedPaths)
```

其中,addInputPath()和 addInputPaths()方法可以将一个或多个路径加入路径列表。这两个方法可以重复调用来建立路径列表。setInputPaths()方法可以一次设定完整的路径列表(替换前面调用中在 Job 上所设置的所有路径)。

一条路径可以表示一个文件、一个目录或是一个 glob,即一个文件和目录的集合。表示目录的路径包含这个目录下所有的文件,这些文件都作为作业的输入。

一个被指定为输入路径的目录,其内容不会被递归进行处理。事实上,这些目录只包含文件:如果包含子目录,也会被解释为文件(从而产生错误)。处理这个问题的方法是:使用一个文件 glob 或一个过滤器根据命名模式(name pattern)限定选择目录中的文件。

add 和 set 方法允许指定包含的文件。如果需要排除特定文件,可以使用 FileInputFormat 的 setInputPathFilter()方法设置一个过滤器:

```
public static void setInputPathFilter(Job job,Class<? extends PathFilter>
filter)
```

即使不设置过滤器,FileInputFormat 也会使用一个默认的过滤器来排除隐藏文件(名称中以“,”和“—”开头的文件)。如果通过调用 setInputPathFilter()设置了过滤器,它会在默认过滤器的基础上进行过滤。换句话说,自定义的过滤器只能看到非隐藏文件。

路径和过滤器也可以通过配置属性来设置(参见表 8-2),这对 Streaming 和 Pipes 应用很方便。Streaming 和 Pipes 接口都使用-input 选项来设置路径,所以通常不需要直接进行手动设置。

表 8-2　输入路径和过滤器属性

属性名称	类　型	默认值	描　　述
mapred. input. dir	逗号分隔的路径	无	作业的输入文件。包含逗号的路径中的逗号由“、”符号转义。例如:glob{a,b}变成了{a\,b}
mapred. input. path Filter. class	PathFilter 类名	无	应用于作业输入文件的过滤器

3) FileInputFormat 类的输入分片

假设给定一组文件,FileInputFormat 是如何把它们转换为输入分片的呢?FileInputFormat 只分割大文件。这里的“大”指的是超过 HDFS 块的大小。分片通常与 HDFS 块大小一样,这在大多应用中是合理的;然而,这个值也可以通过设置不同的 Hadoop 属性来改变,如表 8-3 所示。

最小的分片大小通常是 1B,不过某些格式可以使分片大小有一个更低的下界。例如,顺序文件在流中每次插入一个同步入口,所以最小的分片大小不得不足够大,以确保每个分片有一个同步点,以便 reader 根据记录边界进行重新同步。

表 8-3 控制分片大小的属性

属性名称	类型	默认值	描述
mapred. min. split. size	int	1	一个文件分片最小的有效字节数
mapred. max. split. size	long	Long . MAX_VALUE ，即 9223372036854775807	一个文件分片中最大的有效字节数（以字节算）
dfs. block. size	long	128 MB，即 134217728	HDFS 中块的大小（接字节）

应用程序可以强制设置一个最小的输入分片大小：通过设置一个比 HDFS 块更大一些的值，强制分片比文件块大。如果数据存储在 HDFS 上，那么这样做是没有好处的，因为这样做会增加对 map 任务来说不是本地文件的块数。

最大的分片大小默认是由 Java long 类型表示的最大值。这样做的效果是：当它的值被设置成小于块大小时，将强制分片比块小。分片的大小由以下公式计算（参见 FileInputFormat 的 computeSplitSize()方法）：

```
max(minimumSize,min(maximumSize,blockSize))
```

在默认情况下：

```
minimumSize <blockSize <maximumSize
```

所以，分片的大小就是 blocksize。这些参数的不同设置及其如何影响最终分片大小请参见表 8-4 的说明。

表 8-4 举例说明如何控制分片的大小

最小分片大小	最大分片大小	块的大小	分片大小	说明
1(默认值)	Long. MAX_VALUE (默认值)	64MB(默认值)	64MB	默认情况下，分片大小
1(默认值)	Long. MAX_VALUE	128MB	128MB	增加分片大小最自然的方法是提供更大的 HDFS 块，通过 dfs. block. size 或在构建文件时针对单个文件进行设置
128MB	Long. MAX VALUE (默认值)	64MB(默认值)	128MB	通过使最小分片大小的值大于块大小的方法来增大分片大小，但代价是增加了本地操作
1(默认值)	32MB	64MB(默认值)	32MB	通过使最大分片大小的值大于块大小的方法来减少分片大小

4) 小文件与 CombineFileInputFormat

相对于大批量的小文件，Hadoop 更适合处理少量的大文件。一个原因是 FileInput. Format 生成的 InputSplit 是一个文件或该文件的一部分。如果文件很小（“小”意味着比 HDFS 的块要小很多），并且文件数量很多，那么每次 map 任务只处理很少的输入数据，(一个文件)就会有很多 map 任务，每次 map 操作都会造成额外的开销。请比较分割成 16 个 64MB 块的 1GB 的一个文件与 100KB 的 10 000 个文件。10 000 个文件每个都需要使用一个 map 操作，作业时间比一个文件上的 16 个 map 操作慢几十甚至几百倍。

CombineFileInputFormat 可以缓解这个问题，它是针对小文件而设计的。FileInputFormat 为每个文件产生 1 个分片，而 CombineFileInputFormat 把多个文件打包到一个分片中，以便每个 mapper 可以处理更多的数据。关键是，决定哪些块放入同一个分片时，CombineFileInputFormat 会考虑到节点和机架的因素，所以在典型 MapReduce 作业中处理输入的速度并不会下降。

当然，如果可能，应该尽量避免许多小文件的情况，因为 MapReduce 处理数据的最佳速度最好与数据在集群中的传输速度相同，而处理小文件将增加运行作业而必需的寻址次数。还有，在 HDFS 集群中存储大量的小文件会浪费 namenode 的内存。一个可以减少大量小文件的方法是使用 SequenceFile 将这些小文件合并成一个或多个大文件：可以将文件名作为键(如果不需要键，可以用 NullWritable 等常量代替)，文件的内容作为值。但如果 HDFS 中已经有大批小文件，CombineFileInputFormat 方法值得一试。

CombineFileInputFormat 不仅可以很好地处理小文件，在处理大文件时也有好处。本质上，CombineFileInputFormat 使 map 操作中处理的数据量与 HDFS 中文件的块大小之间的耦合度降低了。

如果 mapper 可以在几秒钟之内处理每个数据块，就可以把 CombineFileInputFormat 的最大分片大小设成块数的较小整数倍(通过 mapred. max. split. size 属性设置)，使每个 map 可以处理多个块。这样，整个处理时间减少了，因为相对来说，少量 mapper 的运行，减少了运行大量短时 mapper 所涉及的任务管理和启动开销。

由于 CombineFileInputFormat 是一个抽象类，没有提供实体类(不同于 FileInputFormat)，所以使用的时候需要一些额外的工作(希望日后会有一些通用的实现添加入库)。例如，如果要使 CombineFileInputFormat 与 TextInputFormat 相同，需要创建一个 CombineFileInputFormat 的具体子类，并且实现 getRecordReader()方法。

5) 避免切分

有些应用程序可能不希望文件被切分，而是用一个 mapper 完整处理每一个输入文件。例如，检查一个文件中所有记录是否有序，一个简单的方法是顺序扫描每一条记录并且比较后一条记录是否比前一条要小。如果将它实现为一个 map 任务，那么只有一个 map 操作整个文件时，这个算法才可行。

有两种方法可以保证输入文件不被切分。第一种(最简单但不怎么漂亮的)方法就是增加最小分片大小，将它设置成大于要处理的最大文件大小，即将最大文件大小设置为最大值 long. MAX_ VALUE 即可。第二种方法就是使用 FileInputFormat 具体子类，并且重载 isSplitable()方法把返回值设置为 false。例如，以下就是一个不可分割的 TexInputFormat：

```
public class NonSplittableTextInputFormat extends TextInputFormat
{
    @override
    protected boolean isSplitable(FileSystem fs, Path file) {
        return false;
    }
}
```

6) mapper 中的文件信息

处理文件输入分片的 mapper 可以从作业配置对象的某些特定属性中读取输入分片的

有关信息，这可以通过调用在 Mapper 的 Context 对象上的 getInputSplit()方法来实现。当输入的格式源自于 FileInputFormat 时，该方法返回的 InputSplit 可以被强制转换为一个 FileSplit，以此来访问表 8-5 列出的文件信息。

表 8-5 文件输入分片的属性

属性名称	类型	说明
map. input. file	Path/String	正在处理的输入文件的路径
map. input. start	long	分片开始处的字节偏移量
map. input. length	long	分片的长度(按字节)

7) 把整个文件作为一条记录处理

有时，mapper 需要访问一个文件中的全部内容。即使不分割文件，仍然需要一个 RecordReader 来读取文件内容作为 record 的值。例 8-3 的 WholeFileInputFormat 展示了实现的方法。

例 8-2 把整个文件作为一条记录的 InputFormat

```
publicclass WholeFileInputFormat extends FileInputFormat<NullWritable,
BytesWritable>{
    @Override
    protectedboolean isSplitable(JobContext context, Path file){
        returnfalse;
    }
    @Override
    public RecordReader<NullWritable, BytesWritable>createRecordReader(
    InputSplit split, TaskAttemptContext context) throws IOException,
    InterruptedException{
        WholeFileRecordReader reader=new WholeFileRecordReader();
        return reader;
    }
}
```

WholeFileInputFormat 键没有使用键，此处表示为 NullWritable，值是文件内容，表示成 BytesWritable 实例。它定义了两个方法：一个是将 isSplitable()方法重载成返回 false 值，来指定输入文件不被分片；另一个是实现了 getRecordReader()方法来返回一个定制的 RecordReader 实现，见例 8-4。

例 8-3 WholeFileInputFormat 使用 RecordReader 将整个文件读为一条记录。

```
publicclass WholeFileRecordReader extends RecordReader<NullWritable,BytesWritable>{
  private FileSplit fileSplit;
  private Configuration conf;
  private BytesWritable value=new BytesWritable();
  privateboolean processed=false;

  @Override
  publicvoid initialize(InputSplit split, TaskAttemptContext context)
  throws IOException,InterruptedException{
```

```
        this.fileSplit=(FileSplit)split;
        this.conf=context.getConfiguration();
    }

    @Override
    publicboolean nextKeyValue()throws IOException,InterruptedException {
      if (!processed) {
        byte[] contents=newbyte[(int) fileSplit.getLength() ];
        Path file=fileSplit.getPath();
        FileSystem fs=file.getFileSystem(conf);
        FSDataInputStream in=null;
        try {
            in=fs.open(file);
            IOUtils.readFully(in, contents, 0, contents.length);
            value.set(contents, 0, contents.length);
        } finally {
            IOUtils.closeStream(in);
        }
        processed=true;
        returntrue;
      }
      returnfalse;
    }

    @Override
    public NullWritable getCurrentKey() throws IOException,
    InterruptedException {
      return NullWritable.get();
    }

    @Override
    public BytesWritable getCurrentValue() throws IOException,
    InterruptedException {
      return value;
    }

    @Override
    publicfloat getProgress() throws IOException{
      return processed ? 1.0f :0.0f;
    }

    @Override
    publicvoid close() throws IOException {
      // do nothing
    }
}
```

WholeFileRecordReader 负责将 FileSplit 转换成一条记录，该记录的键是 null，值是这个文件的内容。因为只有一条记录，WholeFileRecordReader 要么处理这条记录，要么不处理，所以它维护一个名称为 processed 的布尔变量来表示记录是否被处理过。如果 next() 方法被调用，文件没有被处理，就打开文件，产生一个长度是文件长度的字节数组，并用

Hadoop 的 IOUtils 类把文件的内容放入字节数组。然后在被传递到 next()方法的 BytesWritable 实例上设置数组，返回值为 true 则表示成功读取记录。

其他一些方法都是一些直接的用来生成正确的键和值类型、获取 reader 位置和状态的方法，还有一个 close()方法，该方法由 MapReduce 框架在 reader 做好后调用。

现在演示如何使用 WholeFileInputFormat。假设有一个将若干个小文件打包成顺序文件的 MapReduce 作业，键是原来的文件名，值是文件的内容。如例 8-5 所示。

例 8-4 将若干个小文件打包成顺序文件的 MapReduce 程序。

```
publicclass SmallFilesToSequenceFileConverter extends Configured implements Tool{
    staticclass SequenceFileMapper extends Mapper< NullWritable, BytesWritable,
    Text, BytesWritable>
    {
        private Text filenameKey;
        @Override
        protectedvoid setup(Context context)
        {
            InputSplit split=context.getInputSplit();
            Path path=((FileSplit) split).getPath();
            filenameKey=new Text(path.toString());
        }
        @Override
        publicvoid map(NullWritable key, BytesWritable value, Context context)
        throws IOException, InterruptedException{
            context.write(filenameKey, value);
        }
    }

    @Override
    publicint run(String[] args) throws Exception {
        Configuration conf=new Configuration();
        Job job=newJob(conf);
        job.setJobName("SmallFilesToSequenceFileConverter");

        FileInputFormat.addInputPath(job, new Path(args[0]));
        FileOutputFormat.setOutputPath(job, new Path(args[1]));

        job.setInputFormatClass(WholeFileInputFormat.class);
        job.setOutputFormatClass(SequenceFileOutputFormat.class);

        job.setOutputKeyClass(Text.class);
        job.setOutputValueClass(BytesWritable.class);

        job.setMapperClass(SequenceFileMapper.class);

        return job.waitForCompletion(true) ? 0 : 1;
    }

    publicstaticvoid main(String [] args) throws Exception
```

```
        {
            int exitCode = ToolRunner.run(newSmallFilesToSequenceFileConverter(),
            args);
            System.exit(exitCode);
        }
    }
```

由于输入格式是 wholeFileInputFormat，所以 mapper 只需要找到文件输入分片的文件名。通过将 InputSplit 从 context 强制转换为 FileSplit 来实现这点，后者包含一个方法可以获取文件路径。reducer 的类型是相同的（没有明确设置），输出格式是 SequenceFileOutputFormat。

2. 文本输入

Hadoop 非常擅长处理非结构化文本数据。本节讨论 Hadoop 提供的用于处理文本的不同 InputFormat。

1）TextInputFormat

TextInputFormat 是默认的 InputFormat。每条记录是一行输入。键是 LongWritable 类型，存储该行在整个文件中的字节偏移量。值是这行的内容，不包括任何行终止符（换行符和回车符），它是 Text 类型的。所以，包含如下文本的文件被切分为每个分片 4 条记录：

```
On the top of the Crumpetty Tree
The Quangle Wangle sat,
But his face you could not see,
On account of his Beaver Hat.
```

每条记录表示为以下键/值对：

```
(0,On the top of the Crumpetty Tree)
(33,The Quangle Wangle sat,)
(57,But his face you could not see,)
(89,On account of his Beaver Hat)
```

很明显，键并不是行号。一般情况下，很难取得行号，因为文件按字节而不是按行切分为分片。每个分片单独处理。行号实际上是一个顺序的标记，即每次读取一行的时候需要对行号进行计数。因此，在分片内知道行号是可能的，但在文件中是不可能的。

然而，每一行在文件中的偏移量是可以在分片内单独确定的，而不需要分片，因为每个分片都知道上一个分片的大小，只需要加到分片内的偏移量上，就可以获得在整个文件中的偏移量了。通常，对于每行需要唯一标识的应用来说，有偏移量就足够了。如果再加上文件名，那么它在整个文件系统内就是唯一的。当然，如果每一行都是定长的，那么这个偏移量除以每一行的长度即可算出行号。

2）KeyValueTextInputFormat

TextInputFormat 的键，即每一行在文件中的字节偏移量，通常并不是特别有用。通常情况下，文件中的每一行是一个键/值对，使用某个分界符进行分隔，如制表符。例如，以下由 Hadoop 默认 OutputFormat（即 TextOutputFormat）产生的输出，如果要正确处理这类文件，KeyValueTextInputFormat 比较合适。

可以通过 key.value.separator.in.input.line 属性来指定分隔符。它的默认值是一个

制表符。以下是一个示例,其中→表示一个(水平方向的)制表符:

```
line1→On the top of the Crumpetty Tree
line2→The Quangle Wangle sat,
line3→But his face you could not see.
line4→On account of his Beaver Hat.
```

与 TextInputFormat 类似,输入是一个包含 4 条记录的分片,不过此时的键是每行排在 Tab 之前的 Text 序列:

```
(line1, On the top of the Crumpetty Tree)
(line2, The Quangle Wangle sat,)
(line3, But his face you could not see,)
(line4, On account of his Beaver Hat.)
```

3) NLineInputFormat

通过 TextInputFormat 和 KeyValueTextInputFormat,每个 mapper 收到的输入行数不同。行数依赖于输入分片的大小和行的长度。如果希望 mapper 收到固定行数的输入,需要使用 NLineInputFormat 作为 InputFormat。与 TextInputFormat 一样,键是文件中行的字节偏移量,值是行本身。

N 是每个 mapper 收到的输入行数。*N* 设置为 1(默认值)时,每个 mapper 会正好收到一行输入。mapred. line. input. format. linespermap 属性控制 *N* 的值。仍然以刚才的 4 行输入为例:

```
On the top of the Crumpetty Tree
The Quangle Wangle sat,
But his face you could not see.
On account of his Beaver Hat.
```

例如,如果 *N* 是 2,则每个输入分片包含两行。一个 mapper 会收到前两行键/值对:

```
(0,  On the top of the Crumpetty Tree)
(33, The Quangle Wangle sat,)
```

另一个 mapper 会收到后两行:

```
(57,But his face you could not see.)
(89,On account of his Beaver Hat.)
```

键/值与 TextInputFormat 生成的一样。不同在于输入分片的构造方法。

通常来说,对少量输入行执行 map 任务是比较低效的(由于任务初始化的开销),但有些应用程序会对少量数据做一些扩展的(也就是 CPU 密集型的)计算任务,然后产生输出。仿真是一个不错的例子。通过生成一个指定输入参数的输入文件,每行一个参数,便可以执行一个参数扫描分析(parameter sweep):并发运行一组仿真试验,看模型是如何随参数不同而变化的。

在一些长时间运行的仿真实验中,可能会出现任务超时的情况。一个任务在 10 分钟内没有报告状态,tasktracker 将认为任务失败,并且中止进程。这个问题的最佳解决方案是定期报告状态,如写一段状态信息,或增加计数器的值。

另一个例子是用 Hadoop 引导从多个数据源（如数据库）加载数据。创建一个“种子”输入文件，记录所有的数据源，一行一个数据源。然后每个 mapper 分到一个数据源，并从这些数据源中加载数据到 HDFS 中。这个作业不需要 reduce 阶段，所以 reducer 的数量应该被设成 0（通过调用 Job 的 setNumReduceTasks()来设置）。MapReduce 作业就可以处理加载到 HDFS 中的数据。

4）XML

大多数 XML 解析器会处理整个 XML 文档，所以如果一个大型 XML 文档由多个输入分片组成，那么单独处理每个分片就有挑战了。当然，可以在一个 mapper 上（如果这个文件不是很大）使用“把整个文件作为一条记录处理”介绍的技术，处理整个 XML 文档。

由很多“记录”（此处是 XML 文档片断）组成的 XML 文档，可以使用简单的字符串匹配或正则表达式匹配的方法来查找记录的开始标签和结束标签，而得到很多记录。这可以解决由 MapReduce 框架进行分割的问题，因为一条记录的下一个开始标签可以通过简单地从分片开始处进行扫描轻松找到，就像 TextInputFormat 确定新行的边界一样。

Hadoop 提供了 StreamXmlRecordReader 类（在 org. apache. hadoop. streaming 包中，它也可以在 Streaming 之外使用）。通过把输入格式设置为 StreamInputFormat，把 stream. recordreader. class 属性设置为 org. apache. Hadoop. Streaming. StreamXmlRecordReader 来使用 StreamXmlRecOrdReader 类。reader 的配置方法是通过作业配置属性来设置 reader 开始标签和结束标签。

例如，维基百科用 XML 格式来提供大量数据内容，非常适合用 MapReduce 来并行处理。数据包含在一个大型的 XML 打包文档中，文档中有一些元素，例如包含每页内容和相关元数据的 page 元素。使用 streamXmlRecordReader 后，这些 page 元素便可解释为一系列的记录，交由一个 mapper 来处理。

3. 二进制输入

Hadoop 的 MapReduce 不只是可以处理文本信息，它还可以处理二进制格式的数据。

1）SequenceFileInputFormat 类

Hadoop 的顺序文件格式存储二进制的键/值对的序列。由于它们是可分割的（它们有同步点，所以 reader 可以从文件中的任意一点与记录边界进行同步，例如分片的起点），所以它们很符合 MapReduce 数据的格式，并且它们还支持压缩，可以使用一些序列化技术来存储任意类型。

如果要用顺序文件数据作为 MapReduce 的输入，应用 SequenceFileInputFormat。键和值由顺序文件决定，所以只需要保证 map 输入的类型匹配。例如，如果输入文件中键的格式是 IntWritable，值是 Text，mapper 的格式应该是 Mapper<IntWritable，Text，K，V>，其中 K 和 V 是这个 mapper 输出的键和值的类型。

虽然从名称上看不出来，但 SequenceFileInputFormat 可以读 MapFile 和 SequenceFile。如果在处理顺序文件时遇到目录，SequenceFileInputFormat 类会认为自己正在读 MapFile，使用的是其数据文件。因此，没有 MapFileInputFormat 类也是可以理解的。

2）SequenceFileAsTextInputFormat 类

SequenceFileAsTextInputFormat 是 SequenceFileInputFormat 的变体，它将顺序文件

的键和值转换为 Text 对象。这个转换通过在键和值上调用 toString()方法实现。这个格式使顺序文件作为 Streaming 的合适的输入类型。

3) SequenceFileAsBina rylnputFormat 类

SequenceFileAsBinaryInputFormat 是 SequenceFileInputFormat 的一种变体，它获取顺序文件的键和值作为二进制对象。它们被封装为 BytesWritable 对象，因而应用程序可以任意地解释这些字节数组。结合使用 SequenceFile. Reader 的 appendRaw()方法，它提供了在 MapReduce 中可以使用任意二进制数据类型的方法(作为顺序文件打包)，然而，插入 Hadoop 序列化机制通常更简洁。

4. 多种输入

虽然一个 MapReduce 作业的输入可能包含多个输入文件(由文件 glob、过滤器和路径组成)，但所有文件都由同一个 InputFormat、同一个 Mapper 来解释。然而，数据格式往往会随时间演变，所以必须写自己的 mapper 来处理应用中的遗留数据格式。或者，有些数据源会提供相同的数据，但是格式不同。对不同的数据集进行连接(Join，也称"联接")操作时，便会产生这样的问题。例如，有些数据可能是使用制表符分隔的文本文件，另一些可能是二进制的顺序文件。即使它们格式相同，它们的表示也可能不同，因此需要分别进行解析。

这些问题可以用 MultipleInputs 类来妥善处理，它允许为每条输入路径指定 InputFormat 和 Mapper。例如，想把两份数据放在一起来分析，则可以按照下面的方式来设置输入路径：

```
MultipleInputs.addInputPath(job,InputPath1,
    TextInputFormat.class,Mapper1.class)
MultipleInputs.addInputPath(job,InputPath2,
    TextInputFormat.class,Mapper2.class);
```

这段代码取代了对 FileInputFormat. addInputPath()和 job. setMapperClass()的常规调用。两份数据都是文本文件，所以两者都使用 TextInputFormat。但这两个数据源的行格式不同，所以使用了两个不一样的 mapper。重要的是两个 mapper 的输出类型一样，因此 reducer 看到的是聚集后的 map 输出，并不知道这些输入是由不同的 mapper 产生的。

Multiplelnputs 类有一个重载版本的 addInputPath()方法，它没有 mapper 参数：

```
public static void addInputPath(JobConf conf, Path path,
class<? extends InputFormat>inputFormatClass)
```

如果有多种输入格式而只有一个 mapper(通过 Job 的 setMapper()方法设定)，这种方法很有用。

8.1.3 输出格式

针对前一节介绍的各种输入格式，Hadoop 都有相应的输出格式。OutputFormat 类的层次结构如图 8-2 所示。

1. 文本输出

默认的输出格式是 TextOutputFormat，它把每条记录写为文本行。它的键和值可以是

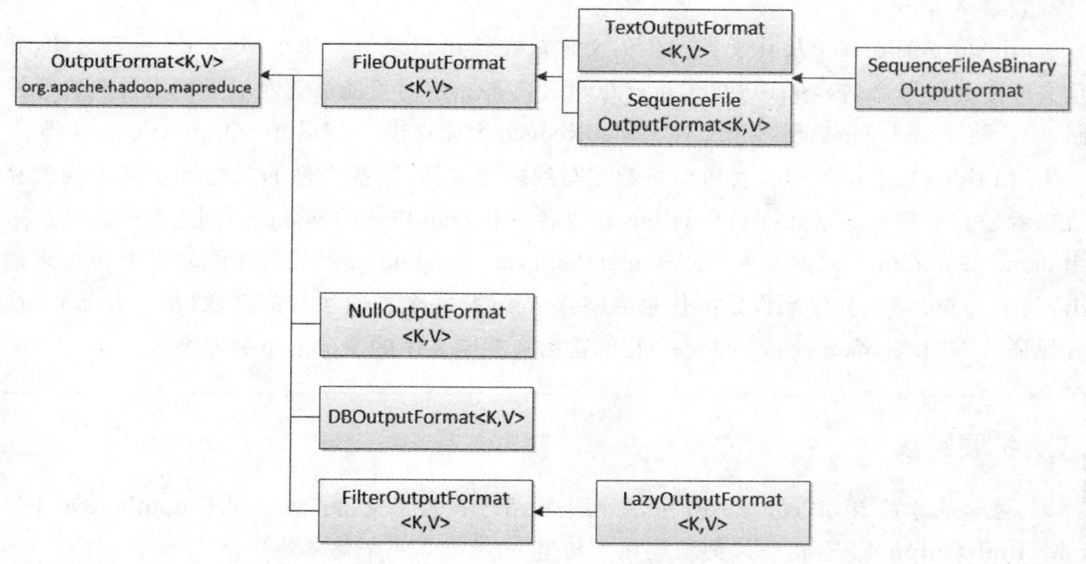

图 8-2　OutputFormat 类的层次结构

任意类型，因为 TextOutputFormat 调用 toString()方法把它们转换为字符串。每个键/值由制表符进行分隔，当然也可以设定 mapreduce. output. textoutputformat. separator 属性（老版本 API 中的 mapred. textoutputformat. separator）改变默认的分隔符。与 TextOutputFormat 对应的输入格式是 KeyValueTextInputFormat，它通过可配置的分隔符将键/值对文本行分隔。

可以使用 NullWritable 来省略输出的键或值(或两者都省略，相当于 NullOutputFormat 输出格式，后者什么也不输出)。这也会导致无分隔符输出，以使输出适合用 TextInputFormat 读取。

2. 二进制输出

1) SequenceFileOutputFormat

正如名字所示，SequenceFileOutputFormat 将它的输出写为一个顺序文件。如果输出需要作为后续 MapReduce 任务的输入，这便是一种好的输出格式，因为它的格式紧凑，很容易被压缩。压缩由 SequenceFileOutputFormat 的静态方法来实现。

2) SequenceFileAsBinaryOuputFormat

SequenceFileAsBinaryOutputFormat 与 SequenceFileAsBinaryInputForrmat 相对应，它把键/值对作为二进制格式写到一个 SequenceFile 容器中。

3) MapFileOutputFormat

MapFileOutputFormat 把 MapFile 作为输出。MapFile 中的键必须顺序添加，所以必须确保 reducer 输出的键已经排好序。

reduce 输入的键一定是有序的，但输出的键由 reduce 函数控制，MapReduce 框架中没有硬性规定 reduce 输出键必须有序。所以要使用 MapFileOutputFormat，就需要额外的限制来保证 reduce 输出的键是有序的。

3. 多个输出

FileOutputFormat 及其子类产生的文件放在输出目录下。每个 reducer 一个文件，并且文件由分区号命名：part-00000，part-00001. 等等。有时可能需要对输出的文件名进行控制，或让每个 reducer 输出多个文件。MapReduce 为此提供了 MultipleOutputFormat 类。

MultipleOutputFormat 类可以将数据写到多个文件，这些文件的名称源于输出的键和值或者任意字符串。这允许每个 reducer(或者只有 map 作业的 mapper)创建多个文件。采用 name-m-nnnnn 形式的文件名用于 map 输出，name-r-nnnnn 形式的文件名用于 reduce 输出，其中 name 是由程序来设定的任意名字，nnnnn 是一个指明块号的整数(从 0 开始)。块号保证从不同块(mapper 或 reducer)写的输出在相同名字的情况下不会冲突。

扩展阅读

在老版本的 MapReduce API 中，有两个类用于产生多输出：MultipleOutputFormat 和 MultipleOutputs。这两个库的功能几乎相同，表 8-6 是一个简单的对比。

表 8-6 MultipleOutputFormat 和 MultipleOutputs

特　征	MultipleOutputFormat	MultipleOutputs
完全控制文件名和目录名	是	否
不同输出有不同的键和值类型	否	是
从同一作业的 map 和 reduce 使用	否	是
每个记录多个输出	否	是
与任意 OutputFormat 一起使用	否，需要子类	是

简单来说，MultipleOutputs 功能更齐全，但 MultipleOutputFormat 对输出的目录结构和文件命名有更多控制。

在新版的 MapReduce API 中，只有 MultipleOutputs 类，它支持老版本 API 中两个多输出类的所有特征。

4. 延迟输出

FileOutputFormat 的子类会产生输出文件(part-nnnnn)，即使文件是空的。有些应用倾向于不创建空文件，此时 LazyOutputFormat 就有用了。它是一个封装输出格式，可以保证指定分区第一条记录输出时才真正创建文件。要使用它，用 obConf 和相关的输出格式作为参数来调用 setOutputFormatClass()方法即可。

Streaming 和 Pipes 支持-LazyOutput 选项来启用 LazyOutputFormat 功能。

8.2 Java API 解析

Hadoop 的主要编程语言是 java，因而 Java API 是最基本的对外编程接口。当前各个版本的 Hadoop 均同时存在新旧两种 API。由于目前应用的 API 大部分为新 API，所以本

节将对比新旧两个版本主要讲解新 API 的设计思路，主要内容包括使用实例、接口设计、在 MapReduce 运行时环境中的调用时机等。

8.2.1 作业配置与提交

1. Hadoop 配置文件介绍

在 Hadoop 中，Common、HDFS 和 MapReduce 各有对应的配置文件，用于保存对应模块中可配置的参数。这些配置文件均为 XML 格式且由两部分构成：系统默认配置文件和管理员自定义配置文件。其中，系统默认配置文件分别是 core-default. xml、hdfs- default. xml 和 mapred-default. xml，它们包含了所有可配置属性的默认值。而管理员自定义配置文件分别是 core- site. xml、hdfs-site. xml 和 mapred-site. xml。它们由管理员设置，主要用于定义一些新的配置属性或者覆盖系统默认配置文件中的默认值。通常这些配置一旦确定，便不能被修改（如果想修改，需重新启动 Hadoop）。需要注意的是，core-default. xml 和 core-site. xml 属于公共基础库的配置文件，默认情况下，Hadoop 总会优先加载它们。

在 Hadoop 中，每个配置属性主要包括三个配置参数：name、value 和 description，分别表示属性名、属性值和属性描述。其中，属性描述仅仅用来帮助用户理解属性的含义，Hadoop 内部并不会使用它的值。此外，Hadoop 为配置文件添加了两个新的特性：final 参数和变量扩展。

（1）final 参数。如果管理员不想让用户程序修改某些属性的属性值，可将该属性的 final 参数置为 true，例如：

```
<property>
    <name>mapred.map.tasks.speculative.execution</name>
    <value>true</value>
    <final>true</final>
</property>
```

管理员一般在 XXX-site. xml 配置文件中为某些属性添加 final 参数，以防止用户在应用程序中修改这些属性的属性值。

（2）变量扩展。当读取配置文件时，如果某个属性存在对其他属性的引用，则 Hadoop 首先会查找引用的属性是否为下列两种属性之一。如果是，则进行扩展。

① 其他已经定义的属性；

② Java 中 System. getProperties()函数可获取属性。

例如，如果一个配置文件中包含以下配置参数：

```
<property>
    <name>hadoop.tmp.dir</name>
    <value>/tmp/hadoop-$ {user.name}</value>
    </property>
<property>
    <name>mapred.temp.dir</name>
    <value>$ {hadoop.tmp.dir}/mapred/temp</value>
</property>
```

则当用户想要获取属性 mapred. temp. dir 的值时，Hadoop 会将 hadoop. tmp. dir 解析成该配置文件中另外一个属性的值，而 user. name 则被替换成系统属性 user. name 的值。

2. MapReduce 作业配置与提交

在 MapReduce 中，每个作业由应用程序和作业配置两部分组成。其中，作业配置内容包括环境配置和用户自定义配置两部分。环境配置由 Hadoop 自动添加，主要由 mapred-default. xml 和 mapred-site. xml 两个文件中的配置选项组合而成；用户自定义配置则由用户自己根据作业特点个性化定制而成，比如用户可设置作业名称，以及 Mapper/Reducer、Reduce Task 个数等。在新旧两套 API 中，作业配置接口发生了变化，首先通过一个例子感受一下使用上的不同。

旧 API 作业配置实例：

```
JobConf job=new JobConf(new Configuration(), MyJob.class);
job.setJobName("myjob");
job.setMapperClass(MyJob.MyMapper.class);
job.setReducerClass(MyJob.MyReducer.class);
JobClient.runJob(job);
```

新 API 作业配置实例：

```
Configuration conf=new Configuration();
Job job=new Job(conf, "myjob ");
job.setJarByClass(MyJob.class);
job.setMapperClass(MyJob.MyMapper.class);
job.setReducerClass(MyJob.MyReducer.class);
System.exit(job.waitForCompletion(true) ? 0 : 1);
```

从以上两个实例可以看出，新版 API 用 Job 类代替了 JobConf 和 JobClient 两个类。这样，仅使用一个类的同时可完成作业配置和作业提交相关功能，进一步简化了作业编写方式。本小节重点从设计角度分析新旧两套 API 中作业配置的相关实现细节。

8.2.2 InputFormat 接口的设计与实现

InputFormat 主要用于描述输入数据的格式，它提供以下两个功能。

(1) 数据切分：按照某个策略将输入数据切分成若干个 split，以便确定 Map Task 个数以及对应的 split。

(2) 为 Mapper 提供输入数据：给定某个 split，能将其解析成一个个 key/value 对。

本文将介绍 Hadoop 如何设计 InputFormat 接口，以及提供了哪些常用的 InputFormat 实现。

1. 旧版 API 的 InputFormat 解析

旧版 API 的 InputFormat 类如图 8-3 所示。

在旧版 API 中，InputFormat 是一个接口，它包含两种方法：

```
InputSplit[] getSplits(JobConf job, int numSplits) throws IOException;
RecordReader< K, V > getRecordReader (InputSplit split, JobConf job, Reporter
reporter) throws IOException;
```

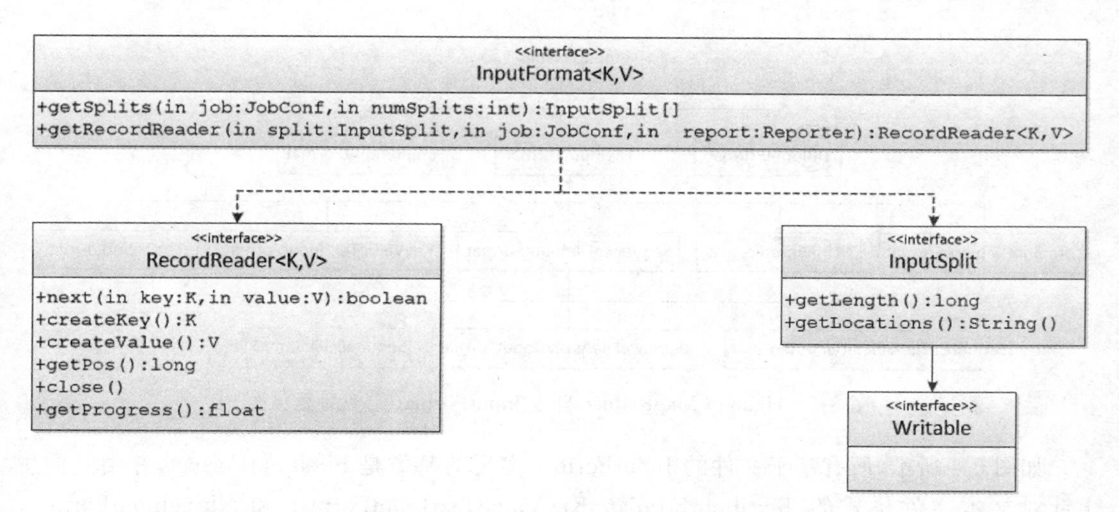

图 8-3　旧版 API 的 InputFormat 类

getSplits 方法主要完成数据切分的功能，它会尝试着将输入数据切分成 numSplits 个 InputSplit。InputSplit 有以下两个特点。

(1) 逻辑分片。InputSplit 只是在逻辑上对输入数据进行分片，并不会在磁盘上将其切分成分片进行存储。InputSplit 只记录了分片的元数据信息，比如起始位置、长度以及所在的节点列表等。

(2) 可序列化。在 Hadoop 中，对象序列化主要有两个作用：进程间通信和永久存储。此处，InputSplit 支持序列化操作主要是为了进程间通信。作业被提交到 JobTracker 之前，Client 会调用作业 InputFormat 中的 getSplits 函数，并将得到的 InputSplit 序列化到文件中。这样，当作业提交到 JobTracker 端对作业初始化时，可直接读取该文件，解析出所有 InputSplit，并创建对应的 MapTask。

getRecordReader 方法返回一个 RecordReader 对象，该对象可将输入的 InputSplit 解析成若干个 key/value 对。MapReduce 框架在 MapTask 执行过程中，会不断调用 RecordReader 对象中的方法，迭代获取 key/value 对并交给 map()函数处理，主要代码(经过简化)如下。

```
//调用 InputSplit 的 getRecordReader 方法获取 RecordReader<K1,V1>input
...
K1 key=input.createKey();
V1 value=input.createValue();
while (input.next(key, value)) {
    //调用用户编写的 map() 函数
}
input.close();
```

前面分析了 InputFormat 接口的定义，接下来介绍系统自带的各种 InputFormat 实现。为了方便用户编写 MapReduce 程序，Hadoop 自带了一些针对数据库和文件的 InputFormat 实现，具体如图 8-4 所示。通常而言，用户需要处理的数据均以文件形式存储到 HDFS 上，所以这里重点针对文件的 InputFormat 实现进行讨论。

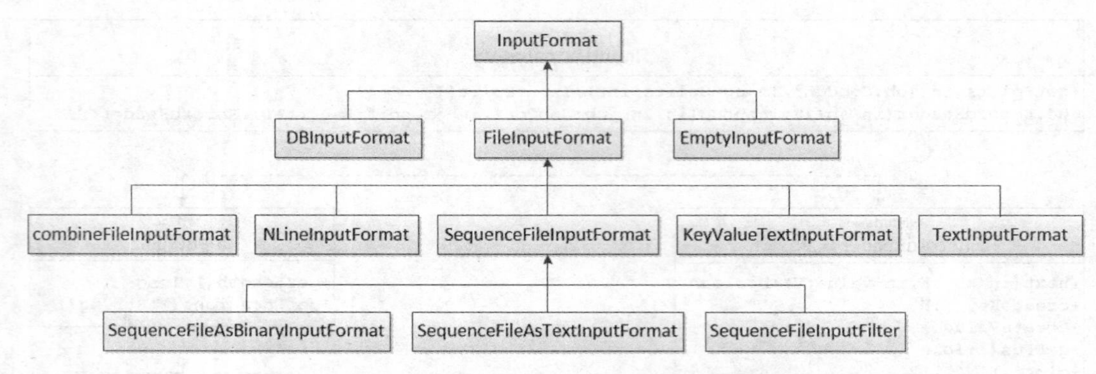

图 8-4　Hadoop MapReduce 自带 InputFormat 实现的类层次

如图 8-4 所示，所有基于文件的 InputFormat 实现的基类是 FileInputFormat，并由此派生出针对文本文件格式的 TextInputFormat、KeyValueTextInputFormat 和 NLineInputFormat，针对二进制文件格式的 SequenceFileInputFormat 等。整个基于文件的 InputFormat 体系的设计思路是，由公共基类 FileInputFormat 采用统一的方法对各种输入文件进行切分，比如按照某个固定大小等分，而由各个派生 InputFormat 自己提供机制将进一步解析 InputSplit。对应到具体的实现是，基类 FileInputFormat 提供 getSplits 实现，而派生类提供 getRecordReader 实现。

为了深入理解这些 InputFormat 的实现原理，选取 extInputFormat 与 SequenceFileInputFormat 进行重点介绍。

首先介绍基类 FileInputFormat 的实现。它最重要的功能是为各种 InputFormat 提供统一的 getSplits 函数。该函数实现中最核心的两个算法是文件切分算法和 host 选择算法。

(1) 文件切分算法。

文件切分算法主要用于确定 InputSplit 的个数以及每个 InputSplit 对应的数据段。FileInputFormat 以文件为单位切分生成 InputSplit。对于每个文件，由以下三个属性值确定其对应的 InputSplit 的个数。

① goalSize。goalSize 是根据用户期望的 InputSplit 数目计算出来的，即 totalSize/numSplits。其中，totalSize 为文件总大小；numSplits 为用户设定的 MapTask 个数，默认情况下是 1。

② minSize。minSize 是 InputSplit 的最小值，由配置参数 mapred.min.split.size 确定，默认是 1。

③ blockSize。blockSize 是文件在 HDFS 中存储的 block 大小，不同文件可能不同，默认是 64MB。

这三个参数共同决定 InputSplit 的最终大小，计算方法如下：

```
splitSize=max{minSize,min{goalSize,blockSize}}
```

一旦确定 splitSize 值后，FileInputFormat 将文件依次切成大小为 splitSize 的 InputSplit，最后剩下不足 splitSize 的数据块单独成为一个 InputSplit。

【例 8-5】 输入目录下有 file1、file2 和 file3 三个文件，大小依次为 1MB、32MB 和

250MB。若 blockSize 采用默认值 64MB，则不同 minSize 和 goalSize 下，file3 切分结果如表 8-7 所示（三种情况下，file1 与 file2 切分结果相同，均为 1 个 InputSplit）。

表 8-7　minSize、goalSize、splitSize 与 InputSplit 对应关系

minSize	goalSize	splitSize	file3 对应的 InputSplit 数目	输入目录对应的 InputSplit 总数
1MB	totalSize (numSplits＝1)	64MB	4	6
32MB	totalSize/5	50MB	5	7
128MB	totalSize/2	128MB	2	4

结合表和公式可以知道，如果想让 InputSplit 尺寸大于 block 尺寸，则直接增大配置参数 mapred. min. split. size 即可。

（2）host 选择算法。

待 InputSplit 切分方案确定后，下一步要确定每个 InputSplit 的元数据信息。

这通常由＜file，start，length，hosts＞四部分组成，分别表示 InputSplit 所在的文件、起始位置、长度以及所在的 host（节点）列表。其中，前三项很容易确定，难点在于 host 列表的选择方法。

InputSplit 的 host 列表选择策略直接影响到运行过程中的任务本地性。HDFS 上的文件是以 block 为单位组织的，一个大文件对应的 block 可能遍布整个 Hadoop 集群，而 InputSplit 的划分算法可能导致一个 InputSplit 对应多个 block，这些 block 可能位于不同节点上，这使得 Hadoop 不可能实现完全的数据本地性。为此，Hadoop 将数据本地性按照代价划分成三个等级：node locality、rack locality 和 datacenter locality（Hadoop 还未实现该 locality 级别）。在进行任务调度时，会依次考虑这 3 个节点的 locality，即优先让空闲资源处理本节点上的数据，如果节点上没有可处理的数据，则处理同一个机架上的数据，最差情况是处理其他机架上的数据（但是必须位于同一个数据中心）。

虽然 InputSplit 对应的 block 可能位于多个节点上，但考虑到任务调度的效率，通常不会把所有节点加到 InputSplit 的 host 列表中，而是选择包含（该 InputSplit）数据总量最大的前几个节点（Hadoop 限制最多选择 10 个，多余的会过滤掉），以作为任务调度时判断任务是否具有本地性的主要凭证。为此，FileInputFormat 设计了一个简单有效的启发式算法：首先按照 rack 包含的数据量对 rack 进行排序，然后在 rack 内部按照每个 node 包含的数据量对 node 排序，最后取前 N 个 node 的 host 作为 InputSplit 的 host 列表，这里的 N 为 block 副本数。这样，当任务调度器调度 Task 时，只要将 Task 调度给位于 host 列表的节点，就认为该 Task 满足本地性。

【例 8-6】 某个 Hadoop 集群的网络拓扑结构如图 8-5 所示，HDFS 中 block 副本数为 3，某个 InputSplit 包含 3 个 block，大小依次是 100、150 和 75，很容易计算，4 个 rack 包含的（该 InputSplit 的）数据量分别是 175、250、150 和 75。rack2 中的 node3 和 node4，rack1 中的 node1 将被添加到该 InputSplit 的 host 列表中。

从以上 host 选择算法可知，当 InputSplit 尺寸大于 block 尺寸时，Map Task 并不能实现完全数据本地性，也就是说，总有一部分数据需要从远程节点上读取，因而可以得出以下结论：

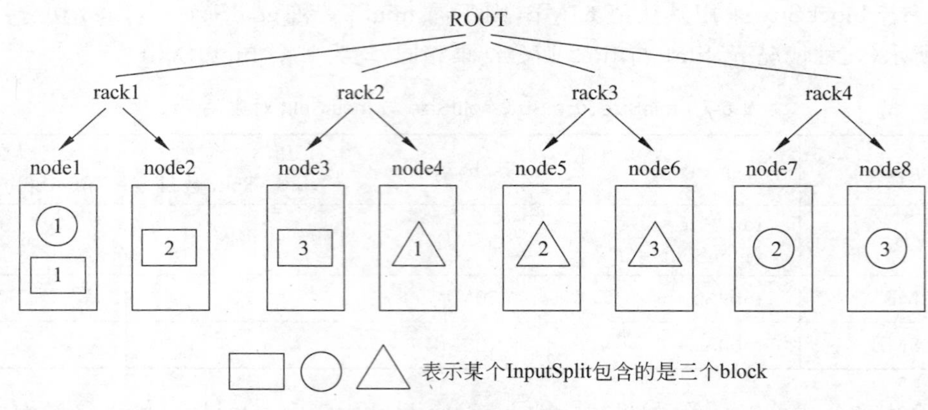

图 8-5 某个 Hadoop 集群的网络拓扑结构

当使用基于 FileInputFormat 实现 InputFormat 时，为了提高 Map Task 的数据本地性，应尽量使 InputSplit 大小与 block 大小相同。

分析完 FileInputFormat 实现方法，接下来分析派生类 TextInputFormat 与 SequenceFileInputFormat 的实现。前面提到，由派生类实现 getRecordReader 函数，该函数返回一个 RecordReader 对象。它实现了类似于迭代器的功能，将某个 InputSplit 解析成一个个 key/value 对。在具体实现时，RecordReader 应考虑以下两点。

(1) 定位记录边界。为了能够识别一条完整的记录，记录之间应该添加一些同步标识。对于 TextInputFormat，每两条记录之间存在换行符；对于 SequenceFileInputFormat，每隔若干条记录会添加固定长度的同步字符串。通过换行符或者同步字符串，它们很容易定位到一个完整记录的起始位置。另外，由于 FileInputFormat 仅仅按照数据量多少对文件进行切分，因而 InputSplit 的第一条记录和最后一条记录可能会被从中间切开。为了解决这种记录跨越 InputSplit 的读取问题，RecordReader 规定每个 InputSplit 的第一条不完整记录划给前一个 InputSplit 处理。

(2) 解析 key/value。定位到一条新的记录后，需将该记录分解成 key 和 value 两部分。对于 TextInputFormat，每一行的内容即为 value，而该行在整个文件中的偏移量为 key。对于 SequenceFileInputFormat，每条记录的格式为

```
[record length] [key length] [key] [value]
```

其中，前两个字段分别是整条记录的长度和 key 的长度，均为 4B，后两个字段分别是 key 和 value 的内容。知道每条记录的格式后，很容易解析出 key 和 value。

2. 新版 API 的 InputFormat 解析

新版 API 的 InputFormat 类如图 8-6 所示。新 API 与旧 API 比较，在形式上发生了较大变化，但仔细分析，发现仅仅是对之前的一些类进行了封装。正如前面介绍的那样，通过封装，使接口的易用性和扩展性得以增强。

此外，对于基类 FileInputFormat，新版 API 中有一个值得注意的改动：InputSplit 划分算法不再考虑用户设定的 Map Task 个数，而用 mapred. max. split. size(记为 maxSize)代替，即 InputSplit 大小的计算公式变为

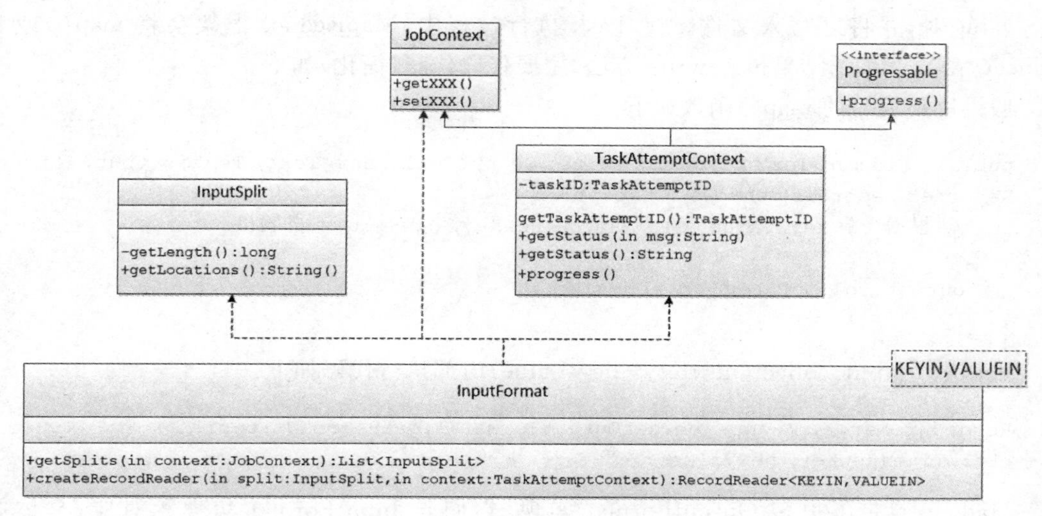

图 8-6 新 API 中 InputFormat 类

```
splitSize=max{minSize, min{maxSize, blockSize}}
```

8.2.3 OutputFormat 接口的设计与实现

OutputFormat 主要用于描述输出数据的格式，它能够将用户提供的 key/value 对写入特定格式的文件中。本小节将介绍 Hadoop 如何设计 OutputFormat 接口，以及一些常用的 OutputFormat 实现。

1. 旧版 API 的 OutputFormat 解析

如图 8-7 所示，在旧版 API 中，OutputFormat 是一个接口，它包含两个方法：

```
RecordWriter<K, V>getRecordWriter(FileSystem ignored, JobConf job,String name,
Progressable progress) throws IOException;
void checkOutputSpecs(FileSystem ignored, JobConf job) throws IOException;
```

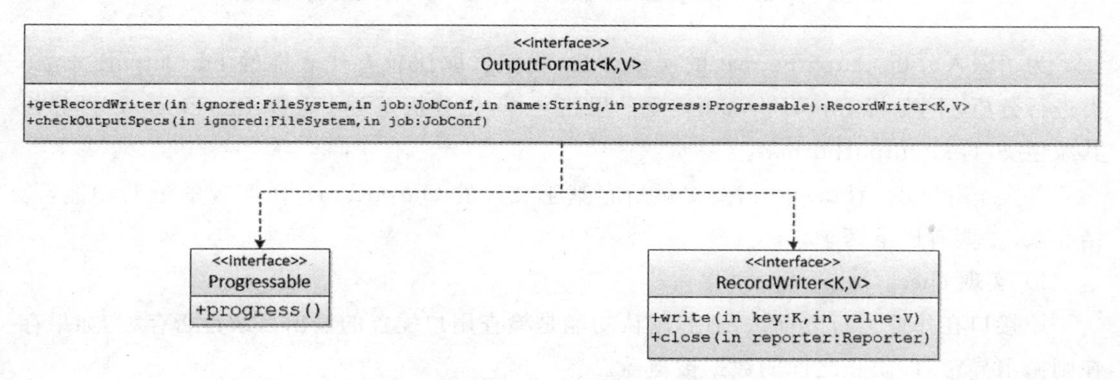

图 8-7 旧版 API 的 OutPutFormat 类

checkOutputSpecs 方法一般在用户作业被提交到 JobTracker 之前，由 JobClient 自动调用，以检查输出目录是否合法。

getRecordWriter 方法返回一个 RecordWriter 类对象。该类中的方法 write 接收一个

key/value 对，并将之写入文件。在 Task 执行过程中，MapReduce 框架会将 map()或者 reduce()函数产生的结果传入 write 方法，主要代码(经过简化)如下。

假设用户编写的 map()函数如下：

```
public void map(Text key, Text value, OutputCollector<Text, Text>output,
Reporter reporter) throws IOException {
    // 根据当前 key/value 产生新的输出<newKey, newValue>,并输出
    ...
    output.collect(newKey, newValue);
}
```

则函数 output.collect(newKey, newValue)内部执行代码如下：

```
RecordWriter<K, V>out=job.getOutputFormat().getRecordWriter(...);
out.write(newKey, newValue);
```

Hadoop 自带了很多 OutputFormat 实现，它们与 InputFormat 实现相对应，具体如图 8-8 所示。所有基于文件的 OutputFormat 实现的基类为 FileOutputFormat，并由此派生出一些基于文本文件格式、二进制文件格式的或者多输出的实现。

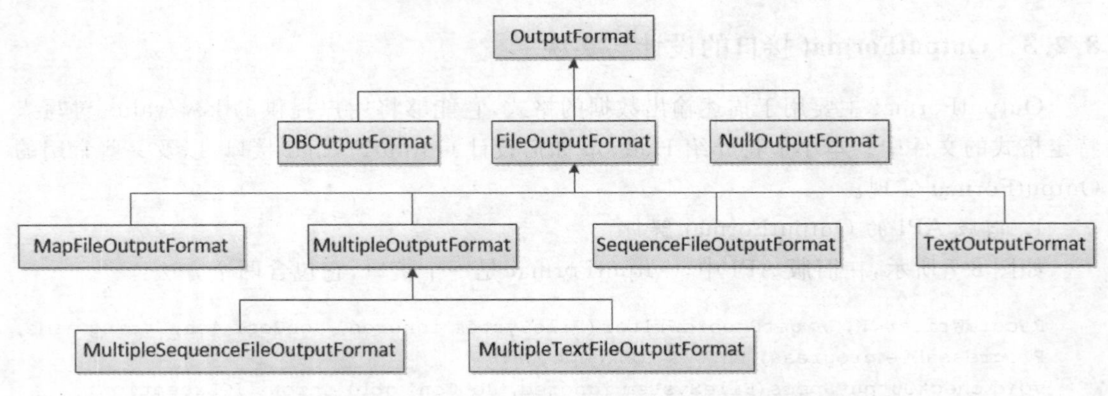

图 8-8 Hadoop MapReduce 自带 Mapper/Reduce 实现的类层次

为了深入分析 OutputFormat 的实现方法，我们选取比较有代表性的 FileOutputFormat 类进行分析。同分析 InputFormat 实现的思路一样，先分析基类 FileOutputFormat，再分析其派生类 TextOutputFormat。

基类 FileOutputFormat 需要提供所有基于文件的 OutputFormat 实现的公共功能，总结起来，主要有以下两个。

1) 实现 checkOutputSpecs 接口

该接口在作业运行之前被调用，默认功能是检查用户配置的输出目录是否存在，如果存在则抛出异常，以防止之前的数据被覆盖。

2) 处理 side-effect file

任务的 side-effect file 并不是任务的最终输出文件，而是具有特殊用途的任务专属文件。它的典型应用是执行推测式任务。在 Hadoop 中，因为硬件老化、网络故障等原因，同一个作业的某些任务执行速度可能明显慢于其他任务，这种任务会拖慢整个作业的执行速

度。为了对这种“慢任务”进行优化，Hadoop会为之在另外一个节点上启动一个相同的任务，该任务便被称为推测式任务，最先完成任务的计算结果便是这块数据对应的处理结果。为防止这两个任务同时往一个输出文件中写入数据时发生写冲突，FileOutputFormat会为每个Task的数据创建一个side-effect file，并将产生的数据临时写入该文件，待Task完成后，再移动到最终输出目录中。这些文件的相关操作，比如创建、删除、移动等，均由OutputCommitter完成。它是一个接口，Hadoop提供了默认实现FileOutputCommitter，用户也可以根据自己的需求编写OutputCommitter实现，并通过参数{mapred.output.committer.class}指定。OutputCommitter接口定义以及FileOutputCommitter对应的实现如表8-8所示。

表8-8 OutputCommitter接口定义以及FileOutputCommitter对应的实现

方 法	何时被调用	FileOutputCommitter实现
setupJob	作业初始化	创建临时目录${mapred.out.dir}/_temporary
commitJob	作业成功运行完成	删除临时目录，并在${mapred.out.dir}目录下创建空文件_SUCCESS
abortJob	作业运行失败	删除临时目录
setupTask	任务初始化	不进行任何操作。原本是需要在临时目录下创建side-effect file的，但它是用时创建的(create on demand)
needsTaskCommit	判断是否需要提交结果	只要存在side-effect file，就返回true
commitTask	任务成功运行完成	提交结果，即将side-effect file移动到${mapred.out.dir}目录下
abortTask	任务运行失败	删除任务的side-effect file

注意，默认情况下，当作业成功运行完成后，会在最终结果目录${mapred.out.dir}下生成空文件_SUCCESS。该文件主要为高层应用提供作业运行完成的标识。例如，Oozie需要通过检测结果目录下是否存在该文件判断作业是否运行完成。

2. 新版API的OutputFormat解析

如图8-9所示，除了接口变为抽象类外，新API中的OutputFormat增加了一个新的方法：getOutputCommitter，以允许用户自己定制合适的OutputCommitter实现。

8.2.4 Mapper与Reducer解析

1. 旧版API的Mapper/Reducer解析

Mapper/Reducer中封装了应用程序的数据处理逻辑。为了简化接口，MapReduce要求所有存储在底层分布式文件系统上的数据均要解释成key/value的形式，并交给Mapper/Reducer中的map/reduce函数处理，产生另外一些key/value。

Mapper与Reducer的类体系非常类似，下面以Mapper为例。Mapper类如图8-10所示，包括初始化、Map操作和清理三部分。

1）初始化

Mapper继承了JobConfigurable接口。该接口中的configure方法允许通过JobConf参数对Mapper进行初始化。

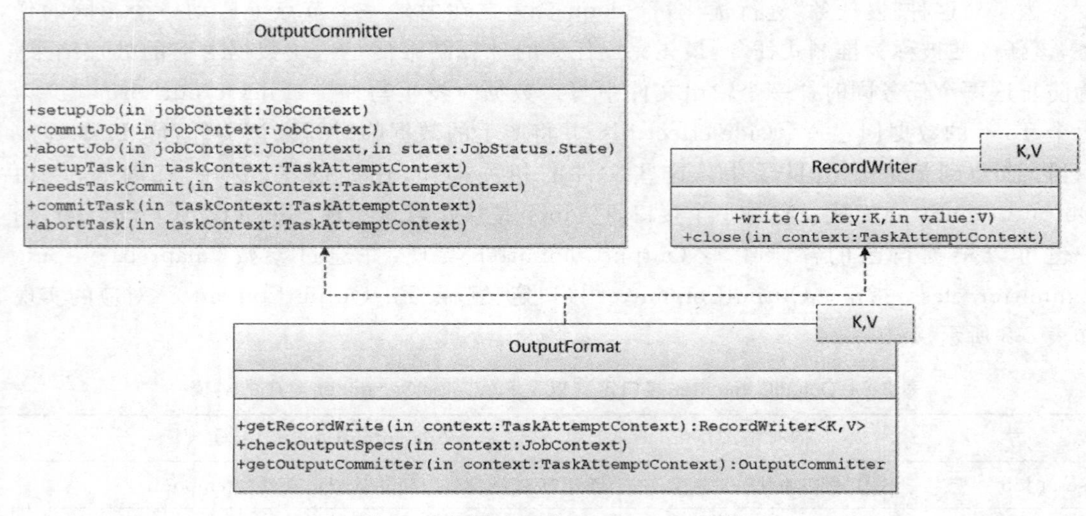

图 8-9　新版 API 的 OutputFormat 类

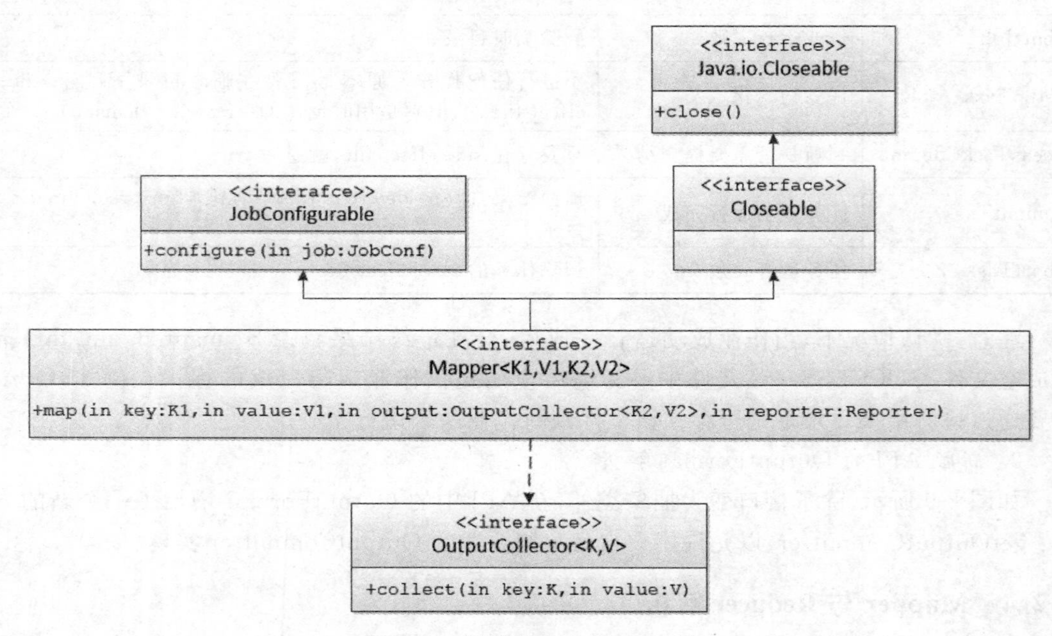

图 8-10　旧版 API 的 Mapper 类

2) Map 操作

MapReduce 框架会通过 InputFormat 中 RecordReader,从 InputSplit 获取一个个 key/value 对,并交给下面的 map()函数处理。

```
void map(K1 key, V1 value, OutputCollector<K2, V2> output, Reporter reporter)
throws IOException;
```

该函数的参数除了 key 和 value 之外,还包括 OutputCollector 和 Reporter 两个类型的参数,分别用于输出结果和修改 Counter 值。

3）清理

Mapper 通过继承 Closeable 接口（它又继承了 Java IO 中的 Closeable 接口）获得 close 方法，用户可通过实现该方法对 Mapper 进行清理。

MapReduce 提供了很多 Mapper/Reducer 实现，但大部分功能比较简单，具体如图 8-11 所示。它们对应的功能如下。

（1）ChainMapper/ChainReducer：用于支持链式作业。

（2）IdentityMapper/IdentityReducer：对于输入 key/value 不进行任何处理，直接输出。

（3）InvertMapper：交换 key/value 位置。

（4）RegexMapper：正则表达式字符串匹配。

（5）TokenMapper：将字符串分割成若干个 token（单词），可用作 WordCount 的 Mapper。

（6）LongSumReducer：以 key 为组，对 long 类型的 value 求累加和。

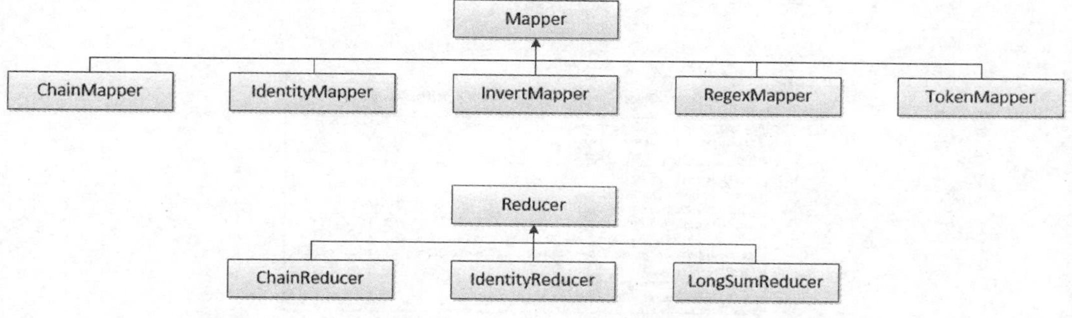

图 8-11 HadoopMapReduce 自带 Mapper/Reducer 实现的类层次

对于一个 MapReduce 应用程序，不一定非要存在 Mapper。MapReduce 框架提供了比 Mapper 更通用的接口：MapRunnable，如图 8-12 所示。用户可以实现该接口以定制 Mapper 的调用方式或者自己实现 key/value 的处理逻辑，例如，Hadoop Pipes 自行实现了 MapRunnable，直接将数据通过 Socket 发送给其他进程处理。提供该接口的另外一个好处是允许用户实现多线程 Mapper。

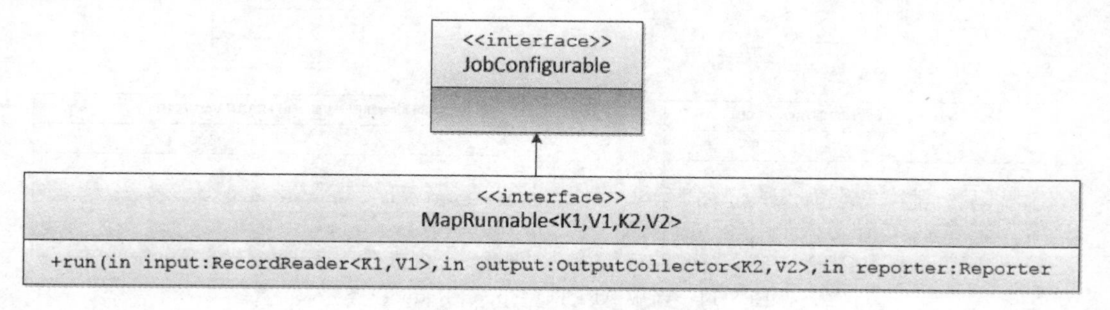

图 8-12 MapReduce 类

如图 8-13 所示，MapReduce 提供了两个 MapReduce 实现，分别是 MapRunner 和 MultithreaderMapRunner。其中，MapRunner 为默认实现。MultithreadedMapRunner 实

现了一种多线程的 MapRunnable。默认情况下，每个 Mapper 启动 10 个线程，通常用于 CPU 类型的作业——提供吞吐率。

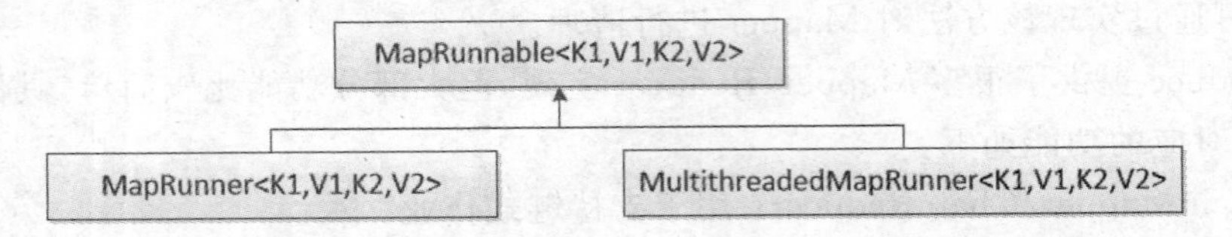

图 8-13　HadoopMapReduce 自带 MapRunnable 实现的类层次

2. 新版 API 的 Mapper/Reducer 解析

由图 8-14 可知，新 API 在旧 API 基础上发生了以下几个变化。

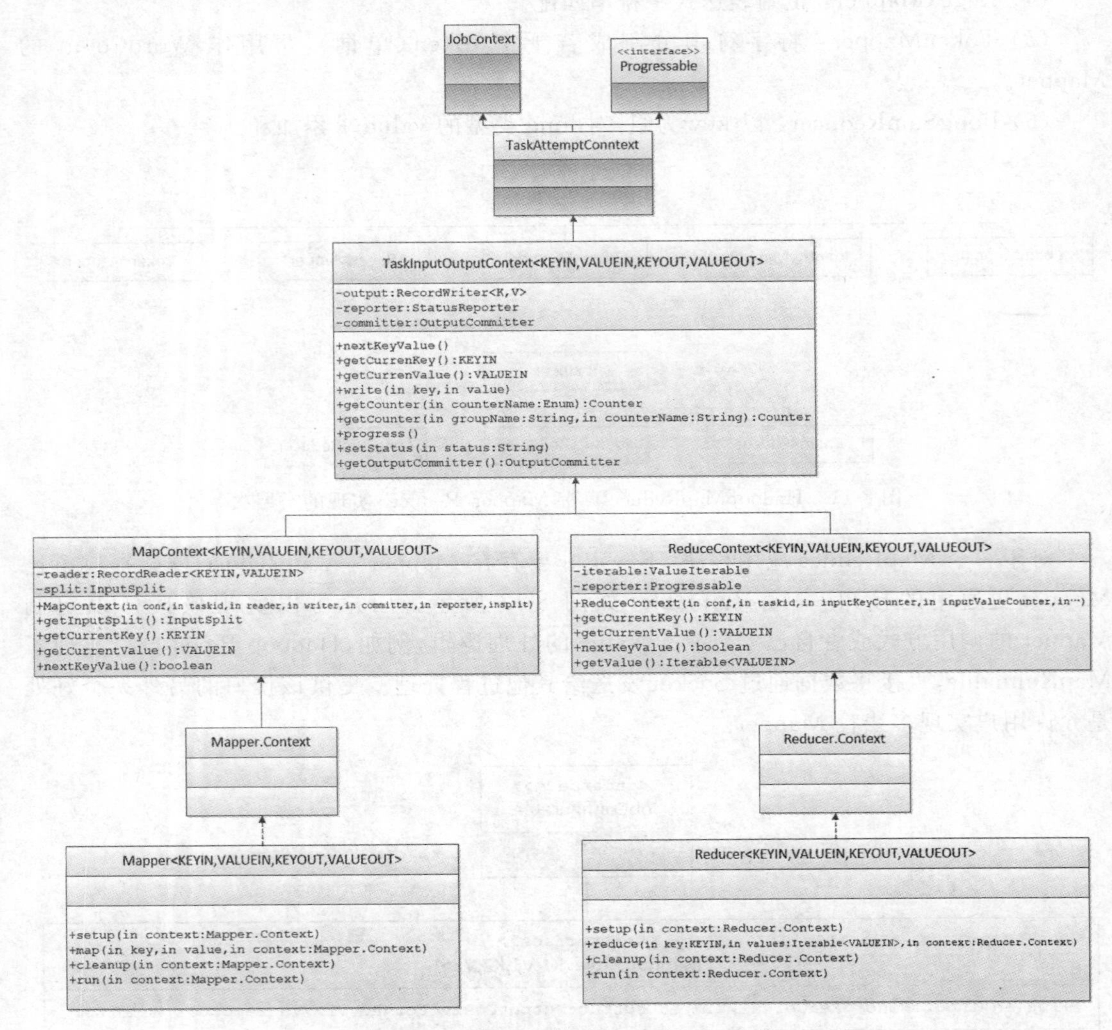

图 8-14　新版 API 的 Mapper/Reducer 类

（1）Mapper 由接口变为抽象类，且不再继承 JobConfigurable 和 Closeable 两个接口，而是直接在类中添加了 setup 和 cleanup 两个方法进行初始化和清理工作。

（2）将参数封装到 Context 对象中，这使得接口具有良好的扩展性。

(3) 去掉 MapRunnable 接口,在 Mapper 中添加 run 方法,以方便用户定制 map()函数的调用方法,run 默认实现与旧版本中 MapRunner 的 run 实现一样。

(4) 新 API 中 Reducer 遍历 value 的迭代器类型变为 java. lang. Iterable,使得用户可以采用"foreach"形式遍历所有 value。

本章小结

本章内容分为两部分。

第一部分包括 MapReduce 的默认类型和 MapReduce 的输入输出格式。MapReduce 的默认类型,即当不指定调用 mapper 类和 reducer 类时,程序将调用默认的 mapper 类和 reducer 类。MapReduce 的输入输出格式包括:

(1) 输入分片与记录;

(2) 文本输入输出;

(3) 二进制输入输(出);

(4) 多输入输出。

第二部分结合新旧两版 API 对比地学习了 JavaAPI 解析,包括:

(1) 作业配置与提交;

(2) OutputFormat、InputFormat 接口的设计与实现;

(3) Mapper 与 Reducer 解析。

习　题

1. 选择题

(1) 查看新版 MapReduce 的 Web 页面默认的端口号是(　　)。

A. 50070　　B. 18433　　C. 18088　　D. 50030

(2) 在 map 和 reduce 函数的输入和输出类型中,必须一致的是(　　)。

A. map 的输入和输出　　B. reduce 的输入和输出

C. map 的输入和 reduce 的输出　　D. map 的输出和 reduce 的输入

(3) 如何减少输入分片的数量(　　)。

A. 保持分片大小不变,减少分片的数量　　B. 增大分片大小来减少分片的数量

C. 直接减少分片的数量　　D. 减小分片大小来减少分片的数量

2. 填空题

(1) 默认的 InputFormat 是________。每条记录是一行输入,键是________类型,存储该行在整个文件中的字节偏移量。值是这行的内容,不包括任何行终止符,它被打包成一个________对象。

(2) 分片大小的计算公式为________。默认情况下,minimumSize、blockSize、maximumSize 的大小关系为________________。

3. 问答题

(1) 以下是一条执行 jar 包的 Hadoop 命令：

```
hadoop jar /home/zkpk/test.jar org.zkpk.Test /user/zkpk/input /user/zkpk/output
```

请解释 hadoop jar 后的每个字段的含义。

(2) 在 MapReduce 程序中，不指定 mapper 和 reducer，并且不设置作业环境，唯一设置的是输入路径和输出路径，请写出程序运行所使用的默认设置。

(3) 简述 Hadoop 不适合处理大批量小文件的原因。

第 9 章

MapReduce 的工作机制与 YARN 平台

本章提要

MapReduce 是一种编程模型，用于大规模数据集（大于 1TB）的并行计算。Map（映射）和 Reduce（化简）的概念和它们的主要思想大都是从函数式编程语言和矢量编程语言借来的特性。MapReduce 极大地方便了编程人员，使其在不会分布式编程的情况下，可以将自己的程序运行在分布式系统上。

当前的软件实现是指定一个 map 函数，用来把一组键值对映射成一组新的键值对，指定并发的 reduce 函数，用来保证所有映射的每一个键值对共享相同的键组。

在本章中，我们将深入学习 Hadoop 中的 MapReduce 作业运行机制、shuffle 和排序、任务的执行以及作业的调度。这些知识将为我们随后两章学习编写 MapReduce 高级编程奠定基础。

另外，本章还介绍了 Apache Hadoop YARN 资源管理器，与之前的版本相比，YARN（Yet Another Redource Negotiator）不但可以在 Hadoop 集群上运行非 MapReduce 任务，还具备很多其他的优势，包括更好地可扩展性、集群使用率以及用户敏捷性。第 2 版 Hadoop 的引入已经改变了许多 MapReduce 应用在集群上运行的方式。正如第 1 版的 Hadoop，Hadoop YARN 给出了几乎相同的 MapReduce 例子和基准测试，用于展示 Hadoop YARN 是怎样运行的。

9.1 YARN 平台简介

Apache Hadoop 是最流行的大数据处理工具之一。它多年来被许多公司成功部署在生产中。尽管 Hadoop 被视为可靠的、可扩展的、富有成本效益的解决方案，但大型开发人员社区仍在不断改进它。最终，2.0 版提供了多项革命性功能，其中包括 Yet Another Resource Negotiator（YARN）、HDFS Federation 和一个高度可用的 NameNode，它使得 Hadoop 集群更加高效、强大和可靠。本节将对 YARN 进行详细的介绍，了解 YARN 所带来的优势。

9.1.1 YARN 的诞生

Yahoo！最初开发 Hadoop 是为了用于搜索和索引 Web 网页，目前很多的搜索服务都是基于这个框架的，但是 Hadoop 从本质上来说还只是一个解决方案。2013 年的 Hadoop

峰会上，YARN是一个热点话题。三年的酝酿，YARN本质上是Hadoop的操作系统，突破了MapReduce框架的性能瓶颈。

MapReduce是在HDFS下操纵数据的主要机制。对于处理和分析海量数据(如多年的日志文件和其他半结构化的数据)，这是一个很好的选择，但并不适合其它类型的数据分析。三年前，Hortonworks的创始人兼架构师Arun Murthy开始着手重新架构Hadoop(Hortonworks刚刚宣布在新一轮的融资中获得了5 000万美元，Tenaya Capital和Dragoneer Investment Group主导了本轮融资，前投资人Benchmark Capital、Index Ventures和Yahoo! 也参与其中)，以使其成为一个更通用的大数据平台。

Arun Murthy提到："着手构建Hadoop2.0时，我们希望从根本上重新设计Hadoop的架构，达到可以在Hadoop上运行多个应用程序并处理相关数据集的目的。这样一来，多种类型的应用程序都可以高效、可控地运行在同一个集群上。这是以Hadoop 2.0为基础的Apache YARN之所以能够诞生的真正原因。通过YARN管理集群的资源请求，Hadoop从一个单一应用程序系统升级成为一个多应用程序的操作系统。"

Murthy所说的其他类型的应用程序包括：机器学习、图像分析、流分析和互动查询功能等。一旦YARN全面投入使用，开发者将能通过YARN"操作系统"将存储在HDFS中的数据用于这些应用程序。Hive就是由Facebook开发的HDFS上层的SQL类型的数据仓库工具，但是后台的数据处理还要通过MapReduce。Hive很消耗资源，会影响其他同时运行的作业。其他Hadoop相关的数据分析子项目也都是类似的情况。

YARN是一个真正的Hadoop资源管理器，允许多个应用程序同时、高效地运行在一个的集群上。有了YARN，Hadoop将是一个真正的多应用程序平台，可服务于整个企业。Murthy表示通过YARN可以以一种前所未有的方式与数据交互，YARN已经被用于Hortonworks的数据平台，Hadoop和YARN的组合是企业大数据平台制胜的关键。

9.1.2 YARN的作用

YARN是一个分布式的资源管理系统，用以提高分布式的集群环境下的资源利用率，这些资源包括内存、I/O、网络、磁盘等。其产生的原因是为了解决原MapReduce框架的不足。最初MapReduce的committer们还可以周期性的在已有的代码上进行修改，可是随着代码的增加以及原MapReduce框架设计的不足，在原MapReduce框架上进行修改变得越来越困难，所以MapReduce的committer们决定从架构上重新设计MapReduce，使下一代的MapReduce(MRv2/Yarn)框架具有更好的扩展性、可用性、可靠性、向后兼容性和更高的资源利用率，以及能支持除了MapReduce计算框架外的更多的计算框架。

9.2 YARN的架构

YARN的基本思想是将jobtracker的资源管理和作业的调度/监控两大主要职能拆分为两个独立的进程：一个全局的ResourceManager和与每个应用对应的ApplicationMaster(AM)。ResourceManager和每个节点上的NodeManager(NM)组成了全新的通用操作系统，以分布式的方式管理应用程序。

ResourceManager拥有为系统中所有应用的资源分配的决定权。对应于应用程序的

ApplicationMaster是框架相关的，负责与ResourceManager协商资源，以及与NodeManager协同工作来执行和监控各个任务。

ResourceManager有一个可插拔的调度器组件——Scheduler，负责为运行中的各种应用分配资源，分配时会受到容量、队列及其他因素的制约。Scheduler是一个纯粹的调度器，不负责应用程序的监控和状态跟踪，也不保证在应用程序失败或者硬件失败的情况下对Task的重启。Scheduler基于应用程序的资源的需求来执行其调度功能，使用了称为资源Container的抽象概念，其中包括了多种资源维度，如内存、CPU、磁盘以及网络。

NodeManager是与每台机器对应的从属进程(slave)，负责启动应用程序的Container，监控它们的资源使用情况(CPU、内存、磁盘和网络)，并且报告给ResourceManager。

每个应用程序的ApplicationMaster负责与Scheduler协商合适的Container，跟踪应用程序的状态，以及监控它们的进度。从系统的角度讲，ApplicationMaster也是一个普通Container的身份运行。图9-1给出了YARN的架构图。

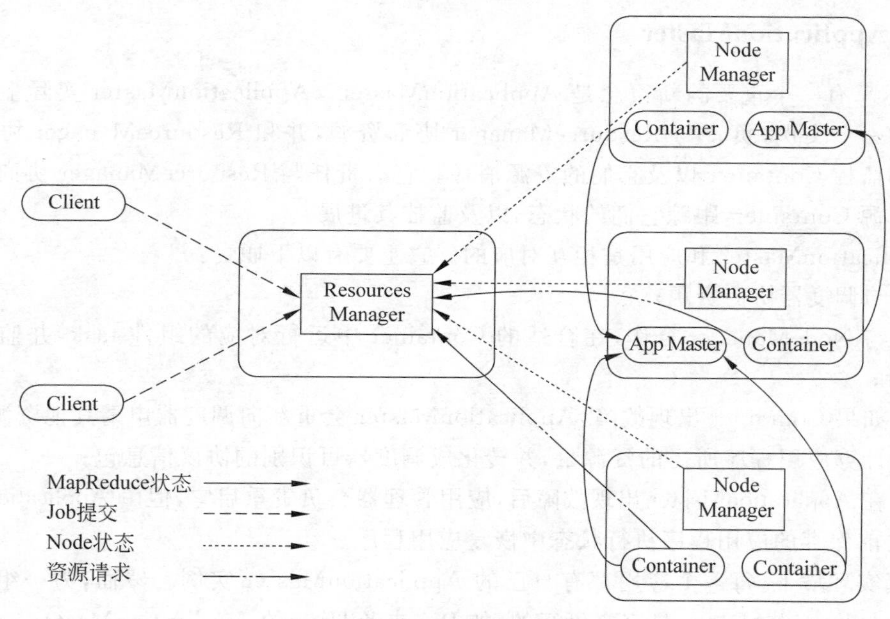

图9-1 YARN的架构图

在新的YARN系统下，MapReduce的一个关键实现细节是，在不做大的修改下重用现有的MapReduce框架。这是确保与现有MapReduce应用和用户兼容性的重要步骤。

9.2.1 ResourceManager

YARN ResourceManager是一个纯粹的调度器，它负责整个系统的资源管理和分配。它主要由两个组件构成：调度器(Scheduler)和应用程序管理器(Applications Manager，ASM)。

1. 调度器

调度器根据容量、队列等限制条件(如每个队列分配一定的资源，最多执行一定数量的作业等)，将系统中的资源分配给各个正在运行的应用程序。需要注意的是，该调度器是一个“纯调度器”，它不再从事任何与具体应用程序相关的工作，例如不负责监控或者跟踪应用的执行状态等，也不负责重新启动因应用执行失败或者硬件故障而产生的失败任务，这些均交由应用程序相关的ApplicationMaster完成。调度器仅根据各个应用程序的资源需求进行资源分配，而资源分配单位用一个抽象概念“资源容器”(Resource Container，简称Container)表示，Container是一个动态资源分配单位，它将内存、CPU、磁盘、网络等资源封装在一起，从而限定每个任务使用的资源量。此外，该调度器是一个可插拔的组件，用户可根据自己的需要设计新的调度器，YARN提供了多种直接可用的调度器，比如公平调度器(Fair Scheduler)和容量调度器(Capacity Scheduler)。

2. 应用程序管理器

应用程序管理器负责管理整个系统中所有应用程序，包括应用程序提交、与调度器协商资源以启动ApplicationMaster、监控ApplicationMaster运行状态并在失败时重新启动它等。

9.2.2 ApplicationMaster

YARN有一个重要的新概念是ApplicationMaster。ApplicationMaster实际上是特定框架库的一个实例，负责与ResourceManager协商资源，并和ResourceManager协同工作来执行和监控Container以及它们的资源消耗。它有责任与ResourceManager协商并获取合适的资源Container，跟踪它们的状态，以及监控其进展。

ApplicationMaster和应用是相互对应的。它主要有以下职责：

(1) 与调度器协商资源；

(2) 与NodeManager合作，在合适的Container中运行对应的组件task，并监控这些task执行；

(3) 如果Container出现故障，ApplicationMaster会重新向调度器申请其他资源；

(4) 计算应用程序所需的资源量，并转化成调度器可识别的协议信息包；

(5) 在ApplicationMaster出现故障后，应用管理器会负责重启它，但由ApplicationMaster自己从之前保存的应用程序执行状态中恢复应用程序。

在真实环境下，每一个应用都有自己的ApplicationMaster实例。然而，为一组应用提供一个ApplicationMaster是完全可行的，如Pig或者Hive的ApplicationMaster。另外，这个概念已经延伸到了管理长时间运行的服务，他们可以管理自己的应用。例如，通过一个特殊的HBaseAppMaster在YARN中启动HBase。

9.2.3 NodeManager

NodeManager是每个节点的框架代理。它负责启动应用的Container，监控Container的资源使用(包括CPU、内存、硬盘和网络带宽等)，并把这些用信息汇报给调度器。应用对应的ApplicationMaster负责通过协商从调度器处获取资源容器(Resource Container，简称Container)，并跟踪这些Container的状态和应用执行的情况。

集群每个节点上都有一个NodeManager，它主要负责：

(1) 为应用启用调度器，以分配给应用的Container；

(2) 保证已启用的Container不会使用超过分配的资源量；

(3) 为task构建Container环境，包括二进制可执行文件.jars等；

(4) 为所在的节点提供一个管理本地存储资源的简单服务。

应用程序可以继续使用本地存储资源，即使它没有从ResourceManager处申请。例如，MapReduce可以利用这个服务存储Map Task的中间输出结果，并将其shuffle给Reduce Task。

9.2.4 资源模型

YARN提供了非常通用的应用资源模型。一个应用(通过ApplicationMaster)可以请求非常具体的资源，如下所示：

(1) 资源名称(包括主机名称、机架名称，以及可能的复杂的网络拓扑)；

(2) 内存量；

(3) CPU(核数/类型)；

(4) 其他资源，如disk/network I/O、GPU等资源。

9.2.5 ResourceRequest和Container

YARN被设计成可以允许应用程序(通过ApplicationMaster)以共享的、安全的以及多用租户的方式使用集群的资源。它也会感知集群的网络拓扑，以便可以有效地调度以及优化数据访问(即尽可能地为应用减少数据移动)。

为了达成这些目标，位于ResourceManager内的中心调度器保存了应用程序的资源请求的信息，以帮助它为集群中的所有应用作出更优的调度决策。由此引出了ResourceRequest以及由此产生的Container概念。

本质上，一个应用程序可以通过ApplicationMaster请求特定的资源需求来满足它的资源需要。调度器会分配一个Container来响应资源需求，用于满足由ApplicationMaster在ResourceRequest中提出的需求。

ResourceRequest具有以下形式：

```
<资源名称,优先级,资源需求,Container数>
```

这些组成描述如下。

(1) 资源名称。资源名称是资源期望所在的主机名、机架名，用*表示没有特殊要求。未来可能支持更加复杂的拓扑，例如一个主机上的多个虚拟机，更复杂的网络拓扑等。

(2) 优先级。优先级是应用程序内部请求的优先级(而不是多个应用程序之间)。优先级会调整应用程序内部各个ResourceRequest的次序。

(3) 资源需求。资源需求是需要的资源量、如内存量，CPU时间(目前YARN仅支持内存和CPU两种资源维度)。

(4) Container数。Container数表示需要这样的Container的数量，它限制了用该ResourceRequest指定的Container总数。

本质上，Container是一种资源分配形式，是ResourceManager为ResourceRequest成功分配资源的结果。Container为应用程序授予在特定主机上使用资源(如内存，CPU等)的权利。

ApplicationMaster 必须取走 Container，并交给 NodeManager，NodeManager 会利用相应的资源来启动 Container 的任务进程。出于安全考虑，Container 的分配要以一种安全的方式进行验证，来保证 ApplicationMaster 不能伪造集群中的应用。

9.2.6 Container 规范

如前所述，Container 只是使用服务器（NodeManager）上指定资源的权利，ApplicationMaster 必须向 NodeManager 提供更多信息来启动 Container。与现有的 MapReduce 不同，YARN 允许应用程序启动任何程序，而不仅限于 Java 应用程序。

YARN Container 的启动 API 是与平台无关的，包括下列元素：

(1) 启动 Container 内进程的命令行；

(2) 环境变量；

(3) 启动 Container 之前所需的本地资源，如 JAR、共享对象，以及辅助的数据文件；

(4) 安全相关的令牌。

这种设计允许 ApplicationMaster 与 NodeManager 协同工作来启动 Container 应用程序，范围从简单的 Shell 脚本到 C/Java/Python 程序，可能运行在 UNIX/Windows 上，也可能运行在虚拟机上。

9.3 剖析 MapReduce 作业运行机制

Hadoop 中的 MapReduce 是一个使用简单的软件框架，基于它写出来的应用程序能够运行在由上千个商用机器组成的大型集群上，并以一种可靠容错式并行处理 TB 级别的数据集。

一个 MapReduce 作业(Job)会把输入的数据集切分为若干独立的数据块，由 Map 任务以完全并行的方式处理它们。框架会对 Map 函数的输出先进行排序，然后把结果输入给 Reduce 任务。通常作业的输入和输出都会被存储在文件系统中。整个框架负责任务的调度和监控，以及重新执行已经失败的任务。

一般情况下，MapReduce 框架和分布式文件系统是运行在一组相同的节点上的，也就是说，计算节点和存储节点通常在一起。这种配置允许框架在那些已经存好数据的节点上高效地调度任务，这可以使整个集群的网络带宽被非常高效地使用。

我们可以通过一个简单的方法调用来运行 MapReduce 作业：Job 对象上的 submit()。注意，也可以调用 waitForCompletion()，它用于提交以前没有提交过的作业，并等待它的完成。submit()方法调用封装了大量的处理细节。本节将揭示 Hadoop 运行作业时所采取的措施。

在目前的版本以及 0.20 版本系列中，mapred.job.tracker 决定了执行 MapReduce 程序的方式。如果这个配置属性被设置为 local(默认值)，则使用本地的作业运行器。运行器在单个 JVM 上运行整个作业。它被设计用来在小的数据集上测试和运行 MapReduce 程序。

如果 mapred.job.tracker 被设置为用冒号分开的主机和端口对(主机：端口)，那么该配置属性就被解释为一个 jobtracker 地址，运行器则将作业提交给该地址的 jobtracker。

Hadoop 2.0 引入了一种新的执行机制。这种新机制(称为 MapReduce 2)建立在

YARN 系统上。

9.4 基于 YARN 的运行机制剖析

目前,用于执行的框架通过 mapreduce. framework. name 属性进行设置,值 local 表示本地的作业运行器,classic 表示经典的 MapReduce 框架(也称 MapReduce 1,它使用一个 jobtracker 和多个 tasktracker),YARN 表示新的框架。

对于节点数超出 4 000 的大型集群,MapReduce 系统开始面临着扩展性的瓶颈。2010 年,雅虎的一个团队开始设计下一代的 MapReduce。由此,YARN(Yet Another Resource Negotiator 的缩写或者为 YARN Application Resource Nefotiator 的缩写)应运而生。

经典的 MapReduce(MapReduce 1)的最顶层包含 4 个独立的实体,分别是客户端、jobtracker、tasktracker 以及分布式文件系统。YARN 将 Jobtracker 的职能划分为多个独立的实体,从而改善了"经典的"MapReduce 面临的扩展瓶颈问题。Jobtracker 负责作业调度和任务进度监视、追踪任务、重启失败或过慢的任务和进行任务登记,例如维护计数器总数。

YARN 将这两种角色划分为两个独立的守护进程:管理集群上资源使用的资源管理器和管理集群上运行任务生命周期的应用管理器。基本思路是:应用服务器与资源管理器协商集群的计算资源——容器(每个容器都有特定的内存上限),在这些容器上运行特定应用程序的进程。容器由集群节点上运行的节点管理器监视,以确保应用程序使用的资源不会超过分配给它的资源。

与 jobtraker 不同,应用的每个实例(这里指一个 MapReduce 作业)都有一个专用的应用 master,它运行在应用的运行期间。这种方式实际上和最初 Google 的 MapReduce 论文里介绍的方法很相似,该论文描述了 master 进程如何协调在一组 worker 上运行的 map 任务和 reduce 任务。

如上所述,YARN 比 MapReduce 更具一般性,实际上 MapReduce 只是 YARN 应用的一种形式。有很多其他的 YARN 应用(例如能够在集群中的一组节点上运行脚本的分布式 shell)以及其他正在开发的程序。YARN 设计的精妙之处在于不同的 YARN 应用可以在同一个集群上共存。例如,一个 MapReduce 应用可以同时作为 API 应用运行。这大大提高了可管理性和集群的利用率。

此外,用户甚至有可能在同一个 YARN 集群上运行多个不同版本的 MapReduce,这使得 MapReduce 升级过程更容易管理。注意,MapReduce 的某些部分(如作业历史服务器和 shuffle 处理器)以及 YARN 本身仍然需要在整个集群上升级。

YARN 上的 MapReduce 比经典的 MapReduce 包括更多的实体,具体如下。

(1) 客户端:提交 MapReduce 作业。

(2) YARN 资源管理器(ResourceManager):负责协调集群上计算资源的分配。

(3) YARN 节点管理器(NodeManager):负责启动和监视集群中机器上的计算容器(Container)。

(4) MapReduce 应用程序 master:负责协调运行 MapReduce 作业的任务。它和 MapReduce 任务在容器中运行,这些容器由资源管理器分配并由节点管理器进行管理。

(5) 分布式文件系统(HDFS):用来与其他实体间共享作业文件。

作业的运行过程如图 9-2 所示。

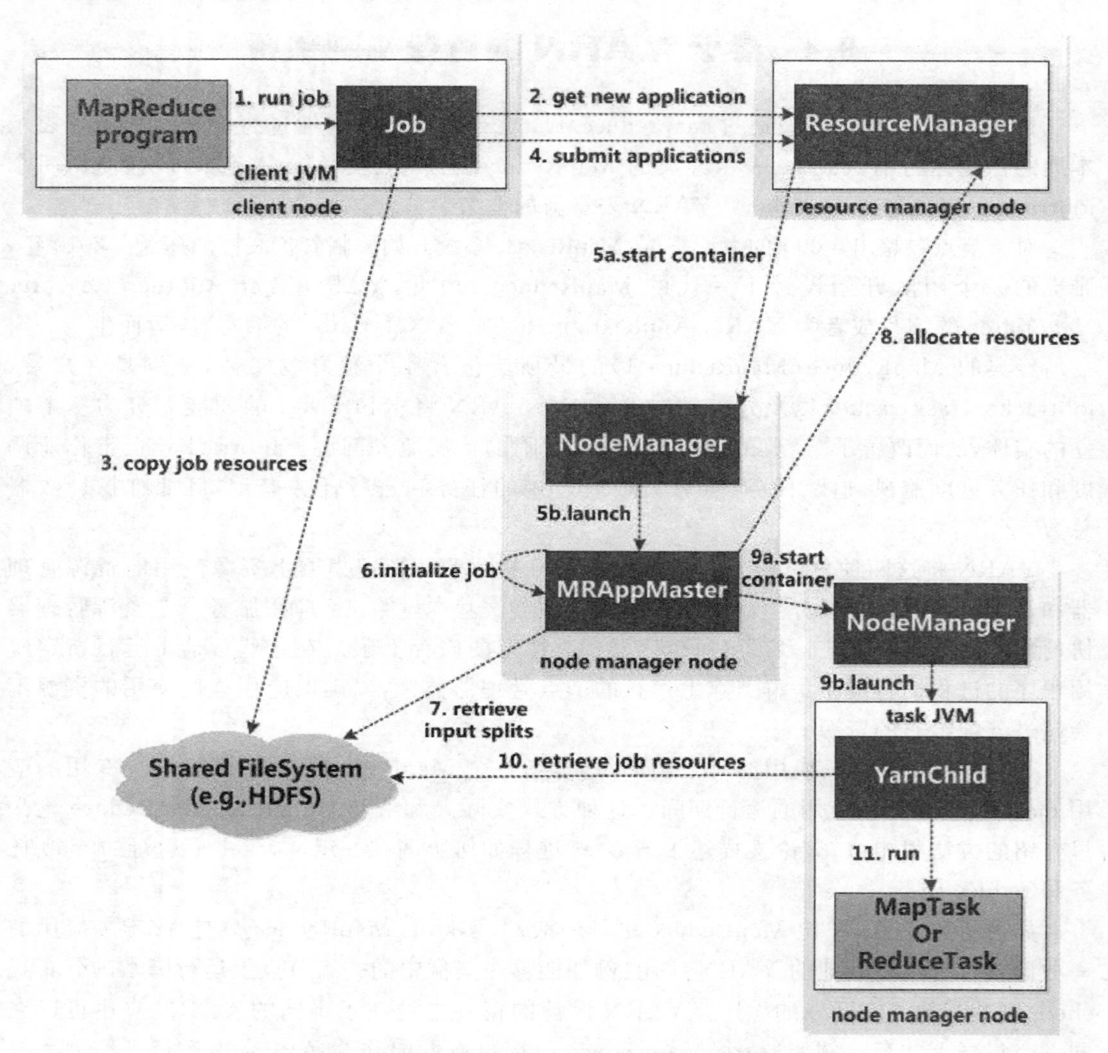

图 9-2 Hadoop 使用 YARN 运行 MapReduce 的过程

1. 作业的提交

作业提交的步骤如下。

(1) Job 的 submit( )方法创建一个内部的 JobSummiter 实例,并且调用其 submitJobInternal()方法(图 9-2 中步骤 1)。

(2) MapReduce 2 实现了 ClientProtocol,当 mapreduce. framework. name 设置为 yarn 时启动。从 ResourceManager 获取新的作业 ID,在 YARN 命名法中它是一个应用程序 ID (图 9-2 中步骤 2)。

(3) 作业客户端检查作业的输出说明,计算输入分片(虽然有选项 yarn. app. mapreduce. am. compute-splits-in-cluster 在集群上来产生分片,这可以使具有多个分片的作业从中受益)并将作业资源(包括作业 JAR、配置和分片信息)复制到 HDFS(图 9-2 中步

骤3)。

(4) 最后,通过调用资源管理器上的 submitApplication()方法提交作业(图 9-2 中步骤 4)。

2. 作业初始化

当资源管理器收到 submitApplication()的请求后,便将请求发给调度器(Scheduler),调度器分配一个容器(Container),然后 ResourceManager 在 NodeManager 的管理下在 Container 内启动应用程序的 master 进程(图 9-2 中步骤 5a 和 5b)。

MapReduce 作业的应用管理器(application master)是一个主类为 MRAppMaster 的 Java 应用。它对作业进行初始化:通过创建多个簿记对象以保持对作业进度的跟踪,因为它将接受来自任务的进度和完成报告(图 9-2 中步骤 6)。然后,其通过分布式文件系统(HDFS)得到在客户端计算好的输入分片(图 9-1 中步骤 7)。然后为每个输入分片创建一个 map 任务,根据 mapreduce. job. reduces 属性创建多个 reduce 任务对象。

然后,application master 决定如何运行构成 MapReduce 作业的各个任务。如果作业很小,application master 会选择在其自己的 JVM 中运行任务。相对于在一个节点上顺序运行它们,判断在新的 Container 中分配和运行任务的开销大于运行它们的开销时,就会发生这一情况。这样的作业称为 uberized,或者作为 uber 任务运行。

哪些任务是小任务?默认情况下,小任务就是小于 10 个 mapper、只有 1 个 reduce 且输入大小小于一个 HDFS 块的任务(改变一个作业的上述值可以通过设置 mapreduce. job. ubertask. maxmaps、mapreduce. job. ubertask. maxreduces 和 mapreduce. job. ubertask. maxbytes)。将 mapreduce. job. ubertask. enable 设置为 false 也可以完全使 uber 任务不可用。

在任何任务运行之前,作业的 setup 方法为了设置作业的 OutputCommitter 而被调用来建立作业的输出目录。在 YARN 执行框架中,该方法由应用程序 master 直接调用。

3. 任务的分配

如果作业不适合作为 uber 任务运行,那么 application master 就会为该作业中的所有 map 任务和 reduce 任务向 ResourceManager 请求 Container(图 9-2 中步骤 8)。附着心跳信息的请求包括每个 map 任务的数据本地化信息,特别是输入分片所在的主机和相应机架信息。调度器使用这些信息来做调度决策。理想情况下,它将任务分配到数据本地化的节点,但如果不可能这样做,调度器就会相对于非本地化的分配优先使用机架本地化的分配。

请求也为任务指定了内存需求,在默认情况下,map 和 reduce 任务的内存需求都是 1 024MB,可以通过 mapreduce. map. memory. mb 和 mapreduce. reduce. memory. mb 来设置。

分配内存的方式和 MapReduce 1 中不一样,MapReduce 1 中每个 tasktracker 有固定数量的槽(slot),slot 是在集群配置是设置的,每个任务运行在一个 slot 中,每个 slot 都有最大内存限制,这对集群是固定的,导致当任务使用较少内存时无法充分利用内存(因为其他等待的任务不能使用这些未使用的内存)以及由于任务不能获取足够内存而导致作业失败。

在 YARN 中,资源划分的粒度更细,所以可以避免上述问题。具体而言,应用程序可以请求最小到最大限制范围的任意最小值倍数的内存容量。默认的内存分配容量是调度器特定的,对于容量调度器,它的默认最小值是 1 024MB,默认的最大值是 1 0240MB。因此,任务可以通过适当设置 mapreduce. map. memory. mb 和 mapreduce. reduce. memory. mb 来请求 1GB 到 10GB 间的任意 1GB 倍数的内存容量(调度器在需要的时候使用最接近的倍数)。

4. 任务的执行

一旦 ResourceManager 的调度器为任务分配了 Container,application master 就通过与 NodeManager 通信来启动 Container(图 9-2 中步骤 9a 和步骤 9b)。该任务由主类为 YarnChild 的 Java 应用程序执行。在它运行任务之前,首先将任务需要的资源本地化,包括作业的配置、JAR 文件和所有来自分布式缓存的文件(图 9-2 中步骤 10)。最后,运行 map 任务或 reduce 任务(图 9-2 中步骤 11)。

至于 Streaming 和 Pipes,它们都运行特殊的 map 任务和 reduce 任务,目的是运行用户提供的可执行程序,并与之通信。YarnChild 启动 Streaming 或 Pipes 进程,并通过分别使用标准的输入/输出或套接字与它们通信,如图 9-2 所示(child 和子进程在 NodeManager 上运行,而非 tasktracker)。

5. 进度和状态更新

在 YARN 下运行时,任务 3s 通过 umbilical 接口向 application master 汇报进度和状态(包含计数器),作为作业的汇聚视图(aggregate view)。这个过程如图 9-3 所示。

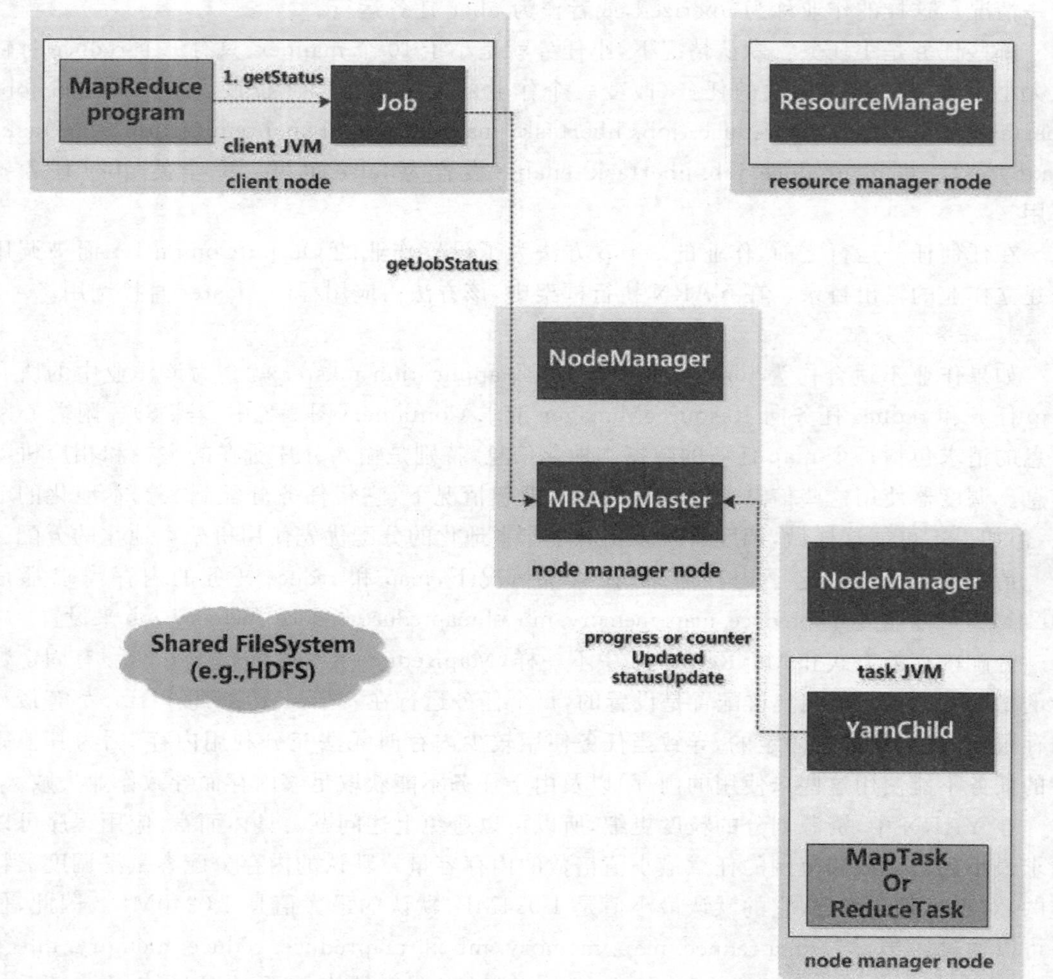

图 9-3 在 MapReduce 2 系统中状态更新信息的过程

客户端每秒钟(通过 mapreduce. client. progressmonitor. pollinterval 设置)查询一次 application master 以接收进度更新,通常都会向用户显示。

在 MapReduce 1 中,作业跟踪器的 Web UI 展示运行作业列表及其进度。在 YARN 中,资源管理器的 Web UI 展示了正在运行的应用以及连接到的对应 application master,每个 application master 展示 MapReduce 作业进度等进一步的细节。

6. 作业完成

除了向 application master 查询进度外,客户端每 5s 还通过调用 Job 的 waitForCompletion()来检查作业是否完成。可以通过设置 mapreduce. client. completion. pollinterval 属性来查询时间间隔。

作业完成后,application master 和任务容器清理其工作状态,OutputCommitter 的作业清理方法会被调用。作业历史服务器保存作业的信息供用户需要时查询。

9.5 Shuffle 和排序

MapReduce 可以确保每个 reducer 的输入都按键排序。系统执行排序的过程(即将 map 输出作为输入传给 reducer)称为 shuffle。在此,我们将学习 shuffle 是如何工作的,因为它有助于我们理解工作机制(如果需要优化 MapReduce 程序)。从多方面来看,shuffle 是 MapReduce 的"心脏",是奇迹发生的地方。

9.5.1 map 端

map 函数开始产生输出时,并不是简单地将它写到磁盘。这个过程更复杂,它利用缓冲的方式写到内存,并出于效率的考虑进行预排序。图 9-4 展示了这个过程。

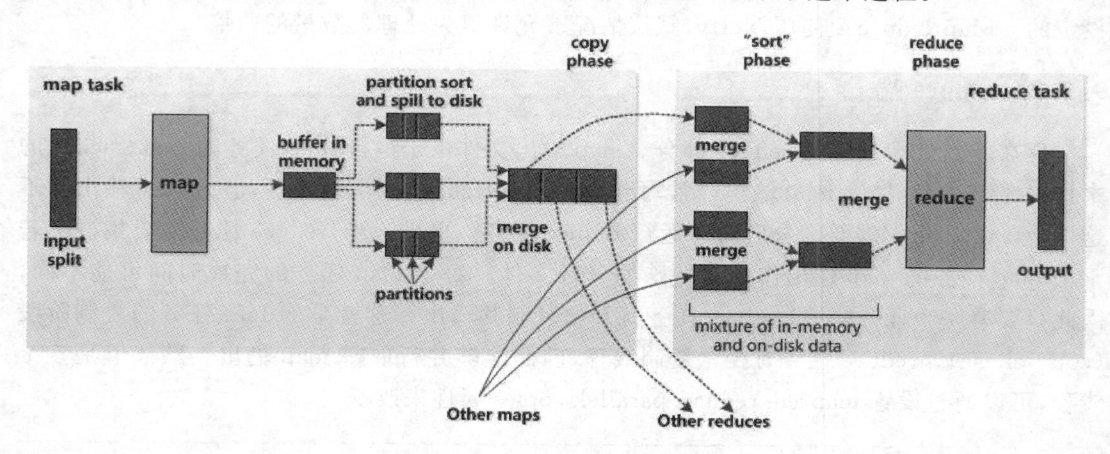

图 9-4 MapReduce 的 shuffle 和排序

每个 map 任务都有一个环形内存缓冲区用于存储任务的输出。默认情况下,缓冲区的大小为 100 MB,此值可以通过改变 io. sort. mb 属性来调整。一旦缓冲内容达到阈值(io. sort. spill. percent,默认为 0.80 或 80%),一个后台线程便开始把内容溢出到(spill)磁盘中。在写磁盘过程中,map 输出继续被写到缓冲区,但如果在此期间缓冲区被填满,map

会被阻塞，直到写磁盘过程完成。写磁盘过程按轮询方式将缓冲区中的内容写到 mapred. local. dir 属性指定的作业特定子目录中的目录中。

在写磁盘之前，线程首先根据数据最终要传送到的 reducer 把数据划分成相应的分区(partition)。在每个分区中，后台线程按键进行内排序，如果有一个 combiner，它会在排序后的输出上运行。运行 combiner 使得 map 输出结果更紧凑，因此减少写到磁盘的数据和传递给 reducer 的数据。

一旦内存缓冲区达到溢出写的阈值，就会新建一个溢出文件(spill file)，因此在 map 任务写完其最后一个输出记录之后，会有几个溢出文件。在任务完成之前，溢出文件被合并成一个已分区且已排序的输出文件。配置属性 io. sort. factor 控制着一次最多能合并多少流，默认值是 10。

如果至少存在 3 个溢出文件（通过 min. num. spills. for. combine 属性设置）时，则 combiner 就会在输出文件写到磁盘之前运行。前面曾讲过，combiner 可以在输入上反复运行，但并不影响最终结果。如果只有一个或者两个溢出文件，那么对 map 输出的减少方面不值得调用 combiner，不会为该 map 输出再次运行 combiner。

写磁盘时，压缩 map 输出往往是个很好的主意，因为这样会让写磁盘的速度更快，节约磁盘空间，并且减少传给 reducer 的数据量。默认情况下，输出是不压缩的，但只要将 mapred. compress. map. output 设置为 true，就可以轻松启用此功能。使用的压缩库由 mapred. map. output. compression. codec 指定。

reducer 通过 HTTP 方式得到输出文件的分区。用于文件分区的工作线程的数量由任务的 tracker. http. threads 属性控制，此设置针对每个 tasktracker，而不是针对每个 map 任务槽。默认值是 40。在运行大型作业的大型集群上，此值可以根据需要而增加。在 MapReduce 2 中，该属性是不适用的，因为使用的最大线程数是基于机器的处理器数量自动设定的。MapReduce 2 使用 Netty，默认情况下允许值为处理器数量的两倍。

9.5.2 reduce 端

现在转到处理过程的 reduce 部分。map 输出文件位于运行 map 任务的 tasktracker 的本地磁盘。注意，尽管 map 输出经常写到 map tasktracker 的本地磁盘，但 reduce 输出并不这样。tasktracker 需要为分区文件运行 reduce 任务。更进一步，reduce 任务需要集群上若干个 map 任务的 map 输出作为其特殊的分区文件。每个 map 任务的完成时间可能不同，因此只要有一个任务完成，reduce 任务就开始复制其输出。这就是 reduce 任务的复制阶段(copy phase)。reduce 任务有少量复制线程，因此能够并行取得 map 输出。默认值是 5 个线程，可以通过设置 mapred. reduce. parallel. copies 属性来改变。

扩展阅读

reducer 如何知道要从哪个 tasktracker 取得 map 输出？

map 任务成功完成后，它们会通知其父 tasktracker 状态已更新，然后 tasktracker 进而通知 jobtracker，而在 MapReduce 2 中，任务直接通知其应用程序 master。这些通

知在前面介绍的心跳通信机制中传输。因此，对于指定作业，jobtracker（或应用程序master）知道map输出和tasktracker之间的映射关系。reducer中的一个线程定期询问jobtracker，以便获取map输出的位置，直到获得所有输出位置。

由于第一个reducer可能失败，因此tasktracker并没有在第一个reducer检索到map输出时就立即从磁盘上删除它们。相反，tasktracker会等待，直到jobtracker告知它可以删除map输出，这是作业完成后执行的。

如果map输出相当小，则会被复制到reduce任务的内存（缓冲区大小由mapred.job.shuffle.input.buffer.percent属性控制，指定用于此用途的堆空间的百分比）；否则，map输出被复制到磁盘。一旦内存缓冲区达到阈值大小（由mapred.job.shuffle.merge.percent决定）或达到map输出阈值（由mapred.inmem.merge.threshold控制），则合并后溢出写到磁盘中。若指定combiner，则在合并期间运行它，以降低写入磁盘的数据量。

随着磁盘上副本的增多，后台线程会将它们合并为更大的、排好序的文件。这会为后面的合并节省一些时间。注意，为了合并，压缩的map输出（通过map任务）都必须在内存中被解压缩。

复制完所有map输出后，reduce任务进入排序阶段（sort phase），更恰当的说法是合并阶段，因为排序是在map端进行的，这个阶段将合并map输出，维持其顺序排序。这是循环进行的。例如，如果有50个map输出，而合并因子（merge factor）是10（10为默认设置，由io.sort.factor属性设置，与map的合并类似），合并将进行5次。每次将10个文件合并成一个文件，因此最后有5个中间文件。

在最后阶段，即reduce阶段，直接把数据输入reduce函数，从而省略了一次磁盘往返行程，并没有将这5个文件合并成一个已排序的文件作为最后一次。最后的合并可以来自内存和磁盘片段。

在reduce阶段，对已排序输出中的每个键都要调用reduce函数。此阶段的输出直接写到输出文件系统，一般为HDFS。如果采用HDFS，由于tasktracker节点（或NodeManager）也运行数据节点，所以第一个块复本（block replica）将被写到本地磁盘。

扩展阅读

每次合并的文件数怎么样设计才能达到优化？

每次合并的文件数实际上比示例中展示的更微妙。目标是合并最小数量的文件以便满足最后一次的合并系数。因此如果有40个文件，不会在四次中，每次合并10个文件从而得到4个文件。相反，第一次只合并4个文件，随后的三次合并所有10个文件。在最后一次中，4个已合并的文件和余下的6个（未合并的）文件合计10个文件。该过程如图9-5所示。

注意，这并没有改变合并的次数（the number of rounds），它只是一个优化措施，尽量减少写到磁盘的数据量，因为最后一次总是直接合并到reduce。

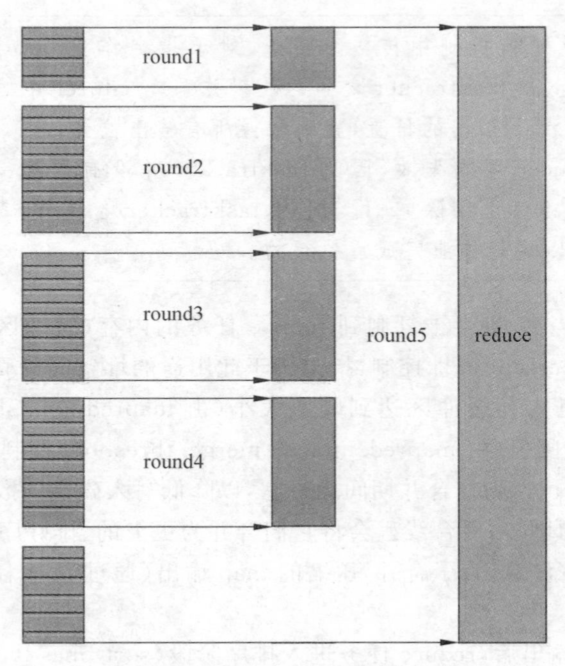

图 9-5 通过合并因子 10 有效地合并 40 个文件片段

9.6 任务的执行

前面讲解了 MapReduce 作业的运行机制，结合整个作业的运行背景知道了 MapReduce 是如何执行作业的，本节介绍 MapReduce 用户对任务执行的更多的控制。

9.6.1 任务执行环境

1. 任务属性

在 MapReduce 程序中，可以通过某些环境属性(Configuration)得知作业和任务的信息。属性介绍如表 9-1 所示。

表 9-1 任务执行环境的属性

属性名称	类型	说 明	范 例
mapred. job. id	string	作业 ID	job_201104121233_0001
mapred. tip. id	string	任务 ID	task_201104121233_0001_m_000003
mapred. task. id	string	任务尝试 ID	attempt_201104121233_0001_m_000003_0
mapred. task. partition	int	作业中任务 ID	3
mapred. task. nap	string	此任务是否是 map 任务	true

2. Streaming 环境变量

Hadoop 设置作业配置参数作为 Streaming 程序的环境变量。但它用下划线来代替非字母数字的符号，以确保名称的合法性。下面这个 Python Streaming 脚本解释了如何用 Python Streaming 脚本来检索 mapred.job.id 属性的值。

```
os.environ["mapred_job_id"]
```

也可以应用 Streaming 启动程序的-cmdenv 选项，来设置 MapReduce 所启动 Streaming 进程的环境变量(一次设置一个变量)。例如，下面的语句设置了 MAGIC_PARAMETER 环境变量：

```
-cmdenv MAGIC_PARAMETER=abracadabra
```

9.6.2 推测执行

MapReduce 模型将作业分解成任务，然后并行地运行任务以使作业的整体执行时间少于各个任务顺序执行的时间。这使作业执行时间对运行缓慢的任务很敏感，因为只运行一个缓慢的任务会使整个作业所用的时间远远长于执行其他任务的时间。当一个作业由几百或几千任务组成时，可能出现少数“拖后腿”的任务，这是很常见的。

任务执行缓慢可能有多种原因，包括硬件老化或软件配置错误，但是，检测具体原因很困难，因为任务总能够成功完成，尽管比预计执行时间长。Hadoop 不会尝试诊断或修复执行慢的任务，相反，在一个任务运行比预期慢的时候，它会尽量检测，并启动另一个相同的任务作为备份。这就是所谓的任务的“推测执行”(speculative execution)。

必须认识到，如果同时启动两个重复的任务，它们会互相竞争，导致推测执行无法工作。这对集群资源是一种浪费。相反，只有在一个作业的所有任务都启动之后才启动推测执行的任务，并且只针对那些已运行一段时间(至少一分钟)且比作业中其他任务平均进度慢的任务。一个任务成功完成后，任何正在运行的重复任务都将被中止，因为已经不再需要它们了。因此，如果原任务在推测任务前完成，推测任务就会被终止；同样地，如果推测任务先完成，那么原任务就会被中止。

推测执行是一种优化措施，它并不能使作业的运行更可靠。如果有一些软件缺陷会造成任务挂起或运行速度减慢，依靠推测执行来避免这些问题显然是不明智的，并且不能可靠地运行，因为相同的软件缺陷可能会影响推测式任务。应该修复软件缺陷，使任务不会挂起或运行速度减慢。

默认情况下，推测执行是启用的。可以基于集群或基于每个作业，单独为 map 任务和 reduce 任务启用或禁用该功能。相关的属性如表 9-2 所示。

为什么会想到关闭推测执行？推测执行的目的是减少作业执行时间，但这是以集群效率为代价的。在一个繁忙的集群中，推测执行会减少整个吞吐量，因为冗余任务的执行时会减少作业的执行时间。鉴于此，一些集群管理员倾向于在集群上关闭此选项，而让用户根据个别作业需要而开启该功能。Hadoop 老版本尤其如此，因为在调度推测任务时，会过度使用推测执行方式。

表 9-2 推测执行的属性

属性名称	类型	默 认 值	描 述
mapred. map. tasks. speculative. execution	boolean	ture	如果任务运行变慢，该属性决定着是否要启动 map 任务的另外一个实例
mapred. reduce. tasks. speculative. execution	boolean	true	如果任务运行变慢，该属性决定着是否要启动 reduce 任务的另外一个实例
Yarn. app. mapreduce . am. job. speculator. class	Class	Org. apache. hadoop. mapreduce. v2. app. speculate. DefaultSpeculator	Speculator 类实现推测执行策略(只针对 MapReduce 2)
Yarn. app. mapreduce . am. job. estimator. class	Class	Org. apache. hadoop. mapreduce. v2. app. speculate. LegacyTaskRuntimeEstimator	Speculator 实例使用的 TaskRuntimeEstimator 的实现，提供任务运行时间的估计值(只针对 MapReduce)

9.6.3 关于 OutputCommitters

Hadoop MapReduce 使用一个提交协议来确保作业和任务都完全成功或失败。这个行为通过对作业使用 OutputCommitter 来实现，在老版本 MapReduce API 中通过调用 JobConf 的 setOutputCommitter()或配置 mapred. output. committer. class 来设置。在新版本的 MapReduce API 中，OutputCommitter 由 OutputFormat 通过它的 getOutputCommitter( )方法确定。默认值为 FileOutputCommitter，这对基于文件的 MapReduce 是适合的。可以定制已有的 OutputCommitter 或者在需要对作业或任务进行特别的安排或清理时，甚至还可以写一个新的实现。

OutputCommitter 的 API 如下所示(在新旧版本中的 MapReduce API 中)。

```
public abstract class OutputCommitter{
    publicabstract void setupJob(JobContext jobContext) throws IOException;
    public void commitJob(JobContext jobContext)throws IOException{}
    public void abortJob(JobContext jobContext,JobStatus.State state)
    throws IOException{}
    public abstract void setupTask(TaskAttemptContext taskContext)
    throws IOException;
    public abstract booleanneedsTaskCommit(TaskAttemptContext taskContext)
    throws IOException;
    public abstract void commitTask(TaskAttemptContext taskContext)
    throws IOException;
    public abstract void abortTask(TaskAttemptContext taskContext)
    hrows IOException;
}
```

setupJob()方法在作业运行前被调用，通常用来执行初始化操作。FileOutputCommitter()方法通常为任务创建最后的输出目录 \${mapred. output. dir}以及一个临时的工作空间 \${mapred. outpur. dir}/_temporary。

如果作业成功，就调用commitJob()方法，在默认的基于文件的实现中，它用于删除临时的工作空间，并在输出目录中创建一个名为_SUCCESS的隐藏的标志文件，以此告知文件系统的客户端读该作业成功完成了。如果作业不成功，就通过状态对象调用abortJob()，意味着该作业是否失败或终止(例如由用户终止)。在默认的实现中，将删除作业的临时工作空间。

在任务级别上的操作与此类似。在任务执行之前先调用setupTask()方法，默认的实现不做任何事情，因为针对任务输出命名的临时目录是在写任务输出的时候被创建。

任务的提交阶段是可选的，并通过从needsTaskCommit()返回的false值关闭它。这使得执行框架不必为任务运行分布提交协议，也不需要commitTask()或者abortTask()。

当一个任务没有写任何输出时，FileOutputCommitter将跳过提交阶段。

如果任务成功，就调用commitTask()，在默认的实现中它将临时的任务输出目录(它的名字中有任务尝试的ID，以此避免任务尝试间的冲突)移动到最后的输出路径\${mapred.output.dir}。否则，执行框架调用abortTask()，它负责删除临时的任务输出目录。

执行框架保证特定任务在由多次任务尝试的情况下只有一个任务会被提交，其他的则被取消。这种情况是可能出现的，因为第一次尝试出于某个原因而失败(这种情况下将被取消)，提交的是稍后成功的尝试。另一种情况是如果两个任务尝试作为推测副本同时运行，则提交先完成的，而另一个被取消。

9.6.4 任务JVM重用

Hadoop在它们自己的Java虚拟机上运行任务，以区分其他正在运行的任务。为每个任务启动一个新的JVM将耗时大约1秒，对运行1分钟左右的作业而言，这个额外消耗是微不足道的。但是，有大量超短任务(通常是map任务)的作业或初始化时间长的作业，它们如果能对后续任务重用JVM，就可以体现出性能上的优势。

启用任务重用JVM后，任务不会同时运行在一个JVM上。JVM顺序运行各个任务。然而，tasktracker可以一次性运行多个任务，但都是在独立的JVM内运行的。

控制任务JVM重用的属性是mapred.job.reuse.jvm.num.tasks，它指定给定作业每个JVM运行的任务的最大数，默认值为1(见表9-3)。不同作业的任务总是在独立的JVM内运行。如果该属性设置为-1，则意味着同一作业中的任务都可以共享同一个JVM，数量不限。JobConf中的setNumTasksToExecutePerjvm()方法也可以用于设置这个属性。

表9-3 任务JVM重用的属性

属性名称	类型	默认值	描述
mapred.job.reuse.jvm.num.tasks	int	1	在一个tasktracker上，对于给定的作业的每个JVM上可以运行的任务最大数。-1表示无限制，即同一个JVM可以被该作业的所有任务使用

通过充分利用HotSpot JVM所用的运行时优化，计算密集型任务也可以受益于任务JVM重用机制。在运行一段时间后，HotSpot JVM构建足够多的信息来检测代码中的性能关键部分，并将热点部分的Java字节码动态转换成本地机器码。这对运行时间长的过程很有效，但对于那些只运行几秒钟或几分钟的JVM，不能充分获得HotSpot带来的好处。在这些情况下，值得启用任务JVM重用功能。共享JVM的另一个非常有用的地方是：作

业各个任务之间的状态共享。通过在静态字段中存储相关数据，任务可以较快速访问共享数据。

9.6.5 跳过坏记录

大型数据集十分庞杂。它们经常有损坏的记录，经常有不同格式的记录还经常有缺失的字段。理想情况下，用户代码可以很好地处理这些情况。但实际情况中，忽略这些坏的记录只是权宜之计。这取决于正在执行的分析，如果只有一小部分记录受影响，那么忽略它们不会显著影响结果。然而，如果一个任务由于遇到一个坏的记录而发生问题(通过抛出一个运行时异常)，任务就会失败。失败的任务将被重新运行(因为失败可能是由硬件故障或任务可控范围之外的一些原因造成的)，但如果一个任务失败 4 次，那么整个作业会被标记为失败。如果数据是导致任务抛出异常的"元凶"，那么重新运行任务将无济于事，因为它每次都会因相同的原因而失败。

处理坏记录的最佳位置在于 mapper 和 reducer 代码。可以检测出坏记录并忽略它，或通过抛出一个异常来中止作业运行。还可以使用计数器来计算作业中总的坏记录数，看问题影响的范围有多广。

极少数情况是不能处理的，例如软件缺陷(bug)存在于第三方的库中，无法在 mapper 或 reducer 中修改它。在这些情况下，可以使用 Hadoop 的 skipping mode 选项来自动跳过坏记录。启用 skipping mode 后，任务将正在处理的记录报告给 tasktracker。任务失败时，tasktracker 重新运行该任务，跳过导致任务失败的记录。由于额外的网络流量和记录错误以维护失败记录范围，所以只有在任务失败两次后才会启用 skipping mode。因此对于一个一直在某条坏记录上失败的任务，tasktracker 将根据以下运行结果来启动任务尝试。

(1) 任务失败。

(2) 任务失败。

(3) 开启 skipping mode。任务失败，但是失败记录由 tasktracker 保存。

(4) 仍然启用 skipping mode。任务继续运行，但跳过上一次尝试中失败的坏记录。

在默认情况下，skipping mode 是关闭的，用 SkipBadRedcord 类单独为 map 和 reduce 任务启用此功能。值得注意的是，每次任务尝试，skipping mode 都只能检测出一个坏记录，因此这种机制仅适用于检测个别坏记录(也就是说，每个任务只有少数几个坏记录)。为了给 skipping mode 足够多尝试次数来检测并跳过一个输入分片中的所有坏记录，需要增加最多任务尝试次数(通过 mapred. map. max. attemps 和 mapred. reduce. max. attemps 进行设置)。

Hadoop 检测出来的坏记录以序列文件的形式保存在_logs/skip 子目录下的作业输出目录中。在作业完成后，可查看这些记录(例如，使用 hadoop fs -text)进行诊断。

9.7 作业的调度

早期版本的 Hadoop 使用一种非常简单的方法来调度用户的作业：按照作业提交的顺序，使用 FIFO(先进先出)调度算法来运行作业。典型情况下，每个作业都会使用整个集群，因此作业必须等待，直到轮到自己运行。虽然共享集群极有可能为多用户提供大量资

源，但问题在于如何公平地在用户之间分配资源，这需要一个更好的调度器。生产作业需要及时完成，以便正在进行即兴查询的用户能够在合理的时间内得到返回结果。

随后，加入设置作业优先级的功能，可以通过设置 mapred. job. priority 属性或 JobClient 的 setJobPriority()方法来设置优先级（在这两种方法中，可以选择 VERY_HIGH，HIGH，NORMAL，LOW，VERY_LOW 中的一个值作为优先级）。作业调度器选择要运行的下一个作业时，它选择的是优先级最高的那个作业。然而，在 FIFO 调度算法中，优先级并不支持抢占(preemption)，所以高优先级的作业仍然会被那些在高优先级作业被调度之前已经开始的、长时间运行的低优先级的作业所阻塞。

在 Hadoop 中，可以选择 MapReduce 的调度器。MapReduce 1 的默认调度器是最初基于队列的 FIFO 调度器，还有两个多用户调度器，分别名为公平调度器(Fair Scheduler)和容量调度器(Capacity Scheduler)。

9.7.1 公平调度器

公平调度器(Fair Scheduler)的目标是让每个用户公平地共享集群能力。如果只有一个作业在运行，它会得到集群的所有资源。随着提交的作业越来越多，空闲的任务槽会以"让每个用户公平共享集群"这种方式进行分配。某个用户的耗时短的作业将在合理的时间内完成，即便另一个用户的长时间作业正在运行而且还在运行过程中。

作业都被放在作业池中，在默认情况下，每个用户都有自己的作业池。提交作业数超过另一个用户的用户，不会因此而比后者获得更多集群资源。可以用 map 和 reduce 的任务槽数来定制作业池的最小容量，也可以设置每个池的权重。

公平调度器支持抢占机制，所以，如果一个池在特定的一段时间内未得到公平的资源共享，它会中止运行池中得到过多资源的任务，以便把任务槽让给运行资源不足的池。

公平调度器是一个后续模块。要使用它，需要将其 JAR 文件放在 Hadoop 的类路径(classpath)，即将它从 Hadoop 的 contrib/fairscheduler 目录复制到 lib 目录。随后，像下面这样设置 mapred. jobtracker. taskScheduler 属性：

```
org.apache.hadoop.mapred.FairScheduler
```

经过这样的设置后，即可运行公平调度器。但要想充分发挥它特有的优势和了解如何配置它（包括它的网络接口），请参阅 Hadoop 发行版 src/contrib/fairscheduler 目录下的 README 文件。

9.7.2 容量调度器

容量调度器(Capacity Scheduler)的每个队列中采用的调度策略是 FIFO 算法。

容量调度器默认情况下不支持优先级，但是可以在配置文件中开启此选项，如果支持优先级，调度算法就是带有优先级的 FIFO。

容量调度器不支持优先级抢占，一旦一个作业开始执行，在执行完成之前它的资源不会被高优先级作业所抢占。

容量优先级对队列中同一个用户提交的作业能够获得的资源百分比进行限制，以避免同属于一个用户的作业独享资源的情况。

9.8 在 YARN 上运行 MapReduce 实例

运行现有的 MapReduce 实例是一个很直接的过程。该实例位于 hadoop-[VERSION]/share/hadoop/mapreduce。根据安装 Hadoop 的位置,这个路径可能会不同。为了完成这个实例,我们把这个路径定义为

```
export YARN_HOME=/home/zkpk/hadoop-2.5.1
export YARN_EXAMPLES=$YARN_HOME/share/hadoop/mapreduce
```

作为安装过程的一部分,需要定义 $YARN_HOME。而且,本节的实例还有一个版本号——2.5.1。你的安装包可能有不同的版本号。下面的论述提供了一些基于 Hadoop YARN 的 MapReduce 程序和基准测试。

9.8.1 运行 Pi 实例

为了运行带有 16 个 Map 和 10000 个样本的 pi 实例,输入以下命令:

```
$hadoop jar $YARN_EXAMPLES/hadoop-mapreduce-examples-2.5.1.jar pi 16 10000
```

若程序正确运行,可以看到如下信息(在日志信息之后):

```
15/12/29 16:35:41 INFO mapreduce.Job:  map 0% reduce 0%
15/12/29 16:36:35 INFO mapreduce.Job:  map 38% reduce 0%
15/12/29 16:37:29 INFO mapreduce.Job:  map 63% reduce 0%
15/12/29 16:37:30 INFO mapreduce.Job:  map 75% reduce 0%
15/12/29 16:38:13 INFO mapreduce.Job:  map 75% reduce 25%
15/12/29 16:38:14 INFO mapreduce.Job:  map 100% reduce 25%
15/12/29 16:38:16 INFO mapreduce.Job:  map 100% reduce 100%
15/12/29 16:38:17 INFO mapreduce.Job: Job job_1451378073339_0001 completed succe
ssfully
15/12/29 16:38:18 INFO mapreduce.Job: Counters: 49
        File System Counters
                FILE: Number of bytes read=358
                FILE: Number of bytes written=1651406
                FILE: Number of read operations=0
                FILE: Number of large read operations=0
                FILE: Number of write operations=0
                HDFS: Number of bytes read=4182
                HDFS: Number of bytes written=215
                HDFS: Number of read operations=67
                HDFS: Number of large read operations=0
                HDFS: Number of write operations=3

 Job Counters
        Launched map tasks=16
        Launched reduce tasks=1
        Data-local map tasks=16
        Total time spent by all maps in occupied slots (ms)=793095
        Total time spent by all reduces in occupied slots (ms)=45064
        Total time spent by all map tasks (ms)=793095
        Total time spent by all reduce tasks (ms)=45064
        Total vcore-seconds taken by all map tasks=793095
        Total vcore-seconds taken by all reduce tasks=45064
        Total megabyte-seconds taken by all map tasks=812129280
        Total megabyte-seconds taken by all reduce tasks=46145536
 Map-Reduce Framework
        Map input records=16
        Map output records=32
        Map output bytes=288
        Map output materialized bytes=448
        Input split bytes=2294
        Combine input records=0
        Combine output records=0
        Reduce input groups=2
        Reduce shuffle bytes=448
        Reduce input records=32
```

```
                Reduce output records=0
                Spilled Records=64
                Shuffled Maps =16
                Failed Shuffles=0
                Merged Map outputs=16
                GC time elapsed (ms)=8766
                CPU time spent (ms)=13460
                Physical memory (bytes) snapshot=3479724032
                Virtual memory (bytes) snapshot=14234632192
                Total committed heap usage (bytes)=2183528448
        Shuffle Errors
                BAD_ID=0
                CONNECTION=0
                IO_ERROR=0
                WRONG_LENGTH=0
                WRONG_MAP=0
                WRONG_REDUCE=0
        File Input Format Counters
                Bytes Read=1888
        File Output Format Counters
                Bytes Written=97
Job Finished in 179.465 seconds
Estimated value of Pi is 3.14127500000000000000
```

需要注意的是，MapReduce 的进度的显示方式与第 1 版的 MapReduce 相同，但是应用的统计不同。大多数的统计无须过多解释。需要注意的一个重要事项就是应用 YARN "MapReduce 框架"运行程序。使用这个框架，旨在与第 1 版 Hadoop 兼容。

9.8.2 使用 Web GUI 监控实例

Hadoop YARN 的 Web GUI 与第 1 版的 Hadoop 不同。这部分提供了图解来说明怎样使用 Web GUI 来监控和获取 YARN 作业的信息。YARN 的 Web 主界面(http://hostname(主机名):18088)如图 9-6 所示。这个例子中我们使用了 pi 应用，它可能在你探究 GUI 之前就快速地运行和结束了。一个长时间运行的应用，如 terasort，对于探索 GUI 上的各种链接很有帮助。

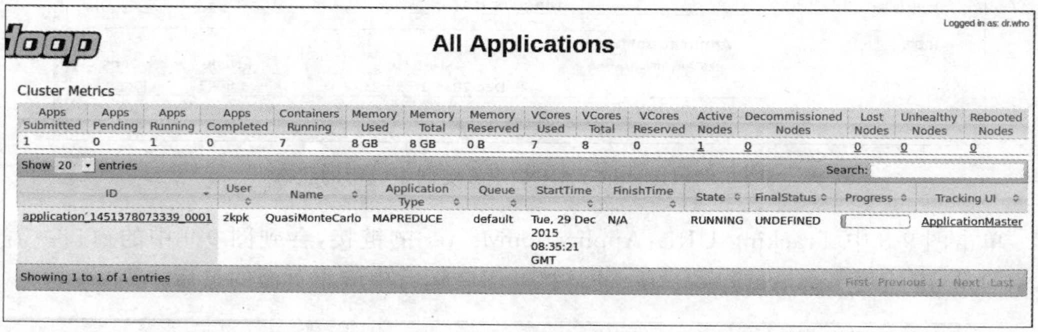

Logged in as: dr.who

All Applications

Cluster Metrics

Apps Submitted	Apps Pending	Apps Running	Apps Completed	Containers Running	Memory Used	Memory Total	Memory Reserved	VCores Used	VCores Total	VCores Reserved	Active Nodes	Decommissioned Nodes	Lost Nodes	Unhealthy Nodes	Rebooted Nodes
1	0	1	0	7	8 GB	8 GB	0 B	7	8	0	1	0	0	0	0

Show 20 entries Search:

ID	User	Name	Application Type	Queue	StartTime	FinishTime	State	FinalStatus	Progress	Tracking UI
application_1451378073339_0001	zkpk	QuasiMonteCarlo	MAPREDUCE	default	Tue, 29 Dec 2015 08:35:21 GMT	N/A	RUNNING	UNDEFINED		ApplicationMaster

Showing 1 to 1 of 1 entries First Previous 1 Next Last

图 9-6 Hadoop YARN 中 pi 实例的运行状态应用的 Web 界面

如果看看集群的监控指标列表，你会看到一些新的信息。首先看到的不是第 1 版 Hadoop 的"Map/Reduce Task Capacity"，现在是运行中 Container 数量的信息。如果 YARN 中运行这个 MapReduce 作业，这些 Container 既用于 Map，也用于 Reduce 任务。与第 1 版 Hadoop 不同，Map 与 Reduce 的数量不是固定不变的。也有一些内存监控指标和节点状态链接。如果点开节点链接，会看到该节点活动的概述。例如，图 9-7 为 pi 应用在运行中时，一个节点活动的快照。再次注意，MapReduce 框架使用的 Container 的数量，这些 Container 既可以用于 Map，也可以用于 Reduce。

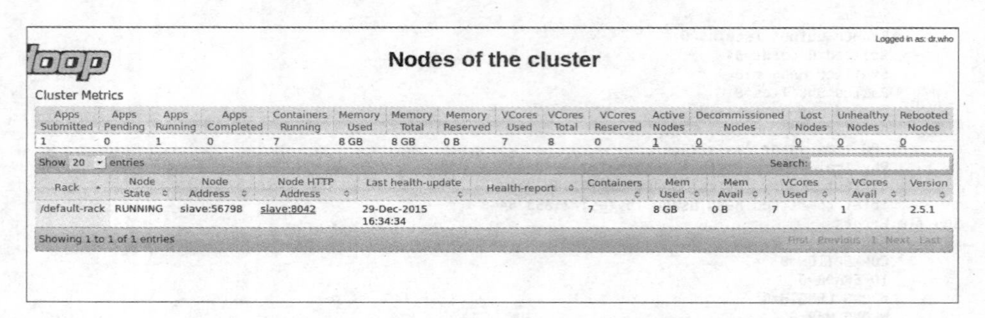

图 9-7　Hadoop YARN 节点状况窗口

回到 Applications/Running 的主窗口，如果单击 application_145...的链接，应用状态窗口会呈现出来，如图 9-8 所示。这个窗口提供一些类似前面的运行中应用程序列表的窗口，但只有被选中的那个作业的信息。

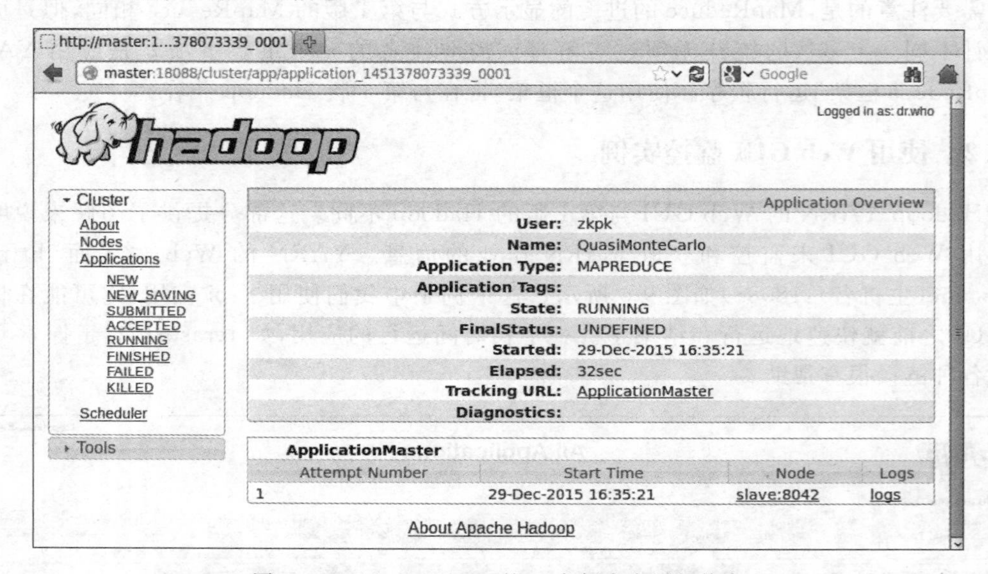

图 9-8　Hadoop YARN 的 pi 实例中应用的状态

单击图 9-8 中 Tracking URL：ApplicationMaster 的链接，会到图 9-9 中的窗口。需要注意的是，应用的 ApplicationMaster 的链接处于在运行中应用页面的最后一列。

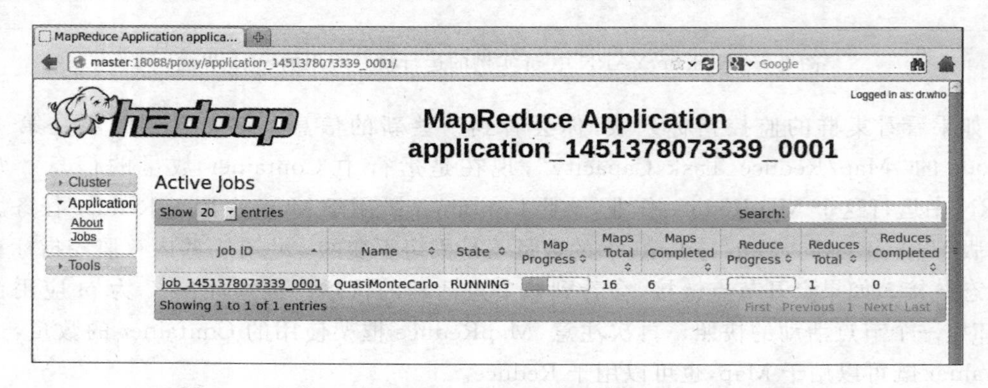

图 9-9　Hadoop YARN MapReduce 应用的 ApplicationMaster

在 MapReduce 的应用窗口中可以获取 MapReduce 作业的详细信息。单击“job_145...”可以跳转到如图 9-10 所示的窗口(你的作业 ID 可能会不同)。

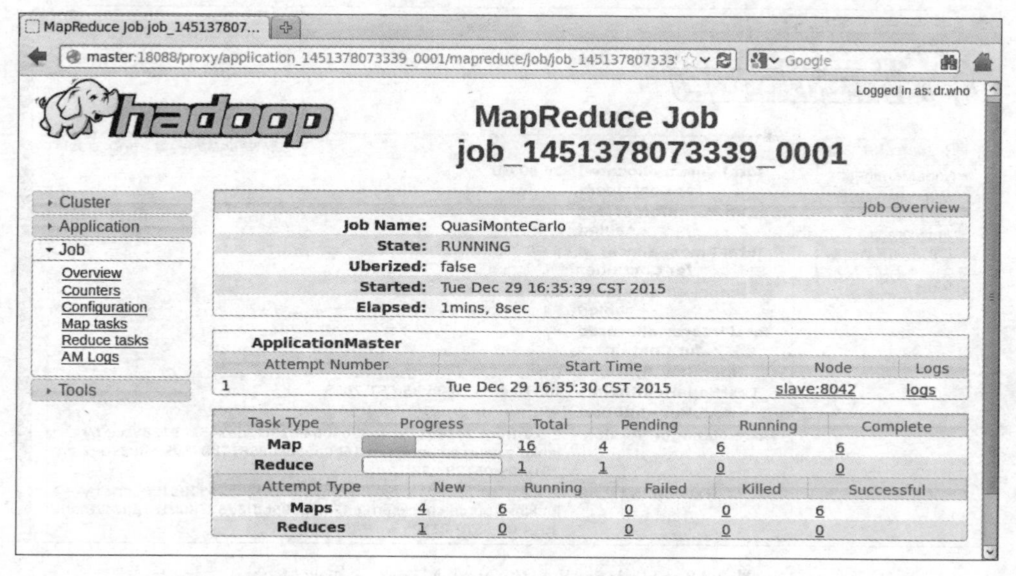

图 9-10　Hadoop YARN MapReduce 应用的 ApplicationMaster

现在展示了更多的作业状态。当作业结束时,图 9-8 中的窗口会更新到如图 9-11 所示的状态。区别见红色框部分。

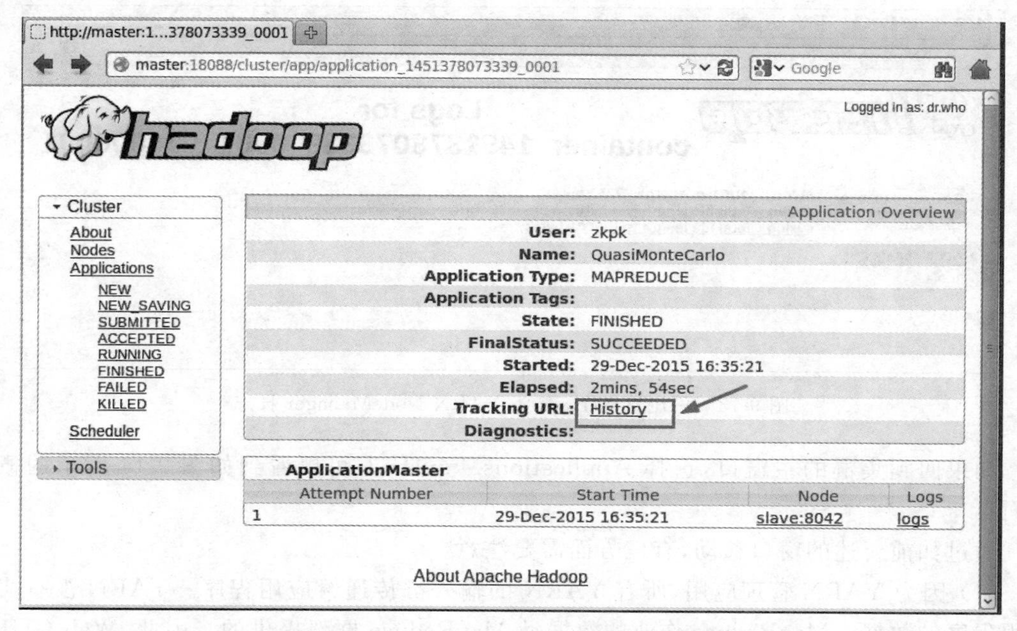

图 9-11　Hadoop YARN 应用概述页面

若单击用于运行 ApplicationMaster 的节点(本例子中是 slave:8042),如图 9-12 所示的窗口会打开并提供一些 NodeManager 的概述信息。同样,NodeManager 跟踪的只有

Container，每个 Container 运行的任务由 ApplicationMaster 确定。

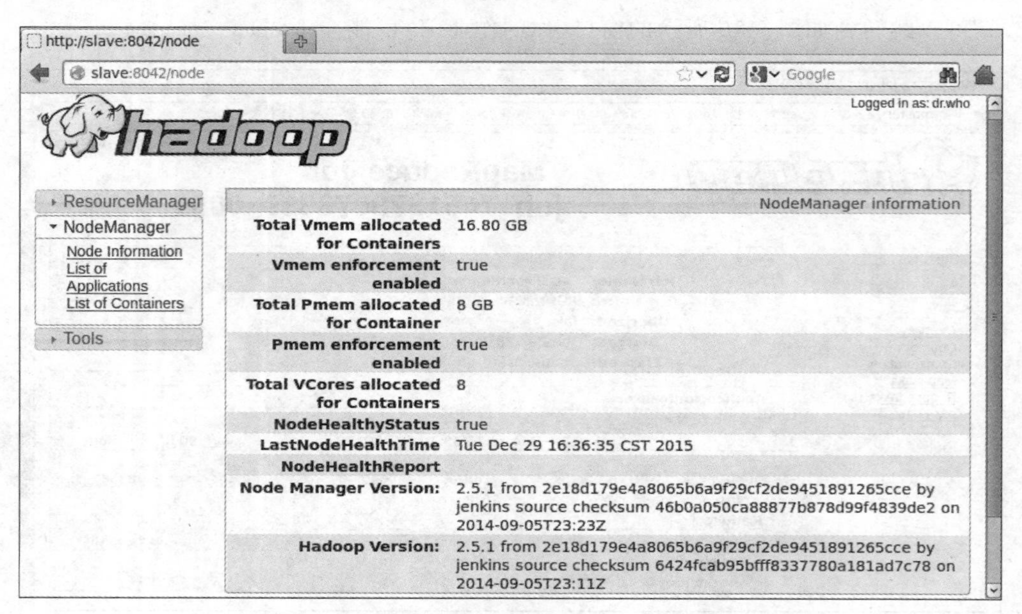

图 9-12　Hadoop YARN NodeManager 作业概述

回到作业概述页面，也可以通过单击 logs 链接检查 ApplicationMaster 的日志。在结果窗口中，可以看到 stderr、stdout 和 syslog，如图 9-13 所示。

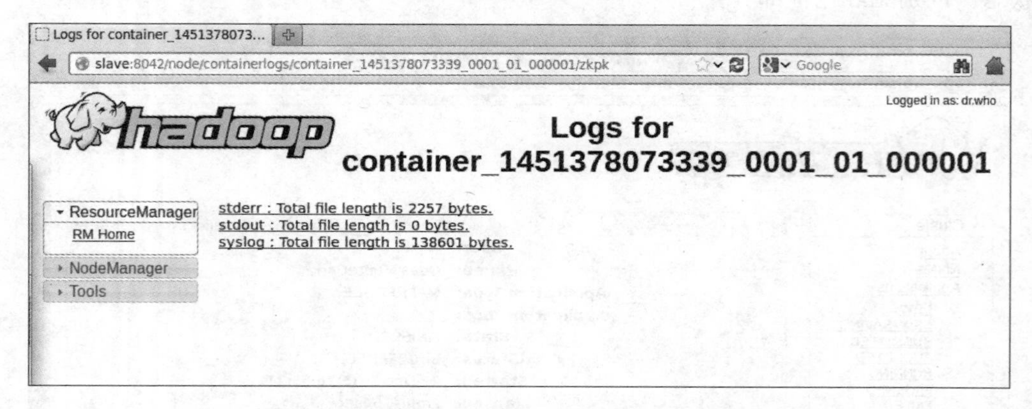

图 9-13　可浏览的 Hadoop YARN NodeManager 日志

如果回到集群的主窗口，选择 Applications/Finished，可以看到如图 9-14 所示的概述页面。

通过如前所述的窗口移动，有三方面需要注意。

(1) 因为 YARN 管理应用，所有 YARN 的输入都传递给应用程序。YARN 没有实际应用程序的数据。MapReduce 作业的数据是 MapReduce 框架提供的。因此，Web GUI 由两种明显不同的数据流组成：YARN 应用和 MapReduce 框架作业，如果框架未提供作业信息，那么 Web GUI 的这个部分不显示任何信息。

(2) Map 和 Reduce 任务的动态属性。这些任务以 YARN 的 Container 的方式执行，它

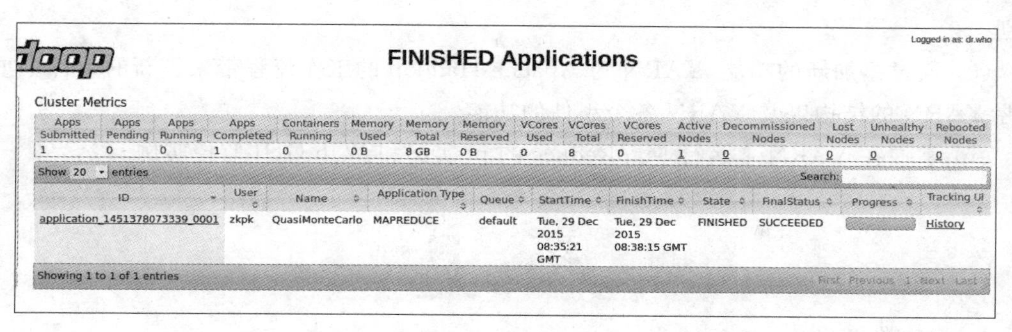

图 9-14 Hadoop YARN 结束应用界面

们的数量会随着应用程序运行发生变化。由于去掉了静态插槽，这个特性提供了更好的集群利用率。

(3) 可以研究一下窗口上其他链接(如图 9-11 中的 History 链接)。使用 MapReduce 框架，可以更深入地查询独立的 Map 和 Reduce 任务。如果开启了日志聚合功能，那么可以查看每个 Map 和 Reduce 任务独立的日志。

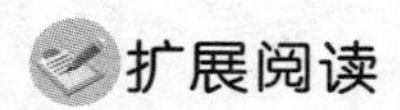
扩展阅读

YARN 上的日志聚合功能

有了 YARN，对于同属于一个应用且运行于一个给定的 NodeManager 的所有 Container 的日志，可以聚合并写到指定文件系统中配置的目录里的一个单独的(可能被压缩)日志文件中。在目前的实现中，一旦应用完成了，就可以得到一个应用级的日志目录和与节点一一对应的日志文件，其中包括了运行在该节点上这个应用的所有 Container 的日志。

本章小结

本章主要介绍了 MapReduce 的工作机制，主要包括 MapReduce 的运行机制(Hadoop 2.0 版本)、shuffle 和排序、任务的执行、作业的调度和 YARN 这几个方面，具体有以下几点。

(1) 了解 MapReduce 2 解决了 MapReduce 1 的哪些问题。

(2) 重点掌握 Hadoop 使用 YARN 运行 MapReduce 的过程以及在 MapReduce 2 系统中状态更新信息的过程。

(3) 重点掌握 MapReduce 的 shuffle 和排序过程。

(4) 前面讲解了 MapReduce 作业的运行机制，结合整个作业的运行背景知道了 MapReduce 是如何执行作业的，掌握 MapReduce 用户对任务执行的更多的控制。

(5) 为了公平地在用户之间分配资源、及时完成生产作业的需要、能够设置作业优先级等功能我们学习了三种作业调度器，分别是 FIFO 调度器、公平调度器(Fair Scheduler)和容量调度器(Capacity Scheduler)。重点掌握公平调度器和容量调度器，理解两种调度器的区别。

(6) 通过添加新的功能,YARN 为 Apache Hadoop 的工作流程带来了新的组件。重点掌握 YARN 的结构以及 YARN 各个组件的功能。

(7) 掌握在 YARN 上运行 MapReduce 的 pi 实例和 Web GUI 监控实例。

习　题

1. 选择题

(1) YARN 上的 MapReduce 实体不包括(　　)。

A. NodeManager　　B. client　　C. jobtracker　　D. NodeManager

(2) 每个 map 任务都有一个环形内存缓冲区用于存储任务的输出。默认情况下,缓冲区的大小为(　　)MB。

A. 32　　B. 64　　C. 100　　D. 128

(3) 下列(　　)不属于 MapReduce 的调度器。

A. FIFO 调度器　　B. 公平调度器

C. 内核调度器　　D. 容量调度器

(4) 对于 YARN ResourceManager 的理解,(　　)是不正确的。

A. YARN ResourceManager 负责整个系统的资源管理和分配

B. YARN 提供了多种直接可用的调度器,例如内核调度器

C. YARN ResourceManager 主要由两个组件构成:调度器和应用程序管理器

D. YARN ResourceManager 是一个纯粹的调度器

(5) NodeManager 的职责不包括(　　)。

A. 与调度器协商资源

B. 保证已启用的容器不使用超过分配的资源量

C. 为 task 构建容器环境

D. 为所在的节点提供一个管理本地存储资源的简单服务

2. 问答题

(1) MapReduce 2 中作业的运行过程是什么?

(2) shuffle 的概念是什么? MapReduce 的 shuffle 和排序的具体过程是什么?

(3) 如果有 50 个 map 输出,而合并因子默认是 10,每趟合并的文件数怎么样设计才能达到优化?

(4) 简单讲述一下公平调度器与容量调度器各自优点与缺点。

(5) 简单总结一下 YARN 的发展与作用。

(6) YARN ResourceManager 主要由哪两个组件组成? 它们的功能分别是什么?

(7) ApplicationMaster 和 NodeManager 的主要职责分别是什么?

(8) ResourceRequest 的形式是怎样的? 并简单描述一下其中的组成模块。

(9) YARN Container 的启动 API 是与平台无关的,它包括哪些重要元素?

第10章

MapReduce 高级开发

本章提要

在前面的章节中已经对 MapReduce 作了详细的介绍。首先是认识 MapReduce 编程模型，讲解了 MapReduce 架构及其作业的生命周期；其次是 MapReduce 应用编程的开发，主要介绍了 MapReduce 编程和 Java API 解析，以及在集群上是如何运作的，最后介绍了 MapReduce 的工作机制与 YARN 平台。这些都让我们对 MapReduce 有了更深入的了解。

本章将介绍 MapReduce 的一些高级特性，如计数器、数据集的排序和连接。计数器是一种收集作业统计信息的有效手段，排序是 MapReduce 的核心技术，MapReduce 也能够执行大型数据集间的“连接(join)”操作。

10.1 计 数 器

计数器是一种收集作业、统计信息的有效手段，用于质量控制或应用级统计。计数器还可用于辅助诊断系统故障。对于大型分布式系统来说，获取计数器比分析日志文件容易得多。

10.1.1 内置计数器

Hadoop 为每个作业维护若干内置计数器(表 10-1)，以描述该作业的各项指标。例如，某些计数器记录已处理的字节数和记录数，使用户可监控已处理的输入数据量和已产生的输出数据量。

表 10-1 内置计数器

组 别	计算器名称	说 明
Map-Reduce 框架 map()	map 输入的记录	作业中所有 map 已处理的输入记录数。每次 RecordReader 读到一条记录并将其传给 map 的函数时，这个计数器的值增加
	map 跳过的记录	作业中所有 map 跳过的输入记录数
	map 输入的字节数	作业中所有 map 已处理的未压缩输入数据的字节。每次 RecordReader 读到一条记录并将其传给 map 的 map()函数时，这个计数器的值增加

续表

组　别	计算器名称	说　明
Map-Reduce 框架 map()	map 输出某一个的记录	作业中所有 map 产生的 map 输出记录数。每次 map 的 OutputCollector 调用 collect()方法时，这个计数器的值增加
	map 输出的记录	作业中所有 map 已产生的未压缩输出数据的字节数。每次某一个 map 的 OutCollector 调用 collect()方法时，这个计数器的值增加
	combine 输入的记录	作业中所有 combiner(如果有)已处理的输入记录数。combiner 的迭代器每次读一个值，这个计数器的值增加。注意：计数器代表 combiner 已经处理的值的个数，并非相异码分组数，后者并无实质意义，因为对于 combiner 而言，并不要求每个键对应一个组
	combine 输出的记录	作业中所有 combi ner(如果有)已产生的输出记录数。每次某一个 combirier 的 OutputCollecl：or 调用 collect()方法时，这个计数器的值增加
	reduce 输入的组	作业中所有 reducer 已经处理的相异码分组的个数。每当某一个 reducer 的 reduce()被调用时，这个计数器的值增加
	reduce 输入的记录	作业中所有 reducer 已经处理的输入记录的个数。当某个 reducer 的迭代器读一个值时，这个计数器的值增加。如果所有 reducer 已经处理完所有输入，则这个计数器的值与计数器 outpul records 的值相同
	reduce 每当输出的记录	作业中所有 map 已经产生的 reduce 输出记录数。某个 reducer 的 OutputCollector 调用 collect()方法时，这个计数器的值增加
	reduce 跳过的记录	作业中所有 redueer 已经跳过的输入记录的个数
	溢出的记录	作业中所有 map 和 reduce 任务溢出到磁盘的记录数
文件系统	文件系统读的字节	map 和 reduce 任务从每个文件系统读出的字节数。每个文件系统对应一个计数器，例如 Local、HDFS、S3、KFS 等
	文件系统写的字节	map 和 reduce 任务写到每个文件系统的字节数
作业计数	已启用的 map	已启动的 map 任务数，包括推测执行的任务
	已启用的 reduce	已启动的 reduce 任务数，包括推测执行的任务
	失败的 map 任务	失败的 map 任务数
	数据本地的 map 任务	与输入数据处于同一节点的 map 任务数
	机架本地的 map 任务	与输入数据不在同一机架的 map 任务数。由于机架之间的带宽较小，Hadoop 会尽量使 map 任务靠近输入数据，因而这个计数器的值一般较小

计数器由其关联任务维护，并定期传给 tasktracker，再由 tasktracker 传给 jobtracker。因此，计数器能够被全局地聚集。与其他计数器(包括用户定义的计数器)不同，内置的作业

计数器实际上由 jobtracker 维护，不必在整个网络中发送。

一个任务的计数器值每次都是完整传输的，而非自上次传输之后再继续数未完成的传输，以避免由于消息丢失而引发的错误。另外，如果一个任务在作业执行期间失败，则相关计数器值会减小。仅当一个作业执行成功之后，计数器的值才是完整可靠的。

10.1.2 自定义的 Java 计数器

MapReduce 允许用户编写程序来定义计数器，计数器的值可在 mapper 或 reducer 中增加。多个计数器由一个 Java 枚举(enum)类型来定义，以便对计数器分组。一个作业可以定义的枚举类型数量不限，各个枚举类型所包含的字段数量也不限。枚举类型的名称即为组的名称，枚举类型的字段就是计数器名称。计数器是全局的。换言之，MapReduce 框架将跨所有 map 和 reduce 聚集这些计数器，并在作业结束时产生一个最终结果。

1. 动态计数器

鉴于 Hadoop 需先将 Java 枚举类型转变成 String 类型，再通过 RPC 发送计数器值。使用枚举类型和 String 类型这两种创建和访问计数器的方法事实上是等价的。相比之下，枚举类型易于使用，还提供类型安全，适合大多数作业使用。如果某些特定场合需要动态创建计数器，可以使用 String 接口。

2. 易读的计数器名称

计数器的默认名称是枚举类型的 Java 完全限定类名。由于这种名称在 Web 界面和终端上可读性较差，因此 Hadoop 又提供了另一种方法(即使用“资源捆绑”(resource bundle))来修改计数器的显示名称。对于动态计数器而言，组名称和计数器名称也用作显示名称，因而通常不存在这个问题。

为计数器提供易读名称也很容易。以 Java 枚举类型为名创建一个属性文件，用下划线(_)分隔嵌套类型。属性文件与包含该枚举类型的顶级类放在同一目录中。

属性文件只有一个 CounterGroupName 属性，其值便是整个组的显示名称。在枚举类型中定义的每个字段均与一个属性对应，属性名称是“字段名称. name”，属性值是该计数器的显示名称。

属性文件 MaxTemperature WithCounters_Temperature. properties 的内容如下：

```
CounterGroupName=Air Temperature Records
MISSING.name=Missing
MALFORMED.name=Malformed
```

Hadoop 使用标准的 Java 本地化机制将正确的属性文件载入到当前运行区域。例如，新建一个名为 MaxTemperatureWith Counters_Temperature_zh_CN. properties 的中文属性中，在 zh-CN 区域运行时，就会使用这个属性文件。详情请参见 java. util. PropertyResourceBundle 类的相关文档。

3. 获取计数器

除了通过 Web 界面和命令行(执行 hadoop job -counter 指令)之外，用户还可以使用 Java API 获取计数器的值。通常情况下，用户一般在作业运行完成、计数器的值已经稳定下来时再获取计数器的值，而 Java API 还支持在作业运行期间就能够获取计数器的值。

10.2 数据去重

“数据去重”主要是为了掌握和利用并行化思想来对数据进行有意义的筛选。统计大数据集上的数据种类个数、从网站日志中计算访问地等这些看似复杂的任务都会涉及数据去重。下面就进入这个实例的 MapReduce 程序设计。

10.2.1 实例描述

对数据文件中的数据进行去重。数据文件中的每行都是一个数据。输入数据为搜狗500W,字段依次为：访问时间、用户 ID、搜索关键词、结果排序、点击次数、用户最后点击的 URL。在这里,我们对提取用户 ID 字段进行去重。样例输入如下所示：

```
20111230004309  fbc524dba4cd34cd21506ae4049827b4   人体艺术        8   4      http://www.jiute.us/
20111230004309  ec4f2426d4a96b4e3a2614206367187e   人体亿术        6   3      http://www.gf0826.com/styIe.asp
20111230004309  c9ba09fbce14cace7a5b8d39f496c091   mv下载    2     2   http://www.mvmatrix.com/
20111230004310  a090311d0fb2318c376dfac89606719c   www.jcard.cn   1   1      http://www.jcard.cn/
20111230004310  dcb34673e7dcf6d34ebd4c438ef24c97   新闻      2     2   http://news.sina.com.cn/
20111230004310  de5f8575678fe9c070ce39757b1e78e4   剑祖      5     2   http://www.sodu.org/mulu_568021.html
20111230004311  92aef2036ebef7755167056335e237b9   森山杏菜        1   2      http://avbobo.com/thread_277.html
20111230004312  d546692342a125db03f2a42313af087b   优酷      1     1   http://www.youku.com/
```

10.2.2 设计思路

数据去重的最终目标是让原始数据中出现次数超过一次的数据在输出文件中只出现一次。我们自然而然会想到将同一个数据的所有记录都交给一台 reduce 机器,无论这个数据出现多少次,只要在最终结果中输出一次就可以了。具体就是 reduce 的输入应该以数据作为 key,而对 value-list 则没有要求。当 reduce 接收到一个＜key,value-list＞时,就直接将 key 复制到输出的 key 中,并将 value 设置成空值。

在 MapReduce 流程中,map 的输出＜key,value＞经过 shuffle 过程聚集成＜key,value-list＞后会交给 reduce。所以从设计好的 reduce 输入可以反推出 map 的输出 key 应为数据,value 为任意值。继续反推,map 输出数据的 key 为数据,而在这个实例中每个数据代表输入文件中的一行内容,所以 map 阶段要完成的任务就是在采用 Hadoop 默认的作业输入方式之后,将 value 设置为 key,并直接输出(输出中的 value 任意)。map 中的结果经过 shuffle 过程之后交给 reduce。reduce 阶段不会管每个 key 有多少个 value,它直接将输入的 key 复制为输出的 key,再输出就可以了(输出中的 value 被设置成空了)。

10.2.3 程序代码

```
public class Filter {
    private static final String INPUT_PAHT="hdfs://master:9000/sogou/20111230";
    private static final String OUTPUT_PATH="hdfs://master:9000/filter";
    public static void main(String[] args) throws Exception {
        Configuration conf=new Configuration();
        Job job=new Job(conf, DataFilter.class.getSimpleName());
        FileSystem fileSystem=FileSystem.get(URI.create(OUTPUT_PATH), conf);
```

```
            if(fileSystem.exists(new Path(OUTPUT_PATH))){
                fileSystem.delete(new Path(OUTPUT_PATH));
            }
            FileInputFormat.setInputPaths(job, new Path(INPUT_PAHT));
            job.setJarByClass(DataFilter.class);
            job.setMapperClass(MyMap.class);
            job.setReducerClass(MyReduce.class);
            job.setOutputKeyClass(Text.class);
            job.setOutputValueClass(NullWritable.class);
            FileOutputFormat.setOutputPath(job, new Path(OUTPUT_PATH));
            job.waitForCompletion(true);
        }
        public static class MyMap extends Mapper<LongWritable, Text, Text, NullWritable>{
            private Text newKey=new Text();
            protected void map(LongWritable key, Text value,Mapper<LongWritable,
                Text,Text,NullWritable>.Context context)throws java.io.IOException,
                InterruptedException {
                String line=value.toString();
                String[] arr=line.split("\t");
                newKey.set(arr[1]);
                context.write(newKey, NullWritable.get());
            };
        }
        public static class MyReduce extends Reducer < Text, NullWritable, Text,
        NullWritable>{
            protected void reduce (Text k2,Iterable<NullWritable>v2s,Context context)
            throws java.io.IOException ,InterruptedException{
                context.write(k2,NullWritable.get() );
            }
        }
    }
```

程序运行结果如下(部分结果):

```
32a044d1d17532ffa9be347859bf87c5
32a05865c2706047699dda78777af651
32a063f006e0051a3a37e5f2cee7b1f1
32a081480a5dd4f099152c39cabda389
32a084be4b474fcab0ee2e7d4015c6c3
32a08d29b8b9547b5c9341e5a91fd5d7
32a0a9c5d77b2a1fbd0883ada3ed0090
32a0ac6a92f31bbb48610a88eef2e20d
```

10.3 排　　序

“数据排序”是许多实际任务执行时要完成的第一项工作,例如学生成绩评比、数据建立索引等。这个实例和数据去重类似,都是先对原始数据进行初步处理,为进一步的数据操作打好基础。下面进入这个实例。

10.3.1 实例描述

对输入文件中数据进行排序。输入数据为搜狗500W,字段依次为：访问时间、用户ID、搜索关键词、结果排序、点击次数、用户最后点击的URL。在这里,我们提取点击次数进行排序。样例输入如下所示：

```
20111230004309  fbc524dba4cd34cd21506ae4049827b4    人体艺术        8   4       http://www.jiute.us/
20111230004309  ec4f2426d4a96b4e3a2614206367187e    人体亿术        6   3       http://www.gf0826.com/styIe.asp
20111230004309  c9ba09fbce14cace7a5b8d39f496c091    mv下载    2     2   http://www.mvmatrix.com/
20111230004310  a090311d0fb2318c376dfac89606719c    www.jcard.cn    1   1       http://www.jcard.cn/
20111230004310  dcb34673e7dcf6d34ebd4c438ef24c97    新闻      2     2   http://news.sina.com.cn/
20111230004310  de5f8575678fe9c070ce39757b1e78e4    剑祖      5     2   http://www.sodu.org/mulu_568021.html
20111230004311  92aef2036ebef7755167056335e237b9    森山杏菜        1   2       http://avbobo.com/thread_277.html
20111230004312  d546692342a125db03f2a42313af087b    优酷      1     1   http://www.youku.com/
```

10.3.2 设计思路

这个实例仅仅要求对输入数据进行排序,熟悉MapReduce过程的读者会很快想到在MapReduce过程中就有排序,是否可以利用这个默认的排序,而不需要自己再实现具体的排序呢？答案是肯定的。

但是在使用之前,首先需要了解它的默认排序规则。它是按照key值进行排序的,如果key为封装int的IntWritable类型,那么MapReduce按照数字大小对key排序,如果key为封装为String的Text类型,那么MapReduce按照字典顺序对字符串排序。

了解了这个细节,我们就知道应该使用封装int的IntWritable型数据结构了。也就是在map中将读入的数据转化成IntWritable型,然后作为key值输出(value任意)。reduce拿到＜key,value-list＞之后,将输入的key作为value输出,并根据value-list中元素的个数决定输出的次数。但是,为了能直观地看出数据有哪些,就对数据做了去重后再输出。需要注意的是这个程序中没有配置Combiner,也就是在MapReduce过程中不使用Combiner。这主要是因为使用map和reduce就已经能够完成任务了。

10.3.3 程序代码

```
public class DataSort {
    private static final String INPUT_PATH="hdfs://master:9000/sogou/20111230";
    private static final String OUTPUT_PATH="hdfs://master:9000/sortdata";
    public static void main(String[] args) throws Exception {
        Configuration configuration=new Configuration();
        @SuppressWarnings("deprecation")
        Job job=new Job(configuration, "NumSort");
        FileSystem fileSystem = FileSystem. get (URI. create (OUTPUT _ PATH),
        configuration);
        if(fileSystem.exists(new Path(OUTPUT_PATH))){
            fileSystem.delete(new Path(OUTPUT_PATH));
        }

        FileInputFormat.setInputPaths(job,new Path(INPUT_PATH));
        job.setMapperClass(MyMap.class);
        job.setMapOutputKeyClass(IntWritable.class);
        job.setMapOutputValueClass(NullWritable.class);
```

```
        job.setReducerClass(MyReduce.class);
        job.setOutputKeyClass(IntWritable.class);
        job.setOutputValueClass(NullWritable.class);
        FileOutputFormat.setOutputPath(job, new Path(OUTPUT_PATH));

        job.waitForCompletion(true);
    }

    public static class MyMap extends Mapper< LongWritable, Text, IntWritable,
    NullWritable>{
        private Text newKey=new Text();
        protected void map(LongWritable key, Text value, Context context)
            throws java.io.IOException ,InterruptedException {
            String line=value.toString();
            String[] arr=line.split("\t");
            newKey.set(arr[4]);
            context.write(new IntWritable(Integer.parseInt(newKey.toString())),
            NullWritable.get());
        };
    }
    public static class MyReduce extends Reducer < IntWritable, NullWritable,
    IntWritable, NullWritable>{
        protected void reduce(IntWritable k2, Iterable<NullWritable>v2s,Context
        context)throws java.io.IOException ,InterruptedException {
            context.write(k2,NullWritable.get());
        };
    }
}
```

运行结果如下：

```
1
2
3
4
5
6
7
8
9
10
```

10.4 二次排序

二次排序就是首先按照第一字段排序，然后再对第一字段相同的行按照第二字段排序，注意不能破坏第一次排序的结果。

10.4.1 二次排序原理

在 map 阶段，使用 job. setInputFormatClass 定义的 InputFormat 将输入的数据集分割

成小数据块 splites，同时 InputFormat 提供一个 RecordReder 的实现。本例中使用的是 TextInputFormat，它提供的 RecordReder 会将文本的一行的行号作为 key，这一行的文本作为 value。这就是自定义 Map 的输入是＜LongWritable，Text＞的原因。然后调用自定义 Map 的 map 方法，将一个个"＜LongWritable，Text＞对"输入给 Map 的 map 方法。注意输出应该符合自定义 Map 中定义的输出＜IntPair，IntWritable＞。最终是生成一个 List＜IntPair，IntWritable＞。在 map 阶段的最后，会先调用"job. setPartitionerClass 对"这个 List 进行分区，每个分区映射到一个 reducer。每个分区内又调用 job. setSortComparatorClass 设置的 key 比较函数类排序。可以看到，这本身就是一个二次排序。如果没有通过 job. setSortComparatorClass 设置 key 比较函数类，则使用 key 的实现的 compareTo 方法。在本例中，使用了 IntPair 实现的 compareTo 方法。

在 reduce 阶段，reducer 接收到所有映射到这个 reducer 的 map 输出后，也是会调用 job. setSortComparatorClass 设置的 key 比较函数类对所有数据对排序。然后开始构造一个 key 对应的 value 迭代器。这时就要用到分组，使用 jobjob. setGroupingComparatorClass 设置的分组函数类。只要这个比较器比较的两个 key 相同，它们就属于同一个组，它们的 value 放在一个 value 迭代器中，而这个迭代器的 key 使用属于同一个组的所有 key 的第一个 key。最后就是进入 Reducer 的 reduce 方法，reduce 方法的输入是所有的（key 和它的 value 迭代器）。同样注意输入与输出的类型必须与自定义的 Reducer 中声明的一致。

10.4.2 二次排序的算法流程

1. 自定义 key

在 MapReduce 中，所有的 key 是需要被比较和排序的，并且是要进行两次。先根据 partitione，再根据大小。而本例中也是要比较两次。先按照第一字段排序，然后再对第一字段相同的按照第二字段排序。根据这一点，可以构造一个复合类 NewKey2。Newkey2 有两个字段，先利用分区对第一字段排序，再利用分区内的比较对第二字段排序。

所有自定义的 key 应该实现接口 WritableComparable，因为是可序列化的且可比较的，并重载方法。

另外，新定义的类应该重写的两个方法如下：

```
public int hashCode()
public boolean equals(Object right)
```

2. 自定义类

由于 key 是自定义的，所以还需要自定义类。

(1) 分区函数类。这是 key 的第一次比较。

```
public static class HashPartitioner extends Partitioner< NewKey2,IntWritable>
```

在 job 中设置使用 setPartitionerClasss 。

(2) key 比较函数类。这是 key 的第二次比较，是一个比较器，需要继承实现接口 WritableComparable。

```
static class NewKey2 implements Writa bleComparable<NewKey2>
```

必须有一个构造函数,并且重载 public int compare(NewKey2 o1,NewKey2 o2)。

(3) 分组函数类。在 reduce 阶段,构造一个 key 对应的 value 迭代器时,只要 first 相同就属于同一个组,放在一个 value 迭代器。这是一个比较器,需要实现接口 RawComparator。

```
static class MyGroupComparator implements Raw Comparator<NewKey2>
```

同 key 比较函数类,必须有一个构造函数,并且重载 public int compare(NewKey2 o1, NewKey2 o2)。在 job 中设置使用 setGroupingComparatorClass。

另外应注意的是,如果 reduce 的输入与输出不是同一种类型,则不要定义 Combiner 也使用 reduce,因为 Combiner 的输出是 reduce 的输入。除非重新定义一个 Combiner。

10.4.3 代码实现

原始数据:

```
11    11
33    23
22    12
33    33
11    12
22    22
33    11
22    22
33    12
```

对以上两列数据进行排序,要求:

(1) 第一列从小到大升序排序;

(2) 在第一列的数值相等的情况下,第二列数值按从小到大升序排序。

```
public class DataSortTwo {
    private static final String INPUT_PATH="hdfs://master:9000/data";
    private static final String OUTPUT_PATH="hdfs://master:9000/sortdatatwo";
    public static void main(String[] args) throws Exception{
        //创建配置对象
        Configuration conf=new Configuration();
        //创建作业对象
        Job job=new Job(conf,DataSortTwo.class.getSimpleName());

        FileSystem fileSystem=FileSystem.get(new URI(INPUT_PATH), conf);
        if(fileSystem.exists(new Path(OUTPUT_PATH))){
            fileSystem.delete(new Path(OUTPUT_PATH), true);
        }
        //指定输入文件路径
        FileInputFormat.setInputPaths(job, INPUT_PATH);
        //指定哪个类用来格式化输入文件
        job.setInputFormatClass(TextInputFormat.class);
        //指定自定义的Mapper类
```

```
        job.setMapperClass(MyMap.class);
        // 指定输出<k2,v2>的类型
        job.setMapOutputKeyClass(NewKey2.class);
        job.setMapOutputValueClass(LongWritable.class);

        job.setPartitionerClass(HashPartitioner.class);
        job.setNumReduceTasks(1);
        job.setGroupingComparatorClass(MyGroupComparator.class);

        job.setReducerClass(MyReduce.class);
        job.setOutputKeyClass(LongWritable.class);
        job.setOutputValueClass(LongWritable.class);
        FileOutputFormat.setOutputPath(job, new Path(OUTPUT_PATH));
        job.setOutputFormatClass(TextOutputFormat.class);

        // 把代码提交给 JobTracker 执行
        job.waitForCompletion(true );
    }
    //v2 的类型是 Text
    static int count=0;
    static class MyMap extends Mapper<LongWritable, Text, NewKey2, LongWritable>{
        protected void map (LongWritable key, Text value, org. apache. hadoop.
        mapreduce. Mapper < LongWritable, Text, NewKey2, LongWritable >. Context
        context) throws java.io.IOException ,InterruptedException {
            System.out.println("输入的 k1:"+key+" ,输入的 v1: "+value);
             //map 函数从 hdfs 中读取数据,一行一行读取,key 为索引,value 为每次行的内容

            String [] valueStrings=value.toString().split("\t");
            NewKey2 k2 = new  NewKey2 (Long. parseLong (valueStrings [0]), Long.
            parseLong(valueStrings[1]));
            LongWritable v2=new LongWritable(Long.parseLong(valueStrings[1]));
            context.write(k2, v2);
            System.out.println("输出的 k2:"+k2.first+" ,输出的 v2:"+v2+"\n");
        };
    }
    static class MyReduce extends Reducer< NewKey2, LongWritable, LongWritable,
    LongWritable>{
        private final IntWritable first=new IntWritable();
        protected void reduce(NewKey2 k2,Iterable<LongWritable>v2s,Context context)
        throws java.io.IOException ,InterruptedException {
            long max=Long.MIN_VALUE;
            for (LongWritable v2 : v2s) {
                if(v2.get()>max){
                    max=v2.get();
                    context.write(new LongWritable(k2.first), new LongWritable(max));
                }
            }
        };
    }
```

```
static class NewKey2 implements WritableComparable<NewKey2>{
    Long first;
    Long second;

    public NewKey2(){}
    public NewKey2(Long first,Long second){
        this.first=first;
        this.second=second;
    }
    @Override
    public void write(DataOutput out) throws IOException {
        out.writeLong(first);
        out.writeLong(second);
    }
    @Override
    public void readFields(DataInput in) throws IOException {
        this.first=in.readLong();
        this.second=in.readLong();
        System.out.println("这是 readFields()方法!first:"+this.first+",
        second"+this.second);
    }
    @Override
    public int compareTo(NewKey2 o) {
        long minus=this.first-o.first;
        if (this.first !=o.first) {
            return (int)minus;
        } else if (this.second !=o.second) {
            return (int) (this.second-o.second);
        } else {
            return 0;
        }
    }
    static class MyGroupComparator implements RawComparator<NewKey2>{
        @Override
        public int compare(NewKey2 o1, NewKey2 o2) {
            System.out.println("MyGroupComparator 类中的 compare(NewKey2 o1,
            NewKey2 o2)方法");
            return (int)(o1.first-o2.first);
        }
        //arg0 表示第一个参与比较的字节数组
        //arg1 表示第一个参与比较的字节数组的起始位置
        //arg2 表示第一个参与比较的字节数组的偏移量
        //arg3 表示第二个参与比较的字节数组
        //arg4 表示第二个参与比较的字节数组的起始位置
        //arg5 表示第二个参与比较的字节数组的偏移量
        @Override
        public int compare(byte[] b1, int s1, int l1, byte[] b2, int s2, int l2) {
            System.out.println("MyGroupComparator 类中的 compare(byte[] b1,
            int s1, int l1, byte[] b2, int s2, int l2)方法");
```

```
            System.out.println(b1.length+"\t"+s1+"\t"+b2.length+"\t"+s2);
            return WritableComparator.compareBytes(b1, s1, 8, b2, s2, 8);
        }
    }
  }
}
```

程序运行结果如下：

```
11    11
11    12
22    12
22    22
33    11
33    12
33    23
33    33
```

10.5 平均值

使用"平均成绩"作为实例的主要目的还是在重温经典的WordCount例子，可以说是在基础上的微变化版，本实例主要就是实现一个计算学生平均成绩的例子。

10.5.1 实例描述

对输入文件中数据计算学生平均成绩。输入文件中的每行内容均为一个学生的姓名和他相应的成绩。其中，第一个代表学生的姓名，第二个代表其不同学科的成绩。

样本输入如下：

```
张三    88
李四    99
王五    66
赵六    77
张三    78
李四    89
王五    96
赵六    67
张三    80
李四    82
王五    84
赵六    86
```

10.5.2 设计思路

计算学生的平均成绩是一个仿WordCount例子，用来重温一下开发MapReduce程序的流程。程序包括两部分的内容：Map部分和Reduce部分，分别实现了map和reduce的功能。

Map处理的是一个纯文本文件。文件中存放的数据的时每一行表示一个学生的姓名和他相应的学科成绩。Mapper处理的数据是由InputFormat分解过的数据集，其中

InputFormat的作用是将数据集切割成小数据集InputSplit，每一个InputSlit将由一个Mapper负责处理。此外，InputFormat中还提供了一个RecordReader的实现，并将一个InputSplit解析成<key，value>对提供给了map函数。InputFormat的默认值是TextInputFormat，它针对文本文件，按行将文本切割成InputSlit，并用LineRecordReader将InputSplit解析成<key，value>对，key是行在文本中的位置，value是文件中的一行。

Map的结果会通过partion分发到Reducer，Reducer做完Reduce操作后，将以格式OutputFormat输出。

Mapper最终处理的结果即"<key，value>对"会送到Reducer中进行合并。合并时，有相同key的"键/值对"则送到同一个Reducer上。Reducer是所有用户定制Reducer类的基础，它的输入是key和这个key对应的所有value的一个迭代器，同时还有Reducer的上下文。Reduce的结果由Reducer. Context的write方法输出到文件中。

10.5.3 程序代码

```
public class AvgScore {
    private static final String INPUT_PATH="hdfs://master:9000/scoredata";
    private static final String OUTPUT_PATH="hdfs://master:9000/avgscore";
    public static void main(String[] args) throws Exception {
        Configuration conf=new Configuration();
        @SuppressWarnings("deprecation")
        Job job=new Job(conf,AvgScore.class.getSimpleName());
        FileSystem fileSystem=FileSystem.get(URI.create(OUTPUT_PATH), conf);
        if(fileSystem.exists(new Path(OUTPUT_PATH))){
            fileSystem.delete(new Path(OUTPUT_PATH));
        }
        FileInputFormat.setInputPaths(job,new Path(INPUT_PATH));
        job.setMapperClass(MyMap.class);
        job.setMapOutputKeyClass(Text.class);
        job.setMapOutputValueClass(IntWritable.class);
        job.setReducerClass(MyReduce.class);
        job.setOutputKeyClass(Text.class);
        job.setOutputValueClass(DoubleWritable.class);
        FileOutputFormat.setOutputPath(job, new Path(OUTPUT_PATH));
        job.waitForCompletion(true);
    }
    public static class MyMap extends Mapper<LongWritable, Text, Text, IntWritable>{
       protected void map(LongWritable key, Text value, Mapper< LongWritable,
       Text,Text,IntWritable>.Context context)throws java.io.IOException ,
       InterruptedException {
           String[] split=value.toString().split("\t");
           String name=split[0];
           int score=Integer.parseInt(split[1]);
           context.write(new Text(name), new IntWritable(score));
       };
    }
    public static class MyReduce extends Reducer < Text, IntWritable, Text,
    DoubleWritable>{
       protected void reduce(Text k2, Iterable<IntWritable>v2s,
```

```
        Reducer<Text,IntWritable,Text,DoubleWritable>.Context context)
        throws java.io.IOException,InterruptedException {
            double sum=0;
            long count=0;
            for (IntWritable score : v2s) {
                sum=sum+score.get();
                count++;
            }
            double avg=sum/count;
            context.write(k2, new DoubleWritable(avg));
        };
    }
}
```

程序运行结果如下：

```
张三    82.0
李四    90.0
王五    82.0
赵六    76.66666666666667
```

10.6 Join 联接

MapReduce 能够执行大型数据集间的"联接"(join)操作，但是自己从头编写相关代码来执行联接的确非常棘手。除了写 MapReduce 程序，还可以考虑采用一个更高级的框架，如 Pig、Hive 或 Cascading 等，它们都将联接操作视为整个实现的核心部分。

联接操作的具体实现技术取决于数据集的规模及分区方式。如果一个数据集很大(例如天气记录)，而另外一个集合很小，以至于可以分发到集群中的每一个节点之中(例如气象站元数据)，则可以执行一个 MapReduce 作业，将各个气象站的天气记录放到一起(例如，根据气象站 ID 执行部分排序)，从而实现联接。mapper 或 reducer 根据各气象站 ID 从较小的数据集合中找到气象站元数据，使元数据能够被写到各条记录之中。

联接操作如果由 mapper 执行，则称为"map 端联接"；如果由 reducer 执行，则称为"reduce 端联接"。

如果两个数据集的规模均很大，以至于没有哪个数据集可以被完全复制到集群的每个节点，仍然可以使用 MapReduce 来进行联接。至于到底采用 map 端联接还是 reduce 端联接，则取决于数据的组织方式。最常见的一个例子便是用户数据库和用户活动日志(例如访问日志)。对于一个热门服务来说，将用户数据库(或日志)数据库分发到所有 MapReduce 节点中是行不通的。

10.6.1 Map 端 Join

在两个大规模输入数据集之间的 map 端联接会在数据到达 map 函数之前就执行联接操作。为达到该目的，各 map 的输入数据必须先分区并且以特定方式排序。各个输入数据集被划分成相同数量的分区，并且均按相同的键排序(联接键)。同一键的所有记录均会放在同一分区之中。听起来似乎要求非常严格，但这的确合乎 MapReduce

作业的输出。

Map 端联接操作可以联接多个作业的输出，只要这些作业的 reducer 数量相同，键相同、并且输出文件是不可切分的(例如，小于一个 HDFS 块，或 gzip 压缩)。在天气的例子中，如果气象站文件以气象站 ID 排序，记录文件也以气象站 ID 排序，而且 reducer 的数量相同，则它们就满足了执行 map 端联接的前提条件。

利用 org. apache. hadoop. mapred. join 包中的 CompositeInputFormat 类来运行一个 map 端联接。CompositeInputFormat 类的输入源和联接类型(内联接或外联接)可以通过一个联接表达式进行配置，联接表达式的语法较为简单。org. apache. hadoop. examples. Join 是一个通用的执行 map 端联接的命令行程序。该例运行一个基于多个输入数据集的 mapper 和 reducer 的 MapReduce 作业，以执行给定的操作。

10.6.2 Reduce 端 Join

由于 reduce 端联接并不要求输入数据集符合特定结构，因而 reduce 端联接比 map 端联接更为常用。但是，由于两个数据集均需经过 MapReduce 的 shuffle 过程，所以 reduce 端联接的效率往往要低一些。基本思路是 mapper 为各个记录标记源，并且使用联接键作为 map 输出键，使键相同的记录放在同一个 reducer 中。以下技术能帮助实现 reduce 端联接。数据集的输入源往往有多种格式，因此可以使用 Multiplelnputs 类。

10.6.3 Join 实现表关联

实现含仙剑奇侠传的 UID 都搜索过哪些关键字。

(1) 确认实现含仙剑奇侠传的 UID 有哪些。

```
public class SplitMapper extends Mapper<Object, Text, Text, NullWritable>{
    private Text uidText=new Text();
    protected void map(Object key, Text value, Context context)
        throws java.io.IOException, InterruptedException {
        String lineString=value.toString();
        String[] arr=lineString.split("\t");
        if (null !=arr && arr.length==6) {
            String keyword=arr[2];
            // condition
            if (keyword.indexOf("仙剑奇侠传") >=0) {
                uidText.set(arr[1]);//uid
                context.write(uidText,NullWritable.get());
            }
        }
    };
}
public class UuidReducer extends Reducer<Text, NullWritable, Text, NullWritable>{
    protected void reduce(Text key,
    Iterable<NullWritable>values,
    Context context)
    throws java.io.IOException ,
    InterruptedException {
        context.write(key, NullWritable.get());
```

```
    };
}
public class XianjianMain {
    public static void main(String[] args) throws IOException, ClassNotFoundException,
    InterruptedException {
        if(null==args||args.length !=2){
            System.err.println("<Usage>: XianjianMain <input><output>");
            System.exit(-1);
        }
        Job job=new Job(new Configuration(),"XianJian");
        job.setJarByClass(XianjianMain.class);
        job.setMapperClass(SplitMapper.class);
        job.setReducerClass(UuidReducer.class);
        job.setOutputKeyClass(Text.class);
        job.setOutputValueClass(NullWritable.class);
        job.setNumReduceTasks(1);
        FileInputFormat.addInputPath(job,new Path(args[0]));
        FileOutputFormat.setOutputPath(job,new Path(args[1]));
        job.waitForCompletion(true);
    }
}
```

程序运行结果如下(部分结果):

```
3b4b307b4db3b533316fe3828d1de493
3b4b37773cfc140e3a2215f07ee0d38d
3b4b38f397ad55a42acb90fa625fbf26
3b4b3ef479889dd666cdd07859344b21
3b4b4caf97cc8b976519b93881b9d085
3b4b5838244c03518f4fa488d66ef4f5
3b4b5bfa363ccbafb7185f058afd7863
3b4b5e80f06d20634caf46a6c290b143
3b4b5f177530b8c09d4bee671adba305
…
```

(2) 确认实现含仙剑奇侠传的 UID 都搜索过哪些关键字。

```
public class UuidMapper extends Mapper<Object, Text, Text, Text>{
    //label
    public static final String LABLE="U_";
    private Text newValue=new Text();
    /*
     * key: offset(1,100,1203)
     * value: uid(57375476989eea12893c0c3811607bcf)
     * @see org.apache.hadoop.mapreduce.Mapper#map(KEYIN, VALUEIN, org.apache.
       hadoop.mapreduce.Mapper.Context)
     */
    protected void map(Object key, Text value,Context context)
    throws java.io.IOException ,InterruptedException {
        String uidString=value.toString();
        newValue.set(LABLE +uidString);
```

```
        /*
         * value: 57375476989eea12893c0c3811607bcf
         * newValue: U_57375476989eea12893c0c3811607bcf
         */
        context.write(value, newValue);
    };
}
public class WholeFileMapper extends Mapper<Object, Text, Text, Text>{
    //label
    public static final String LABEL="W_";
    private Text uidText=new Text();
    private Text newValue=new Text();
    /*
     * key: offset
     * value: 20111230000005 57375476989eea12893c0c3811607bcf 奇艺高清      1   1
       http://www.qiyi.com/
     * @see org.apache.hadoop.mapreduce.Mapper#map(KEYIN, VALUEIN, org.apache.
       hadoop.mapreduce.Mapper.Context)
     */
    protected void map(Object key,Text value,Context context)
    throws java.io.IOException,InterruptedException {
        String lineString=value.toString();
        String[] arr=lineString.split("\t");
        if(null !=arr && arr.length==6){
            //label
            String uidString=arr[1];
            uidText.set(uidString);
            newValue.set(LABEL +lineString);
            /*
             * uidText:57375476989eea12893c0c3811607bcf
             * newValue: W_20111230000005 57375476989eea12893c0c3811607bcf 奇艺高
               清   1   1   http://www.qiyi.com/
             */
            context.write(uidText, newValue);
        }
    };
}
public class JoinReducer extends Reducer<Text, Text, Text, Text>{
    /*
     * key:57375476989eea12893c0c3811607bcf
     * values: {W_20111230000005 57375476989eea12893c0c3811607bcf 奇艺高清   1   1
       http://www.qiyi.com/, U_57375476989eea12893c0c3811607bcf}
     * @see org.apache.hadoop.mapreduce.Reducer#reduce(KEYIN, java.lang.
       Iterable, org.apache.hadoop.mapreduce.Reducer.Context)
     */
    protected void reduce(Text key,Iterable<Text>values,Context context)
    throws java.io.IOException,InterruptedException {
        String uid=null;
```

```
        String line=null;
        List<String>list=new ArrayList<String>();
        /*
         * values: {W_20111230000005 57375476989eea12893c0c3811607bcf 奇艺高清  1
            1  http://www.qiyi.com/,
         *      U_57375476989eea12893c0c3811607bcf}
         *     {W_20111230000005 57375476989eea12893c0c3811607bcf 奇艺高清  1  1
               http://www.qiyi.com/}
         */
        for(Text value : values){
            if(value.toString().startsWith(UuidMapper.LABLE)){
                //U_
                uid=value.toString().substring(2);
            }
            else if(value.toString().startsWith(WholeFileMapper.LABEL)){
                //W_
                line=value.toString().substring(2);
                String[] arr=line.split("\t");
                String keyword=arr[2];
                list.add(keyword);
            }
        }
        //judge
        if(null !=uid && list.size()>0){
            //write(uid,keyword)
            for(String kw : list){
                context.write(key, new Text(kw));
            }
        }
    };
}
public class JoinMain {
    public static void main(String[] args) throws IOException,
    ClassNotFoundException, InterruptedException {
        if(null==args||args.length !=3){
            System.err.println("<Usage>: " +"JoinMain <in1><in2><out>");
            System.exit(-1);
        }
        Job job=new Job(new Configuration(),"Join");
        job.setJarByClass(JoinMain.class);
        //whole
        MultipleInputs.
        addInputPath(job,new Path(args[0]),FileInputFormat.class,WholeFileMapper.
        class);
        //uuid
        MultipleInputs.
        addInputPath(job,new Path(args[1]),FileInputFormat.class,UuidMapper.
```

```
        class);

        job.setReducerClass(JoinReducer.class);
        job.setOutputKeyClass(Text.class);
        job.setOutputValueClass(Text.class);

        FileOutputFormat.setOutputPath(job, new Path(args[2]));

        job.waitForCompletion(true);
    }
}
```

程序运行结果如下(部分结果)：

```
fdabb8fa7a5c8b902d02c9d0d5fae045        qq仙剑奇侠传
fdc77edda794e003fb7bee24d5f684a0        纯音乐莫失莫忘
fdc77edda794e003fb7bee24d5f684a0        纯音乐莫失莫忘
fdc77edda794e003fb7bee24d5f684a0        仙剑奇侠传1 纯音乐莫失莫忘
fdc77edda794e003fb7bee24d5f684a0        仙剑奇侠传1 纯音乐莫失莫忘
fdfbb360cab184364a929ba9730b9183        仙剑奇侠传4高清壁纸
fdfbb360cab184364a929ba9730b9183        仙剑奇侠传4高清壁纸
ffceeeec05b370a909e59d00bf94865b        红色警戒2兵临城下
...
```

10.7 倒排索引

“倒排索引”是文档检索系统中最常用的数据结构，被广泛地应用于全文搜索引擎。它主要是用来存储某个单词(或词组)在一个文档或一组文档中的存储位置的映射，即提供了一种根据内容来查找文档的方式。由于不是根据文档来确定文档所包含的内容，而是进行相反的操作，因而称为倒排索引(Inverted Index)。

10.7.1 倒排索引的分析和设计

1. 分析

通常情况下，倒排索引由一个单词(或词组)以及相关的文档列表组成，文档列表中的文档或者是标识文档的 ID 号，或者是指文档所在位置的 URL，如图 10-1 所示。

从图 10-1 可以看出，单词 1 出现在{文档 1，文档 4，文档 13，……}中，单词 2 出现在{文档 3，文档 5，文档 15，……}中，而单词 3 出现在{文档 1，文档 8，文档 20，……}中。在实际应用中，还需要给每个文档添加一个权值，用来指出每个文档与搜索内容的相关度，如图 10-2 所示。

最常用的是使用词频作为权重，即记录单词在文档中出现的次数。以英文为例，如图 10-3 所示，索引文件中的 MapReduce 一行表示：MapReduce 这个单词在文本 T0 中出现过 1 次，在 T1 中出现过 1 次，在 T2 中出现过 2 次。当搜索条件为 MapReduce、is、Simple 时，对应的集合为：$\{T0,T1,T2\}\cap\{T0,T1\}\cap\{T0,T1\}=\{T0,T1\}$，即文档 T0 和 T1 包含了所要索引的单词，而且只有 T0 是连续的。

更复杂的权重还可能要记录单词在多少个文档中出现过，以实现 TF-IDF(Term

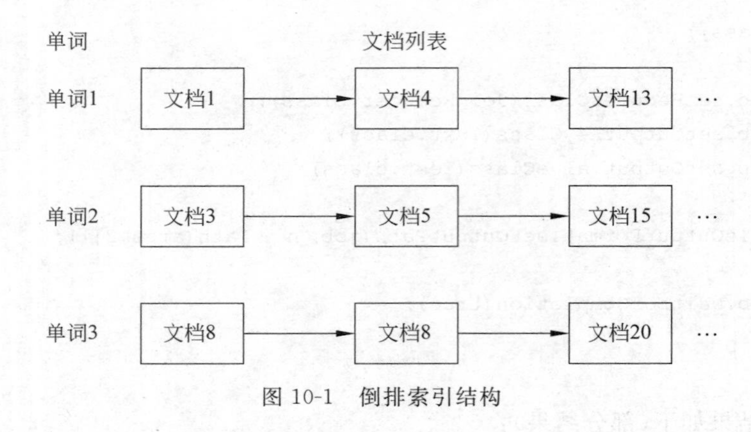

图 10-1　倒排索引结构

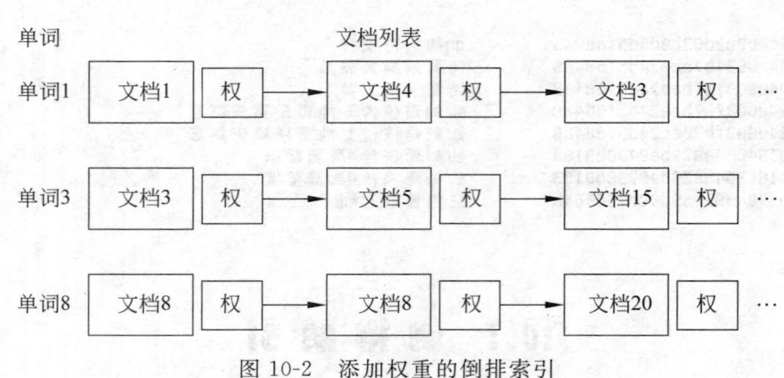

图 10-2　添加权重的倒排索引

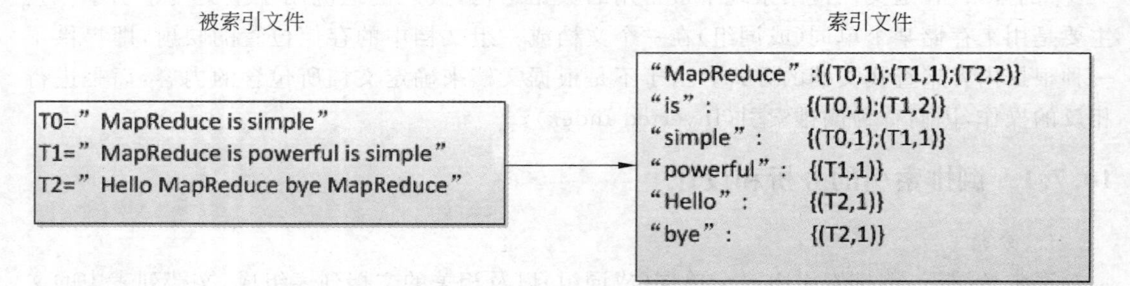

图 10-3　倒排索引示例

Frequency-Inverse Document Frequency)算法，或者考虑单词在文档中的位置信息(单词是否出现在标题中，反映了单词在文档中的重要性)等。

样例输入如下所示。

(1) file1:

```
MapReduce is simple
```

(2) file2:

```
MapReduce is powerful is simple
```

(3) file3:

```
Hello MapReduce bye MapReduce
```

2. 设计思路

实现"倒排索引"只要关注单词、文档URL及词频等信息。但是在实现过程中,索引文件的格式与图10-3会略有所不同,以避免重写OutPutFormat类。下面根据MapReduce的处理过程给出倒排索引的设计思路。

1) Map过程

首先使用默认的TextInputFormat类对输入文件进行处理,得到文本中每行的偏移量及其内容。显然,Map过程首先必须分析输入的"<key,value>对",得到倒排索引中需要的3个信息:单词、文档URL和词频,如图10-4所示。

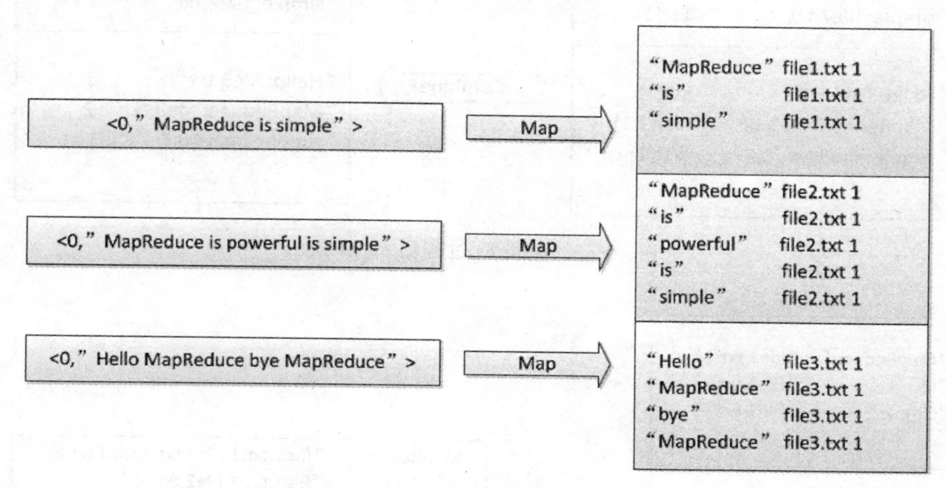

图10-4 Map过程输入/输出

这里存在两个问题:①<key,value>对只能有两个值,在不使用Hadoop自定义数据类型的情况下,需要根据情况将其中两个值合并成一个值,作为key或value值;②通过一个Reduce过程无法同时完成词频统计和生成文档列表,所以必须增加一个Combine过程完成词频统计。

这里讲单词和URL组成key值(如"MapReduce:file1.txt"),将词频作为value,这样做的好处是可以利用MapReduce框架自带的Map端排序,将同一文档的相同单词的词频组成列表,传递给Combine过程,实现类似于WordCount的功能。

2) Combine过程

经过map方法处理后,Combine过程将key值相同的value值累加,得到一个单词在文档中的词频,如图10-5所示。如果直接将图10-5所示的输出作为Reduce过程的输入,在Shuffle过程时将面临一个问题:所有具有相同单词的记录(由单词、URL和词频组成)应该交由同一个Reducer处理,但当前的key值无法保证这一点,所以必须修改key值和value值。这次将单词作为key值,URL和词频组成value值(如"file1.txt:1")。这样做的好处是可以利用MapReduce框架默认的HashPartitioner类完成Shuffle过程,将相同单词的所有记录发送给同一个Reducer进行处理。

3) Reduce过程

经过上述两个过程后,Reduce过程只需将相同key值的value值组合成倒排索引文件

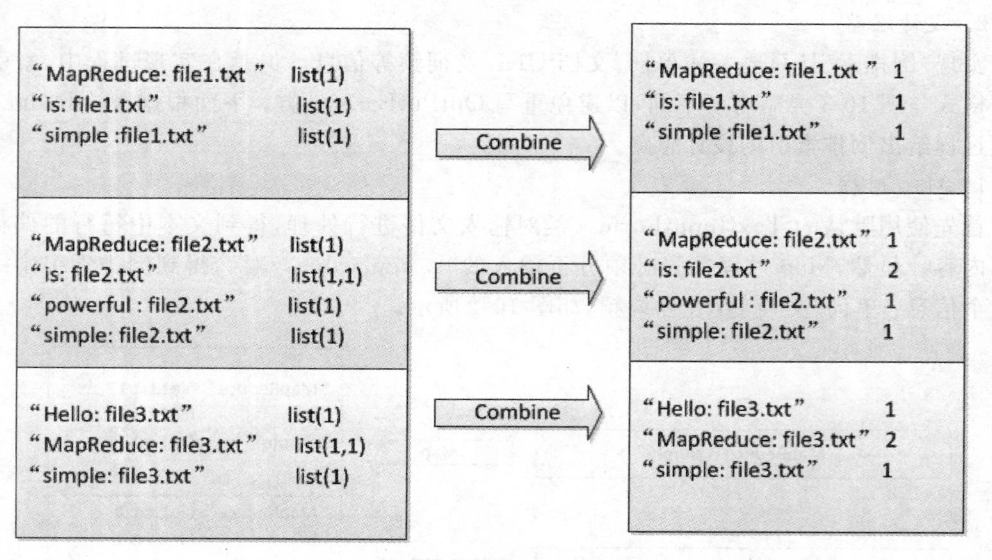

图 10-5 Combine 过程输入/输出

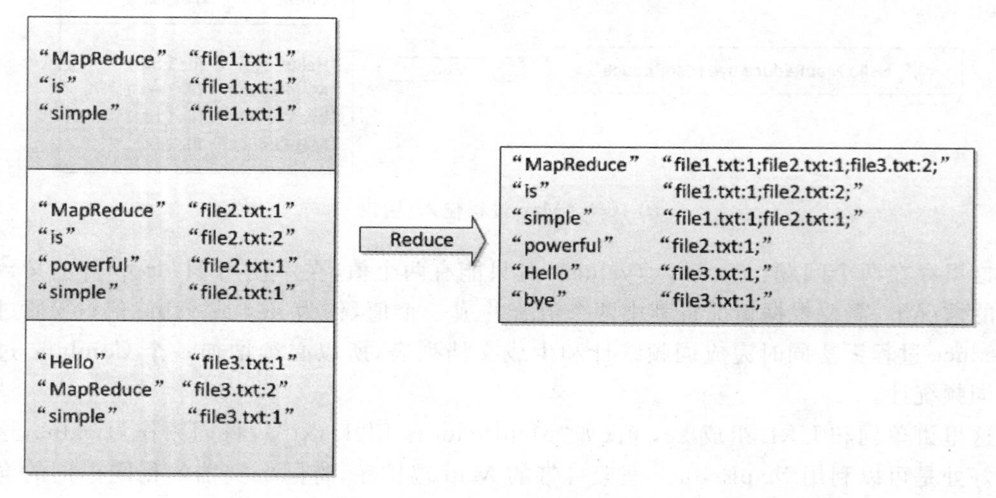

图 10-6 Reduce 过程输入/输出

所需的格式即可，剩下的事情就可以直接交给 MapReduce 框架进行处理了。如图 10-6 所示。索引文件的内容除分隔符外，与图 10-3 解释相同。

4）需要解决的问题

本实例设计的倒排索引在文件数目上没有限制，但是单词文件不宜过大(具体值与默认 HDFS 块大小及相关配置有关)，要保证每个文件对应一个 split。否则，由于 Reduce 过程没有进一步统计词频，最终结果可能会出现词频未统计完全的单词。可以通过重写 InputFormat 类将每个文件为一个 split，避免上述情况。或者执行两次 MapReduce，第一次 MapReduce 用于统计词频，第二次 MapReduce 用于生成倒排索引。除此之外，还可以利用复合键值对等实现包含更多信息的倒排索引。

10.7.2 倒排索引完整源码

程序代码如下所示。

```
public class InvertedIndex {
    private static final String INPUT_PATH="hdfs://master:9000/indexdata";
    private static final String OUTPUT_PATH="hdfs://master:9000/invertedindex";
    public static class Map extends Mapper<Object, Text, Text, Text>{
        private Text keyInfo=new Text();           // 存储单词和 URL 组合
        private Text valueInfo=new Text();         // 存储词频
        private FileSplit split;                   // 存储 Split 对象
        // 实现 map 函数
        public void map(Object key, Text value, Context context)
        throws IOException, InterruptedException {
            // 获得<key,value>对所属的 FileSplit 对象
            split=(FileSplit) context.getInputSplit();
            StringTokenizer itr=new StringTokenizer(value.toString());
            while (itr.hasMoreTokens()) {
                // key 值由单词和 URL 组成,如"MapReduce:file1.txt"
                //获取文件的完整路径
                keyInfo.set(itr.nextToken()+":"+split.getPath().toString());
                // 这里为了好看,只获取文件的名称
                int splitIndex=split.getPath().toString().indexOf("file");
                keyInfo.set(itr.nextToken() +":"
                +split.getPath().toString().substring(splitIndex));
                // 词频初始化为 1
                valueInfo.set("1");
                context.write(keyInfo, valueInfo);
            }
        }
    }

    public static class Combine extends Reducer<Text, Text, Text, Text>{
        private Text info=new Text();
        // 实现 reduce 函数
        public void reduce(Text key, Iterable<Text>values, Context context)
        throws IOException, InterruptedException {
            // 统计词频
            int sum=0;
            for (Text value : values) {
                sum +=Integer.parseInt(value.toString());
            }
            int splitIndex=key.toString().indexOf(":");
            // 重新设置 value 值使之由 URL 和词频组成
            info.set(key.toString().substring(splitIndex +1) +":" +sum);
            // 重新设置 key 值为单词
            key.set(key.toString().substring(0, splitIndex));
            context.write(key, info);
        }
    }
```

```
    public static class Reduce extends Reducer<Text, Text, Text, Text>{
        private Text result=new Text();
        // 实现 reduce 函数
        public void reduce(Text key, Iterable<Text>values, Context context)
                throws IOException, InterruptedException {
            // 生成文档列表
            String fileList=new String();
            for (Text value : values) {
                fileList +=value.toString() +";";
            }
            result.set(fileList);
            context.write(key, result);
        }
    }

    public static void main(String[] args) throws Exception {
        Configuration conf=new Configuration();
        // 这句话很关键
        conf.set("mapred.job.tracker", "192.168.1.20:3306");
        String[] ioArgs=new String[] { "index_in", "index_out" };
        String[]  otherArgs  =  new  GenericOptionsParser  ( conf,  ioArgs ).
        getRemainingArgs();
        if (otherArgs.length !=2) {
            System.err.println("Usage: Inverted Index <in><out>");
            System.exit(2);
        }
        Job job=new Job(conf, "Inverted Index");
        job.setJarByClass(InvertedIndex.class);
        // 设置 Map、Combine 和 Reduce 处理类
        job.setMapperClass(Map.class);
        job.setCombinerClass(Combine.class);
        job.setReducerClass(Reduce.class);
        // 设置 Map 输出类型
        job.setMapOutputKeyClass(Text.class);
        job.setMapOutputValueClass(Text.class);
        // 设置 Reduce 输出类型
        job.setOutputKeyClass(Text.class);
        job.setOutputValueClass(Text.class);

        // 设置输入和输出目录
        FileInputFormat.addInputPath(job, new Path(INPUT_PATH));
        FileOutputFormat.setOutputPath(job, new Path(OUTPUT_PATH));
        job.waitForCompletion(true);
    }
}
```

10.7.3 运行代码结果

程序运行结果如下：

```
Hello    file3.txt:1;
```

```
MapReduce       file3.txt:2;file1.txt:1;file2.txt:1;
bye       file3.txt:1;
is        file1.txt:1;file2.txt:2;
powerful        file2.txt:1;
simple    file2.txt:1;file1.txt:1;
```

本章小结

本章详细讲解了 MapReduce 的高级特性，包含以下内容：

(1) 通过学习计数器的内置计数器和用户自定义的 Java 计数器，充分了解计数器的功能作用及技术特点。

(2) 主要学习了数据去重的实例描述、设计思路及案例实现。“数据去重”主要是为了掌握和利用并行化思想来对数据进行有意义的筛选。

(3) 用 MapReduce 实现简单排序，通过设计思路和实例讲解快速感受 MapReduce 过程中的排序。

(4) 通过简单排序的讲解，更深入地学习二次排序的思想，熟悉二次排序的原理及应用。

(5) 通过平均值的实例描述、设计思路及案例实现(程序包括两部分的内容：Map 部分和 Reduce 部分)分别实现了 map 和 reduce 的功能。

(6) 实现 Map 端 join 和 Reduce 端 join，在两个大规模输入数据集之间的 map 端联接会在数据到达 map 函数之前就执行联接操作。由于 reduce 端连接并不要求输入数据集符合特定结构，因而 reduce 端联接比 map 端联接更为常用。

(7) 由于不是根据文档来确定文档所包含的内容，而是进行相反的操作，因而称为倒排索引。学习了倒排索引的原理及应用，它主要是用来存储某个单词(或词组)在一个文档或一组文档中的存储位置的映射，即提供了一种根据内容来查找文档的方式。

习 题

问答题

(1) 计数器中内置计数器和用户定义的 Java 计数器有什么区别?

(2) 简要概述二次排序的设计思路。

(3) 简要概述平均值的设计与实现。

(4) Join 联接中，Reduce 的优势是什么?

(5) 倒排索引有什么功能和作用?

MapReduce 实例

本章提要

在完成了第一阶段的学习后，相信大家已经对 HDFS 和 MapReduce 有了很多的了解，那么接下来，我们将实现三个小的 MapReduce 实例。

11.1 搜索引擎日志处理

11.1.1 背景介绍

对于网站优化来说，搜索引擎日志分析是必不可少的一块。无论是收录上百的小型网站，还是收录上百万的大中型网站，SEO 要想做得好，都必须进行科学的日志分析。日志是发生在网站服务器上的所有事件的记录，包括用户访问记录、搜索引擎抓取记录，对于一些大型网站来说，每天产生的日志的数据量是巨大的。而要对历史搜索日志做分析，则必须要用到大数据的技术。

11.1.2 数据收集

搜索引擎在收集数据方面具有独特的优势，拥有巨大的用户群和样本数，使数据分析结果更接近真实情况，大的搜索引擎每天会接受用户数亿次的搜索请求，搜索的"关键词"准确地记录了网民主动提出的各种需求，真实反映了网民需求的发展趋势。

本文使用的数据来源于搜狗公司，搜狗公司作为搜索引擎市场占有率第三位的公司，每天产生大量搜索日志，存储了大量网民的搜索数据。搜狗公司开放了约一个月的 Sougou 搜索引擎网页需求及用户点击情况的日志数据集合。本文所使用的数据是其中的一部分，这一部分数据共有 500 万条记录。

11.1.3 数据结构

本数据的数据格式为

```
访问时间\t 用户 ID\t 查询的关键词\t 该 URL 在返回结果中的排名\t 用户点击的顺序号\t 用户点击的 URL
```

数据样例：

```
20111230001652    2e7a3cdd49133b8f2fdf10d11a923837    文趣吧    1    1    http://www.
```

wenquba.com/

11.1.4 需求分析

1. 数据条数统计

要统计的数据条数包括：

(1) 非空查询条数；

(2) 独立 UID 总数。

2. 查询关键词分析

查询每个关键词的搜索次数(按正序排序)。

3. UID 分析

查询次数大于 5 次的 UID。

11.1.5 MapReduce 编码实现

1. 数据条数统计

(1) 统计非空查询条数。

```
publicclass NotNullData {
    publicstaticvoid main(String args[]) throws IOException, ClassNotFoundException,
    InterruptedException {
        if(null==args||args.length !=2){
            System.err.println("<Usage:NotNullDataMain>");
            System.exit(-1);
        }
        Job job=newJob(new Configuration(),NotNullData.class.getSimpleName());
        job.setJarByClass(NotNullData.class);
        job.setMapperClass(MyMapper.class);
        job.setReducerClass(MyReducer.class);
        job.setOutputKeyClass(Text.class);
        job.setOutputValueClass(IntWritable.class);
        FileInputFormat.addInputPath(job, new Path(args[0]));
        FileOutputFormat.setOutputPath(job, new Path(args[1]));
        job.waitForCompletion(true);
    }
    publicstaticclass MyMapper extends Mapper<Object,Text,Text,IntWritable>{
        publicvoid map(Object k1,Text v1,Context context)
        throws IOException, InterruptedException{
            Text k2=new Text("not null data number:");
            IntWritable One=new IntWritable(1);
            String line=v1.toString();
            String[] data=line.split("\t");
            if(data !=null&& data.length==6){
                String keyWorld=data[2];
                if(!keyWorld.equals(null) && !keyWorld.equals("")){
                    context.write(k2, One);
                }
            }
```

```
        }
    }
    publicstaticclass MyReducer extends Reducer<Text,IntWritable,Text,IntWritable>{
        publicvoid reduce(Text k2,Iterable<IntWritable>v2s,Context context)
        throws IOException, InterruptedException{
            int v3=0;
            for(IntWritable value:v2s){
                v3+=value.get();
            }
            context.write(k2, new IntWritable(v3));
        }
    }
}
```

将程序打包,通过“hadoop jar”命令执行程序,查看得到的文件,如下所示:

```
SLF4J: Class path contains multiple SLF4J bindings.
SLF4J: Found binding in [jar:file:/home/zkpk/hadoop-2.5.1/share/hadoop/common/li
b/slf4j-log4j12-1.7.5.jar!/org/slf4j/impl/StaticLoggerBinder.class]
SLF4J: Found binding in [jar:file:/home/zkpk/hbase-0.98.7-hadoop2/lib/slf4j-log4
j12-1.6.4.jar!/org/slf4j/impl/StaticLoggerBinder.class]
SLF4J: See http://www.slf4j.org/codes.html#multiple_bindings for an explanation.
SLF4J: Actual binding is of type [org.slf4j.impl.Log4jLoggerFactory]
16/01/10 01:45:44 WARN util.NativeCodeLoader: Unable to load native-hadoop libra
ry for your platform... using builtin-java classes where applicable
not null data number:    5000000
```

(2) 统计独立 UID 总数。

```
publicclass UUidNumber {
    publicstaticvoid main(String args[])throws IOException, ClassNotFoundException,
    InterruptedException {
        if(null==args||args.length !=3){
            System.err.println("<Usage:UUidNumberMain>");
            System.exit(-1);
        }
        Job job1=newJob(new Configuration(),UUidNumber.class.getSimpleName());
        job1.setJarByClass(UUidNumber.class);
        job1.setMapperClass(MyMapper1.class);
        job1.setReducerClass(MyReducer1.class);
        job1.setOutputKeyClass(Text.class);
        job1.setOutputValueClass(IntWritable.class);
        FileInputFormat.addInputPath(job1, new Path(args[0]));
        FileOutputFormat.setOutputPath(job1, new Path(args[1]));
        job1.waitForCompletion(true);

        Job job2=newJob(new Configuration(),UUidNumber.class.getSimpleName());
        job2.setJarByClass(UUidNumber.class);
        job2.setMapperClass(MyMapper2.class);
        job2.setReducerClass(MyReducer2.class);
        job2.setOutputKeyClass(Text.class);
        job2.setOutputValueClass(IntWritable.class);
        FileInputFormat.addInputPath(job2, new Path(args[1]));
        FileOutputFormat.setOutputPath(job2, new Path(args[2]));
        job2.waitForCompletion(true);
```

```
}
publicstaticclass MyMapper1 extends Mapper<Object,Text,Text,IntWritable>{
    publicvoid map(Object k1,Text v1,Context context)
    throws IOException, InterruptedException{
        Text k2=new Text("");
        IntWritable One=new IntWritable(1);
        String line=v1.toString();
        String[] data=line.split("\t");
        if(data !=null&& data.length==6){
            String uid=data[1];
            k2.set(uid);
            context.write(k2, One);
        }

    }
}
publicstaticclass MyReducer1 extends Reducer<Text,IntWritable,Text,IntWritable>{
    publicvoid reduce(Text k2,Iterable<IntWritable>v2s,Context context)
    throws IOException, InterruptedException{
        int v3=0;
        for(IntWritable value:v2s){
            v3+=value.get();
        }
        context.write(k2, new IntWritable(v3));
    }
}
publicstaticclass MyMapper2 extends Mapper<Object,Text,Text,IntWritable>{
    publicvoid map(Object k3,Text v3,Context context)
    throws IOException, InterruptedException{
        IntWritable One=new IntWritable(1);
        Text k4=new Text("UUid number is");
        context.write(k4, One);
    }
}
publicstaticclass MyReducer2 extends Reducer<Text,IntWritable,Text,IntWritable>{
    publicvoid reduce(Text k4,Iterable<IntWritable>v4s,Context context)
    throws IOException, InterruptedException{
        int v5=0;
        for(IntWritable value:v4s){
            v5+=value.get();
        }
        context.write(k4, new IntWritable(v5));
    }
}

}
```

将程序打包，通过“hadoop jar”命令执行程序，查看得到的文件，如下所示。

```
SLF4J: Class path contains multiple SLF4J bindings.
SLF4J: Found binding in [jar:file:/home/zkpk/hadoop-2.5.1/share/hadoop/common/li
b/slf4j-log4j12-1.7.5.jar!/org/slf4j/impl/StaticLoggerBinder.class]
SLF4J: Found binding in [jar:file:/home/zkpk/hbase-0.98.7-hadoop2/lib/slf4j-log4
j12-1.6.4.jar!/org/slf4j/impl/StaticLoggerBinder.class]
SLF4J: See http://www.slf4j.org/codes.html#multiple_bindings for an explanation.
SLF4J: Actual binding is of type [org.slf4j.impl.Log4jLoggerFactory]
16/01/10 02:46:10 WARN util.NativeCodeLoader: Unable to load native-hadoop libra
ry for your platform... using builtin-java classes where applicable
UUid number is  1352664
```

2. 查询关键词分析

查询每个关键词的搜索次数(按正序排序)。

```
publicclass KeyWorldRank {
    publicstaticvoid main(String args[])throws IOException, ClassNotFoundException,
    InterruptedException {
        if(null==args||args.length !=3){
            System.err.println("<Usage:KeyWorldRankMain>");
            System.exit(-1);
        }
        Job job=newJob(new Configuration(),KeyWorldRank.class.getSimpleName());
        job.setJarByClass(KeyWorldRank.class);
        job.setMapperClass(MyMapper.class);
        job.setReducerClass(MyReducer.class);
        job.setOutputKeyClass(Text.class);
        job.setOutputValueClass(IntWritable.class);
        FileInputFormat.addInputPath(job, new Path(args[0]));
        FileOutputFormat.setOutputPath(job, new Path(args[1]));
        job.waitForCompletion(true);
        Job job2=newJob(new Configuration(),KeyWorldRank.class.getSimpleName());
        job2.setJarByClass(KeyWorldRank.class);
        job2.setMapperClass(MyMapper2.class);
        job2.setReducerClass(MyReducer2.class);
        job2.setOutputKeyClass(IntWritable.class);
        job2.setOutputValueClass(Text.class);
        FileInputFormat.addInputPath(job2, new Path(args[1]));
        FileOutputFormat.setOutputPath(job2, new Path(args[2]));
        job2.waitForCompletion(true);
    }
    publicstaticclass MyMapper extends Mapper<Object,Text,Text,IntWritable>{
        publicvoid map(Object k1,Text v1,Context context)
        throws IOException , InterruptedException{
            Text k2=new Text("");
            IntWritable One=new IntWritable(1);
            String line=v1.toString();
            String[] data=line.split("\t");
            if(data !=null&& data.length==6){
                String keyWorld=data[2];
                k2.set(data[2]);
                context.write(k2, One);
            }
        }
    }
```

```
    publicstaticclass MyReducer extends Reducer<Text,IntWritable,Text,IntWritable>{
        publicvoid reduce(Text k2,Iterable<IntWritable>v2s,Context context)
        throws IOException , InterruptedException{
            int v3=0;
            for(IntWritable value:v2s){
                v3+=value.get();
            }
            context.write(k2, new IntWritable(v3));
        }
    }
    publicstaticclass MyMapper2 extends Mapper<Object,Text,IntWritable,Text>{
        publicvoid map(Object k3,Text v3,Context context)
        throws IOException , InterruptedException{
            Text v4=new Text("");
            IntWritable k4=new IntWritable(0);
            String line=v3.toString();
            String[] data=line.split("\t");
            if(data !=null&& data.length==2){
                String keyWorld=data[0];
                v4.set(data[0]);
                k4.set(Integer.valueOf(data[1]));
                context.write(k4, v4);
            }
        }
    }
    publicstaticclass MyReducer2 extends Reducer<IntWritable,Text,IntWritable,Text>{
        publicvoid reduce(IntWritable k4,Iterable<Text>v4s,Context context)
        throws IOException , InterruptedException{
            Text v5=new Text("");
            String keyworlds=null;
            for(Text value:v4s){
                keyworlds=value.toString();
                v5.set(keyworlds);
                context.write(k4,v5 );
            }


        }
    }

}
```

```
7505    百度一下 你就知道
8192    公安卖萌
9127    馆陶县县长闫宁的父亲
9654    新亮剑
10158   优酷
10317   qq空间
11438   4399小游戏
14475   人体艺术
18312   baidu
38441   百度
```

查询的次数

查询的关键词

3. UID 分析

查询次数大于 5 次的 UID。

```
publicclass KeyWorldRank {
    publicstaticvoid main(String args[])throws IOException, ClassNotFoundException,
    InterruptedException {
        if(null==args||args.length !=3){
            System.err.println("<Usage:KeyWorldRankMain>");
            System.exit(-1);
        }
        Job job=newJob(new Configuration(),KeyWorldRank.class.getSimpleName());
        job.setJarByClass(KeyWorldRank.class);
        job.setMapperClass(MyMapper.class);
        job.setReducerClass(MyReducer.class);
        job.setOutputKeyClass(Text.class);
        job.setOutputValueClass(IntWritable.class);
        FileInputFormat.addInputPath(job, new Path(args[0]));
        FileOutputFormat.setOutputPath(job, new Path(args[1]));
        job.waitForCompletion(true);
        Job job2=newJob(new Configuration(),KeyWorldRank.class.getSimpleName());
        job2.setJarByClass(KeyWorldRank.class);
        job2.setMapperClass(MyMapper2.class);
        job2.setReducerClass(MyReducer2.class);
        job2.setOutputKeyClass(IntWritable.class);
        job2.setOutputValueClass(Text.class);
        FileInputFormat.addInputPath(job2, new Path(args[1]));
        FileOutputFormat.setOutputPath(job2, new Path(args[2]));
        job2.waitForCompletion(true);
    }
    publicstaticclass MyMapper extends Mapper<Object,Text,Text,IntWritable>{
        publicvoid map(Object k1,Text v1,Context context)
        throws IOException , InterruptedException{
            Text k2=new Text("");
            IntWritable One=new IntWritable(1);
            String line=v1.toString();
            String[] data=line.split("\t");
            if(data !=null&& data.length==6){
                String keyWorld=data[2];
                k2.set(data[2]);
                context.write(k2, One);
            }
        }
    }
    publicstaticclass MyReducer extends Reducer<Text,IntWritable,Text,IntWritable>{
        publicvoid reduce(Text k2,Iterable<IntWritable>v2s,Context context)
        throws IOException , InterruptedException{
            int v3=0;
            for(IntWritable value:v2s){
                v3+=value.get();
            }
            context.write(k2, new IntWritable(v3));
        }
    }
```

```
publicstaticclass MyMapper2 extends Mapper<Object,Text,IntWritable,Text>{
    publicvoid map(Object k3,Text v3,Context context)
    throws IOException , InterruptedException{
        Text v4=new Text("");
        IntWritable k4=new IntWritable(0);
        String line=v3.toString();
        String[] data=line.split("\t");
        if(data !=null&& data.length==2){
            String keyWorld=data[0];
            v4.set(data[0]);
            k4.set(Integer.valueOf(data[1]));
            context.write(k4, v4);
        }
    }
}
publicstaticclass MyReducer2 extends Reducer<IntWritable,Text,IntWritable,Text>{
    publicvoid reduce(IntWritable k4,Iterable<Text>v4s,Context context)
    throws IOException , InterruptedException{
        Text v5=new Text("");
        String keyworlds=null;
        for(Text value:v4s){
            keyworlds += (value.toString()+"\t");
        }
        v5.set(keyworlds);
        context.write(k4,v5 );
    }
}

}
```

将程序打包，通过“hadoop jar”命令执行程序，查看得到的文件，如下所示：

```
SLF4J: Class path contains multiple SLF4J bindings.
SLF4J: Found binding in [jar:file:/home/zkpk/hadoop-2.5.1/share/hadoop/common/li
b/slf4j-log4j12-1.7.5.jar!/org/slf4j/impl/StaticLoggerBinder.class]
SLF4J: Found binding in [jar:file:/home/zkpk/hbase-0.98.7-hadoop2/lib/slf4j-log4
j12-1.6.4.jar!/org/slf4j/impl/StaticLoggerBinder.class]
SLF4J: See http://www.slf4j.org/codes.html#multiple_bindings for an explanation.
SLF4J: Actual binding is of type [org.slf4j.impl.Log4jLoggerFactory]
16/01/10 02:44:20 WARN util.NativeCodeLoader: Unable to load native-hadoop libra
ry for your platform... using builtin-java classes where applicable
Uid query > 5 number is 2772121
```

11.2 汽车销售数据分析

大数据已深耕于经济领域，且创造了巨大的经济价值。在全球经济一体化的今天，我国 IT 行业已经开启了大数据的起航之旅，大数据已经在经济领域发挥着重要作用。如今大数据已成为市场营销的重要手段，与传统的市场研究方法不同，大数据的市场研究方法不再局限于抽样调查，而是基于几乎全样本空间，因而大数据在汽车行业也起到了至关重要的作用，引领着决策者在营销方面做出正确的判断。下面我们将对汽车销售数据进行简要分析。

11.2.1 背景介绍

汽车销售(Atuo Sales)是消费者支出的重要组成部分,同时能很好地反映出消费者对经济前景的信心。通常,汽车销售情况是我们了解一个国家经济循环强弱情况的第一手资料,早于其他个人消费数据的公布。因此,汽车销售为随后的零售额和个人消费支出提供了很好的预示作用,汽车消费额占零售额的25%和整个销售总额的8%。另外,汽车销售可作为预示经济衰退和复苏的早期信号。

11.2.2 数据收集

和其他领域的研究一样,当我们选定了相应的研究设计之后,一个重要的问题就是如何能准确有效地收集数据。

对于数据的收集,往往需要做大量的工作,其一般过程为:

(1) 明确调查的目的,确定调查对象。

(2) 选择合适的调查方式。

(3) 展开调查活动,收集数据。

(4) 整理数据。收集的数据结果往往比较混乱,为了便于分析,可采用如条形图、扇形图、表格等方式对数据进行整理。

(5) 分析数据,得出结论。

11.2.3 数据结构

本例使用的数据为上牌汽车的销售数据,分为乘用车辆和商用车辆。数据包含销售相关数据和汽车具体参数。数据项包括:时间、销售地点、邮政编码、车辆类型、车辆型号、制造厂商名称、排量、油耗、功率、发动机型号、燃料种类、车外廓长宽高、轴距、前后车轮、轮胎规格、轮胎数、载客数、所有权、购买人相关信息等。

11.2.4 需求分析

通过对该汽车行业数据的数据结构的描述,我们已经对这份数据有了初步的了解。下面将对这份数据进行需求分析与实现。

1. 汽车行业市场分析

(1) 统计乘用车辆和商用车辆的数量和销售分布;

(2) 统计山西省2013年每个月的汽车销售数量的比例。

2. 用户数据市场分析

(1) 统计买车的男女比例及男女对车的品牌的选择;

(2) 统计车的所有权、型号和类型。

3. 不同车型销售统计分析

通过不同类型(品牌)车的销售情况,来统计发动机型号和燃料种类。

11.2.5 MapReduce 编码实现

1. 汽车行业市场分析

(1) 统计乘用车辆和商用车辆的数量和销售分布实现如下。

```
public class CarCountMain {
    private static final String INPUT_PATH="hdfs://master:9000/cardata/1.1.txt";
    private static final String OUTPUT_PATH="hdfs://master:9000/cardataout/out1.1";
    public static void main(String[] args) throws IOException,
    ClassNotFoundException, InterruptedException, URISyntaxException {
        @SuppressWarnings("deprecation")
        Configuration conf=new Configuration();
        Job job=new Job(conf,"CarCountMain");
        FileSystem fileSystem=FileSystem.get(new URI(INPUT_PATH), conf);
        if(fileSystem.exists(new Path(OUTPUT_PATH))){
            fileSystem.delete(new Path(OUTPUT_PATH), true);
        }
        job.setJarByClass(CarCountMain.class);
        job.setMapperClass(CarCountMapper.class);
        job.setMapOutputValueClass(IntWritable.class);
        job.setReducerClass(CarCountReduce.class);
        job.setOutputKeyClass(Text.class);
        job.setOutputValueClass(Text.class);
        FileInputFormat.addInputPath(job,new Path(INPUT_PATH));
        FileOutputFormat.setOutputPath(job,new Path(OUTPUT_PATH));
        job.waitForCompletion(true);

    }
}

public class CarCountMapper extends Mapper<LongWritable, Text, Text, IntWritable>{
    private Text newKey=new Text();
    private IntWritable newValue=new IntWritable();
    private static Set<Integer>numSet=new TreeSet<>();
    @Override
    protected void map(LongWritable key, Text value,Mapper<LongWritable, Text,
    Text,
    IntWritable>.Context context)
    throws IOException, InterruptedException {
        String line=value.toString();
        String[] arr=line.split("\t");
        if (arr!=null && arr.length==3 && !arr[0].equals("数量")) {
            int carNum=Integer.parseInt(arr[0].trim());
            // 目标是取出字符串中的所有数字
            String carLoadNumString=arr[1].trim();
            // 正则初始化
            Pattern p=Pattern.compile("[0-9]{1,3}");
            // 匹配器初始化
            Matcher m=p.matcher(carLoadNumString);
            // 匹配查询
```

```
            int carLoadNum=0;
            while (m.find()) {
                carLoadNum=Integer.parseInt(m.group(0));
                numSet.add(carLoadNum);
            }
            if (numSet.size()>0) {
                carLoadNum=(int) numSet.toArray()[numSet.size()-1];
                numSet.clear();
            }
            if(carLoadNum>0&&carLoadNum<10||arr[2].contains("小")||arr[2].
            contains("微")){
                newKey.set("乘用车辆");
                newValue.set(carNum);
                context.write(newKey, newValue);
            }elseif(carLoadNum>9||arr[2].contains("中")||arr[2].contains("大")){
                newKey.set("商用车辆");
                newValue.set(carNum);
                context.write(newKey, newValue);
            }else {
                newKey.set("其他车辆"+arr[2]+"llll"+carLoadNumString);
                newValue.set(carNum);
                context.write(newKey, newValue);
            }
        }else if(!arr[0].equals("数量")){
            context.write(new Text("其他车辆"), new IntWritable(Integer.parseInt
            (arr[0])));
        }
    }
}

public class CarCountReduce extends Reducer<Text, IntWritable, Text, Text>{
    private static double countSum=0;
    private static double carCount1=0;
    private static double carCount2=0;
    @Override
    protected void reduce(Text key, Iterable<IntWritable>values,
    Reducer<Text, IntWritable, Text, Text>.Context context)
    throws IOException, InterruptedException {
        int count=0;
        for(IntWritable value:values){
            count +=value.get();
        }
        countSum +=count;
        if (key.toString().equals("商用车辆")) {
            carCount1 +=count;
        }else if (key.toString().equals("乘用车辆")) {
            carCount2 +=count;
        }
        context.write(key, new Text(count+"辆"));
```

```
    }

    @Override
    protected void cleanup(Reducer<Text, IntWritable, Text, Text>.Context context)
    throws IOException, InterruptedException {
        context.write(new Text("车辆总量:"), new Text(countSum+""));
        context.write(new Text("销售额分布商用车辆:"+ carCount1/countSum), new
        Text("销售额分布乘用车辆:"+carCount2/countSum));
    }
}
```

程序运行结果如下：

```
乘用车辆        62163辆
其他车辆        3271辆
商用车辆        4928辆
车辆总量:       70362.0
销售额分布商用车辆:0.0700378044967454    销售额分布乘用车辆:0.8834740342798669
```

（2）统计山西省 2013 年每个月的汽车销售数量的比例实现如下。

```
public class CarCountMonthMain {
    private static final String INPUT_PATH="hdfs://master:9000/cardata/1.2.txt";
    private static final String OUTPUT_PATH="hdfs://master:9000/cardataout/out1.2";
    public static void main(String[] args) throws IOException,
    ClassNotFoundException, InterruptedException, URISyntaxException {
        @SuppressWarnings("deprecation")
        Configuration conf=new Configuration();
        Job job=new Job(conf,"CarCountMonthMain");
        FileSystem fileSystem=FileSystem.get(new URI(INPUT_PATH), conf);
        if(fileSystem.exists(new Path(OUTPUT_PATH))){
            fileSystem.delete(new Path(OUTPUT_PATH), true);
        }
        job.setJarByClass(CarCountMonthMain.class);
        job.setMapperClass(CarCountMonthMapper.class);
        job.setMapOutputValueClass(IntWritable.class);
        job.setReducerClass(CarCountMonthReduce.class);
        job.setOutputKeyClass(Text.class);
        job.setOutputValueClass(Text.class);

        FileInputFormat.addInputPath(job,new Path(INPUT_PATH));
        FileOutputFormat.setOutputPath(job,
        new Path(OUTPUT_PATH));
        job.waitForCompletion(true);
    }
}

public class CarCountMonthMapper extends Mapper < LongWritable, Text, Text,
IntWritable>{
    private Text newKey=new Text();
    private IntWritable newValue=new IntWritable(1);
    @Override
    protected void map(LongWritable key, Text value,
```

```
    Mapper<LongWritable, Text, Text, IntWritable>.Context context)
    throws IOException, InterruptedException {
        String line=value.toString();
        String[] arr=line.split("\t");
        if (arr!=null && arr.length==3 && arr[0].startsWith("山西省") &&arr[1].
        equals("2013")) {
            newKey.set(arr[2]);
            context.write(newKey, newValue);

        }
    }
}

public class CarCountMonthReduce extends Reducer<Text, IntWritable, Text, Text>
{
    private static double countSum=0;
    private static double[] carCount=new double[13];
    @Override
    protected void reduce(Text key, Iterable<IntWritable>values,
    Reducer<Text, IntWritable, Text, Text>.Context context)
    throws IOException, InterruptedException {
        int count=0;
        for(IntWritable value:values){
            count +=value.get();
        }
        carCount[Integer.parseInt(key.toString())] +=count;
        countSum +=count;
    }

    @Override
    protected void cleanup(Reducer<Text, IntWritable, Text, Text>.Context context)
    throws IOException, InterruptedException {
        context.write(new Text("山西省 2013 年车辆总量:"), new Text((int)countSum+
        "辆"));
        for (int i=1; i<carCount.length; i++) {
            context.write(new Text(i+"月"), new Text((int)carCount[i]+"辆"));
            context.write(new Text(i+"月的汽车销售数量的比例"), new Text(carCount
            [i]/countSum+""));
            context.write(new Text(""), new Text(""));
        }
    }
}
```

程序运行结果如下(部分结果):

```
山西省2013年车辆总量:   70362辆
1月       10413辆
1月的汽车销售数量的比例  0.14799181376311077

2月       4103辆
2月的汽车销售数量的比例  0.05831272561894204

3月       6548辆
3月的汽车销售数量的比例  0.09306159574770473
```

2. 用户数据市场分析

(1) 统计买车的男女比例及男女对车的品牌的选择实现如下。

```
public class CarSexMain {
    private static final String INPUT_PATH="hdfs://master:9000/cardata/2.1.txt";
    private static final String OUTPUT_PATH="hdfs://master:9000/cardataout/out2.1";
    public static void main(String[] args)
    throws    IOException,     ClassNotFoundException,     InterruptedException,
    URISyntaxException {
        @SuppressWarnings("deprecation")
        Configuration conf=new Configuration();
        Job job=new Job(conf,"CarSexMain");
        FileSystem fileSystem=FileSystem.get(new URI(INPUT_PATH), conf);
        if(fileSystem.exists(new Path(OUTPUT_PATH))){
            fileSystem.delete(new Path(OUTPUT_PATH), true);
        }
        job.setJarByClass(CarSexMain.class);
        job.setMapperClass(CarSexMapper.class);
        job.setMapOutputValueClass(IntWritable.class);
        job.setReducerClass(CarSexReduce.class);
        job.setOutputKeyClass(Text.class);
        job.setOutputValueClass(Text.class);

        FileInputFormat.addInputPath(job,new Path(INPUT_PATH));
        FileOutputFormat.setOutputPath(job,new Path(OUTPUT_PATH));

        job.waitForCompletion(true);
    }
}

public class CarSexMapper extends Mapper<LongWritable, Text, Text, IntWritable>{
    private Text newKey=new Text();
    private IntWritable newValue=new IntWritable(1);
    @Override
    protected void map(LongWritable key, Text value,
    Mapper<LongWritable, Text, Text, IntWritable>.Context context)
    throws IOException, InterruptedException {
        String sex=value.toString();
        if (sex.contains("男")) {
            newKey.set("男");
            context.write(newKey, newValue);
        }else if (sex.contains("女")) {
            newKey.set("女");
            context.write(newKey, newValue);
        }else {
            newKey.set("other");
            context.write(newKey, newValue);
        }
    }
}
```

```
public class CarSexReduce extends Reducer<Text, IntWritable, Text, Text>{
    private static double countSum=0;
    private static double[] sexCarCount=new double[3];
    @Override
    protected void reduce(Text key, Iterable<IntWritable>values,
    Reducer<Text, IntWritable, Text, Text>.Context context)
    throws IOException, InterruptedException {
        int count=0;
        for(IntWritable value:values){
            count +=value.get();
        }
        if (key.toString().equals("男")) {
            sexCarCount[0] +=count;
        }else if (key.toString().equals("女")) {
            sexCarCount[1] +=count;
        }else {
            sexCarCount[2] +=count;
        }
        countSum +=count;
    }

    @Override
    protected void cleanup(Reducer<Text, IntWritable, Text, Text>.Context context)
    throws IOException, InterruptedException {
        context.write(new Text("车辆总量:"), new Text((int)countSum+"辆"));
        context.write(new Text("男"), new Text((int)sexCarCount[0]+"辆"));
        context.write(new Text("男买车的比例"), new Text(sexCarCount[0]/countSum
        +""));
        context.write(new Text(""), new Text(""));
        context.write(new Text("女"), new Text((int)sexCarCount[1]+"辆"));
        context.write(newText("女买车的比例"), new Text(sexCarCount[1]/countSum
        +""));
        context.write(new Text(""), new Text(""));
        context.write(new Text("other"), new Text((int)sexCarCount[2]+"辆"));
        context.write(new Text("other买车的比例"), new Text(sexCarCount[2]/
        countSum+""));
    }
}
```

程序运行结果如下：

```
车辆总量:      70363辆
男      42597辆
男买车的比例    0.6053891960263207

女      18148辆
女买车的比例    0.2579196452681097

other   9618辆
other买车的比例 0.1366911587055697
```

（2）统计车的所有权、型号和类型实现如下。

```
public class CarPropertyMain {
    private static final String INPUT_PATH="hdfs://master:9000/cardata/2.2.txt";
    private static final String OUTPUT_PATH="hdfs://master:9000/cardataout/out2.2";
    public static void main(String[] args)
    throws IOException, ClassNotFoundException, InterruptedException,
    URISyntaxException {
        @SuppressWarnings("deprecation")
        Configuration conf=new Configuration();
        Job job=new Job(conf,"CarSexMain");
        FileSystem fileSystem=FileSystem.get(new URI(INPUT_PATH), conf);
        if(fileSystem.exists(new Path(OUTPUT_PATH))){
            fileSystem.delete(new Path(OUTPUT_PATH), true);
        }
        job.setJarByClass(CarPropertyMain.class);
        job.setMapperClass(CarPropertyMapper.class);
        job.setMapOutputValueClass(IntWritable.class);
        job.setReducerClass(CarPropertyReduce.class);
        job.setOutputKeyClass(Text.class);
        job.setOutputValueClass(Text.class);

        FileInputFormat.addInputPath(job,new Path(INPUT_PATH));
        FileOutputFormat.setOutputPath(job,new Path(OUTPUT_PATH));

        job.waitForCompletion(true);
    }
}

public class CarPropertyMapper extends Mapper<LongWritable, Text, Text, IntWritable>{
    private Text newKey=new Text();
    private IntWritable newValue=new IntWritable(1);
    @Override
    protected void map(LongWritable key, Text value,
    Mapper<LongWritable, Text, Text, IntWritable>.Context context)
    throws IOException, InterruptedException {
        String line=value.toString();
        String[] arr=line.split("\t");
        if(arr!=null && arr.length==3){
            String properties=arr[0];
            String model=arr[1];
            String type=arr[2];
            newKey.set("车的所有权:"+properties);
            context.write(newKey, newValue);
            newKey.set("车的型号:"+model);
            context.write(newKey, newValue);
            newKey.set("车的类型:"+type);
            context.write(newKey, newValue);
        }else if (arr!=null&&arr.length==2) {
            String properties=arr[0];
            String model=arr[1];
            String type="未知";
            newKey.set("车的所有权:"+properties);
```

```
            context.write(newKey, newValue);
            newKey.set("车的型号:"+model);
            context.write(newKey, newValue);
            newKey.set("车的类型:"+type);
            context.write(newKey, newValue);
        }else if(arr!=null){
            String properties=arr[0];
            String model="未知";
            String type="未知";
            newKey.set("车的所有权:"+properties);
            context.write(newKey, newValue);
            newKey.set("车的型号:"+model);
            context.write(newKey, newValue);
            newKey.set("车的类型:"+type);
            context.write(newKey, newValue);
        }else {
            String properties="未知";
            String model="未知";
            String type="未知";
            newKey.set("车的所有权:"+properties);
            context.write(newKey, newValue);
            newKey.set("车的型号:"+model);
            context.write(newKey, newValue);
            newKey.set("车的类型:"+type);
            context.write(newKey, newValue);
        }
    }
}

public class CarPropertyReduce extends Reducer<Text, IntWritable, Text, Text>{
    @Override
    protected void reduce(Text key, Iterable<IntWritable>values,
    Reducer<Text, IntWritable, Text, Text>.Context context)
            throws IOException, InterruptedException {
        int count=0;
        for(IntWritable value:values){
            count +=value.get();
        }
        context.write(key, new Text(count+"辆"));
    }
}
```

程序运行结果如下(车型号为部分结果):

```
车的型号:ZQ6390A63AF     38辆
车的型号:ZQ6392A62AF     193辆
车的型号:ZQ6410A72F      1辆
车的型号:ZQ6412A72F      3辆
车的型号:ZQ6420A73F      71辆
车的型号:ZQ6421A73AF     20辆
车的型号:ZZY6530A        8辆
车的所有权:个人 60745辆
车的所有权:单位 9617辆
车的类型:中型专用校车    29辆
车的类型:中型普通客车    1398辆
车的类型:中型越野客车    1辆
车的类型:大型专用校车    221辆
```

```
车的类型:大型双层客车    1辆
车的类型:大型普通客车    3275辆
车的类型:大型铰接客车    3辆
车的类型:小型专用客车    5辆
车的类型:小型普通客车    62156辆
车的类型:微型普通客车    2辆
车的类型:未知    3271辆
```

3. 不同车型销售统计分析

通过不同类型(品牌)车的销售情况来统计发动机型号和燃料种类,实现如下。

```
public class CarTypeMain {
    private static final String INPUT_PATH="hdfs://master:9000/cardata/3.2.txt";
    private static final String OUTPUT_PATH="hdfs://master:9000/cardataout/out3.2";
    public static void main(String[] args)
    throws    IOException,    ClassNotFoundException,    InterruptedException,
    URISyntaxException {
        @SuppressWarnings("deprecation")
        Configuration conf=new Configuration();
        Job job=new Job(conf,"CarTypeMain");
        FileSystem fileSystem=FileSystem.get(new URI(INPUT_PATH), conf);
        if(fileSystem.exists(new Path(OUTPUT_PATH))){
            fileSystem.delete(new Path(OUTPUT_PATH), true);
        }
        job.setJarByClass(CarTypeMain.class);
        job.setMapperClass(CarTypeMapper.class);
        job.setMapOutputValueClass(IntWritable.class);
        job.setReducerClass(CarTypeReduce.class);
        job.setOutputKeyClass(Text.class);
        job.setOutputValueClass(Text.class);

        FileInputFormat.addInputPath(job,new Path(INPUT_PATH));
        FileOutputFormat.setOutputPath(job,new Path(OUTPUT_PATH));

        job.waitForCompletion(true);
    }
}

public class CarTypeMapper extends Mapper<LongWritable, Text, Text, IntWritable>{
    private Text newKey=new Text();
    private IntWritable newValue=new IntWritable(1);
    @Override
    protected void map(LongWritable key, Text value,
    Mapper<LongWritable, Text, Text, IntWritable>.Context context)
    throws IOException, InterruptedException {
        String line=value.toString();
        String[] arr=line.split("\t");
        if(arr!=null&&arr.length==3){
            String brandType=arr[0];
            String engineType=arr[1];
            String fuelType=arr[2];
            newKey.set(brandType+","+engineType+":");
```

```
            context.write(newKey, newValue);
            newKey.set(brandType+","+fuelType+":");
            context.write(newKey, newValue);
            newKey.set(brandType+",总量:");
            context.write(newKey, newValue);
        }else {
            newKey.set("other:"+line+":");
            context.write(newKey, newValue);
        }

    }
}

public class CarTypeReduce extends Reducer<Text, IntWritable, Text, Text>{
    @Override
    protected void reduce(Text key, Iterable<IntWritable>values,
    Reducer<Text, IntWritable, Text, Text>.Context context)
    throws IOException, InterruptedException {
        int count=0;
        for(IntWritable value:values){
            count +=value.get();
        }
        context.write(key, new Text(count+"辆"));
    }
}
```

程序运行结果如下(部分结果):

```
青年,天然气:    1辆
青年,总量:      45辆
青年,柴油:      44辆
飞碟,4A10A:     6辆
飞碟,总量:      6辆
飞碟,汽油:      6辆
骊山,4DX23-110E3F:       7辆
骊山,:  15辆
骊山,HFC4DA1-2B2:        10辆
骊山,NQ100N4:   1辆
骊山,NQ120N4:   17辆
```

11.3 农产品价格分析

11.3.1 背景介绍

农产品是指来源于农业的初级产品,即在农业活动中获得的植物、动物、微生物及其产品。国家规定初级农产品是指种植业、畜牧业、渔业产品。

中国是农业大国,农业是第一产业,是国民经济的基础。农业是提供人类生存必需品的生产部门,农业的发展是社会分工和国民经济其他部门成为独立的生产部门的前提和进一步发展的基础。对于整个大的经济形势的判断,特别是经济增速的放缓,这应该是接下来若干年中国发展的一个基本的常态,或者叫新常态。那么对于之前的高增长和现在的中高速

增长来讲，首先是要有一个心理的准备和基本的判断。因为总量绝对值的巨大和增速的缓慢，它并没有在总量和规模上真正到了一个让人特别担心的状态。相当于原来十块钱增长百分之七的七毛钱，现在是一百块钱虽然只增加了百分之六点几，那也是六块多钱。这样的一个基本原理，在理财这个问题上的影响可能不是很大。但是对于农民来讲，不管是农产品的具体品种选择，还是产量规模的适度，亦或是与农产品加工企业的联络以及农产品市场的对接，其实是非常值得在新常态下去研究的。不然，如果还继续在主粮、水果以及其他农产品上出现销售难、价格低的现象，那就会变成了供大于求，市场的接收能力和消化能力有限这样的一个现实状况。

农产品是居民的日常生活必需品之一，它的价格变动对于人们的日常生活会产生直接影响，在各群体中尤其对低收入居民的影响较大。农产品的价格直接刺激农民对于农业生产的投入，从而影响农业的发展。农产品价格的不合理现状逼迫大量农村劳动力的外流，这样会导致生产断层，影响农产品的收成，从而影响农产品安全。因此进行有关农业、农产品数据的挖掘分析，会有效促进我国农业发展。

其实，在多年农业生产和科研中就已经产生了大量的数据。这些数据的集成、挖掘和使用，对于现代农业的发展将会发挥极其重要的作用。当前农业领域存在诸多问题，如粮食安全、土壤治理、病虫害预测与防治、动植物育种、农业结构调整、农产品价格、农副产品消费、小城镇建设等领域，都可通过大数据的应用研究进行预测和干预。大数据的应用与农业领域的相关科学研究相结合，可以为农业科研、涉农企业发展等提供新方法、新思路，为相关政策的提出与改进提供有力的数据支持。

11.3.2 数据收集

本例使用的数据需每日进行采集汇总。数据范围涵盖全国主要省份(港澳台、西藏、海南暂无数据)的 180＋的大型农产品批发市场，380＋的农产品品类(由于季节性和地域性等特点，每日的数据中不一定会涵盖全部的农产品品类)。

11.3.3 数据结构

1. 数据类型

数据类型见表 11-1。

表 11-1 数据类型

中文名称	英文名称	数据类型	中文名称	英文名称	数据类型
农产品品类	name	STRING	批发市场名称	market	STRING
批发价格	price	FLOAT	省份	province	STRING
采集时间	crawl_time	TimeStamp	城市	city	STRING

2. 数据样例

本数据样例提供了 2014 年 1 月份的农产品批发价格的数据，每五天汇总一个表格，共六张 Excel 表格。

3. 所用数据

本测试只用2014年1月1～5日的数据。

11.3.4 需求分析

1. 数据清洗

将其中5个XLS格式数据转化为CSV格式,并实现以下需求:

(1) 每天1个数据文件;

(2) 每个文件中的字段依次见表11-1,\t分隔(shell实现)。

2. 数据清洗(shell实现)

清洗china-province.txt中数据,让其按照逗号切分,每行一个省份。

3. 农产品市场个数统计(MapReduce实现)

(1) 统计每个省份的农产品市场总数;

(2) 统计没有农产品市场的省份有哪些。

4. 农产品种类统计(MapReduce)

(1) 统计每个省农产品种类总数;

(2) 统计排名前3的省份共同拥有的农产品类型。

11.3.5 MapReduce编码实现

1. 数据清洗

(1) 在本地,手动将1月1～5日XLS格式转化成CSV格式,原文件1月1～5日XLS的内容见表11-2。

表11-2　11月1～5日数据内容

	A	B	C	D	E	F	G	H	I
1	农产品品类	2014年1月1日	2014年1月2日	2014年1月3日	2014年1月4日	2014年1月5日	批发市场名称	省份	城市
2	香菜	2.80	4.00	4.00	4.00	2.20	山西汾阳市晋阳农副产品批发市场	山西	汾阳
3	大葱	2.80	2.80	2.80	2.80	2.60	山西汾阳市晋阳农副产品批发市场	山西	汾阳
4	葱头	1.60	1.60	1.60	1.60	1.60	山西汾阳市晋阳农副产品批发市场	山西	汾阳
5	大蒜	3.60	3.60	3.60	3.60	3.00	山西汾阳市晋阳农副产品批发市场	山西	汾阳
6	蒜苔	6.20	6.40	6.40	6.40	5.20	山西汾阳市晋阳农副产品批发市场	山西	汾阳
7	韭菜	5.60	5.60	5.60	5.60	4.60	山西汾阳市晋阳农副产品批发市场	山西	汾阳
8	青椒	5.20	5.00	5.00	5.00	4.80	山西汾阳市晋阳农副产品批发市场	山西	汾阳
9	茄子	5.40	4.40	4.40	4.40	5.40	山西汾阳市晋阳农副产品批发市场	山西	汾阳
10	西红柿	4.80	5.00	5.00	5.00	5.00	山西汾阳市晋阳农副产品批发市场	山西	汾阳
11	黄瓜	3.40	4.00	4.00	4.00	2.60	山西汾阳市晋阳农副产品批发市场	山西	汾阳
12	青冬瓜	1.60	1.60	1.60	1.60	1.50	山西汾阳市晋阳农副产品批发市场	山西	汾阳
13	西葫芦	2.80	3.00	3.00	3.00	2.60	山西汾阳市晋阳农副产品批发市场	山西	汾阳
14	白萝卜	1.20	1.20	1.20	1.20	0.80	山西汾阳市晋阳农副产品批发市场	山西	汾阳
15	胡萝卜	1.50	1.50	1.50	1.50	1.50	山西汾阳市晋阳农副产品批发市场	山西	汾阳
16	土豆	1.80	2.00	2.00	2.00	1.80	山西汾阳市晋阳农副产品批发市场	山西	汾阳
17	豆角	9.00	10.40	10.40	10.40	8.60	山西汾阳市晋阳农副产品批发市场	山西	汾阳
18	尖椒	5.40	5.40	5.40	5.40	4.40	山西汾阳市晋阳农副产品批发市场	山西	汾阳
19	面粉	3.44	3.44	3.44	3.44	3.44	山西汾阳市晋阳农副产品批发市场	山西	汾阳
20	大米	6.00	6.00	6.00	6.00	6.00	山西汾阳市晋阳农副产品批发市场	山西	汾阳
21	豆油	8.40	8.40	8.40	8.40	8.40	山西汾阳市晋阳农副产品批发市场	山西	汾阳
22	富士苹果	7.00	7.00	7.00	7.00	7.00	山西汾阳市晋阳农副产品批发市场	山西	汾阳

每天需记录为1个数据文件,如图11-1所示。

1月1日CSV文件的内容为见表11-3。

1月2日CSV文件的内容为见表11-4。

名称	修改日期	类型	大小
test1.jpg	2015/10/4 14:04	JPEG 图像	42 KB
1月1日.csv	2016/1/4 17:51	Microsoft Excel ...	240 KB
1月2日.csv	2016/1/4 17:53	Microsoft Excel ...	240 KB
1月3日.csv	2016/1/4 17:57	Microsoft Excel ...	240 KB
1月4日.csv	2016/1/4 17:58	Microsoft Excel ...	240 KB
1月5日.csv	2016/1/4 17:59	Microsoft Excel ...	240 KB

图 11-1　数据文件

表 11-3　1 月 1 日 CSV 文件内容

	A	B	C	D	E	F
1	香菜	2.8	2014/1/1	山西汾阳市晋阳农副产品批发市场	山西	汾阳
2	大葱	2.8	2014/1/1	山西汾阳市晋阳农副产品批发市场	山西	汾阳
3	葱头	1.6	2014/1/1	山西汾阳市晋阳农副产品批发市场	山西	汾阳
4	大蒜	3.6	2014/1/1	山西汾阳市晋阳农副产品批发市场	山西	汾阳
5	蒜苔	6.2	2014/1/1	山西汾阳市晋阳农副产品批发市场	山西	汾阳
6	韭菜	5.6	2014/1/1	山西汾阳市晋阳农副产品批发市场	山西	汾阳
7	青椒	5.2	2014/1/1	山西汾阳市晋阳农副产品批发市场	山西	汾阳
8	茄子	5.4	2014/1/1	山西汾阳市晋阳农副产品批发市场	山西	汾阳
9	西红柿	4.8	2014/1/1	山西汾阳市晋阳农副产品批发市场	山西	汾阳
10	黄瓜	3.4	2014/1/1	山西汾阳市晋阳农副产品批发市场	山西	汾阳
11	青冬瓜	1.6	2014/1/1	山西汾阳市晋阳农副产品批发市场	山西	汾阳
12	西葫芦	2.8	2014/1/1	山西汾阳市晋阳农副产品批发市场	山西	汾阳
13	白萝卜	1.2	2014/1/1	山西汾阳市晋阳农副产品批发市场	山西	汾阳
14	胡萝卜	1.5	2014/1/1	山西汾阳市晋阳农副产品批发市场	山西	汾阳
15	土豆	1.8	2014/1/1	山西汾阳市晋阳农副产品批发市场	山西	汾阳
16	豆角	9	2014/1/1	山西汾阳市晋阳农副产品批发市场	山西	汾阳
17	尖椒	5.4	2014/1/1	山西汾阳市晋阳农副产品批发市场	山西	汾阳
18	面粉	3.44	2014/1/1	山西汾阳市晋阳农副产品批发市场	山西	汾阳
19	大米	6	2014/1/1	山西汾阳市晋阳农副产品批发市场	山西	汾阳

表 11-4　1 月 2 日 CSV 文件内容

	A	B	C	D	E	F
1	香菜	4	2014/1/2	山西汾阳市晋阳农副产品批发市场	山西	汾阳
2	大葱	2.8	2014/1/2	山西汾阳市晋阳农副产品批发市场	山西	汾阳
3	葱头	1.6	2014/1/2	山西汾阳市晋阳农副产品批发市场	山西	汾阳
4	大蒜	3.6	2014/1/2	山西汾阳市晋阳农副产品批发市场	山西	汾阳
5	蒜苔	6.4	2014/1/2	山西汾阳市晋阳农副产品批发市场	山西	汾阳
6	韭菜	5.6	2014/1/2	山西汾阳市晋阳农副产品批发市场	山西	汾阳
7	青椒	5	2014/1/2	山西汾阳市晋阳农副产品批发市场	山西	汾阳
8	茄子	4.4	2014/1/2	山西汾阳市晋阳农副产品批发市场	山西	汾阳
9	西红柿	5	2014/1/2	山西汾阳市晋阳农副产品批发市场	山西	汾阳
10	黄瓜	4	2014/1/2	山西汾阳市晋阳农副产品批发市场	山西	汾阳
11	青冬瓜	1.6	2014/1/2	山西汾阳市晋阳农副产品批发市场	山西	汾阳
12	西葫芦	3	2014/1/2	山西汾阳市晋阳农副产品批发市场	山西	汾阳
13	白萝卜	1.2	2014/1/2	山西汾阳市晋阳农副产品批发市场	山西	汾阳
14	胡萝卜	1.5	2014/1/2	山西汾阳市晋阳农副产品批发市场	山西	汾阳
15	土豆	2	2014/1/2	山西汾阳市晋阳农副产品批发市场	山西	汾阳
16	豆角	10.4	2014/1/2	山西汾阳市晋阳农副产品批发市场	山西	汾阳
17	尖椒	5.4	2014/1/2	山西汾阳市晋阳农副产品批发市场	山西	汾阳
18	面粉	3.44	2014/1/2	山西汾阳市晋阳农副产品批发市场	山西	汾阳
19	大米	6	2014/1/2	山西汾阳市晋阳农副产品批发市场	山西	汾阳

其余 3 天的 CSV 文件的内容见表 11-2，只是时间和价格不同。

(2) 右击“1 月 1 日.csv”→“打开方式”→“记事本”→单击“文件”→“另存为”→将“编码”修改为 UTF-8。若编码不是 UTF-8 上传到 HDFS 上时会出现乱码现象。

以 1 月 1 日.csv 为例，如图 1-2 所示是编码没有修改(默认为 Unicode)上传到 HDFS 上的效果。可以看出文件名和文件的内容都是乱码。

```
[zkpk@master farmdata]$ ll
total 240
-rw-r--r--. 1 root root 245607 Jan  4 17:36 h??1??.csv
[zkpk@master farmdata]$ head h??1??.csv
����,2.80,2014/1/1,ɽ������н������3������г�,ɽ��,����
����,2.80,2014/1/1,ɽ������н������3������г�,ɽ��,����
��и,1.60,2014/1/1,ɽ������н������3������г�,ɽ��,����
����,3.60,2014/1/1,ɽ������н������3������г�,ɽ��,����
��,6.20,2014/1/1,ɽ������н������3������г�,ɽ��,����
��ˣ�,5.60,2014/1/1,ɽ������н������3������г�,ɽ��,����
��.20,2014/1/1,ɽ������н������3������г�,ɽ��,����
����,5.40,2014/1/1,ɽ������н������3������г�,ɽ��,����
������,4.80,2014/1/1,ɽ������н������3������г�,ɽ��,����
��ƹ�,3.40,2014/1/1,ɽ������н������3������г�,ɽ��,����
```

图 11-2 编码设有修改上传到 HDFS 上的效果

如图 11-3 所示是编码修改为 UTF-8 后上传到 HDFS 上的效果。可以看出文件名和文件的内容不再是乱码。(手动修改一下文件名)

```
[zkpk@master Desktop]$ cd farmdata/
[zkpk@master farmdata]$ ll
total 324
-rw-r--r--. 1 root root 329003 Jan  4 18:20 h??1??.csv
[zkpk@master farmdata]$ mv h??1??.csv 一月1日.csv        修改文件名
[zkpk@master farmdata]$ ll
total 324
-rw-r--r--. 1 root root 329003 Jan  4 18:20 一月1日.csv
[zkpk@master farmdata]$ head 1月1日.csv
香菜,2.80,2014/1/1,山西汾阳市晋阳农副产品批发市场,山西,汾阳
大葱,2.80,2014/1/1,山西汾阳市晋阳农副产品批发市场,山西,汾阳
葱头,1.60,2014/1/1,山西汾阳市晋阳农副产品批发市场,山西,汾阳
大蒜,3.60,2014/1/1,山西汾阳市晋阳农副产品批发市场,山西,汾阳
蒜苔,6.20,2014/1/1,山西汾阳市晋阳农副产品批发市场,山西,汾阳
韭菜,5.60,2014/1/1,山西汾阳市晋阳农副产品批发市场,山西,汾阳
青椒,5.20,2014/1/1,山西汾阳市晋阳农副产品批发市场,山西,汾阳
茄子,5.40,2014/1/1,山西汾阳市晋阳农副产品批发市场,山西,汾阳
西红柿,4.80,2014/1/1,山西汾阳市晋阳农副产品批发市场,山西,汾阳
黄瓜,3.40,2014/1/1,山西汾阳市晋阳农副产品批发市场,山西,汾阳
```

图 11-3 编码修改为 UTF-8 后上传到 HDFS 上的效果

用代码 perl -p -i -e“s/,/\t/g”1 月 1 日.csv 将“,”分隔修改为“\t”分隔。具体实现如图 11-4 所示。

```
[zkpk@master farmdata]$ perl -p -i -e "s/,/\t/g" 一月1日.csv
[zkpk@master farmdata]$ head 一月1日.csv
香菜    2.80    2014/1/1    山西汾阳市晋阳农副产品批发市场    山西    汾阳
大葱    2.80    2014/1/1    山西汾阳市晋阳农副产品批发市场    山西    汾阳
葱头    1.60    2014/1/1    山西汾阳市晋阳农副产品批发市场    山西    汾阳
大蒜    3.60    2014/1/1    山西汾阳市晋阳农副产品批发市场    山西    汾阳
蒜苔    6.20    2014/1/1    山西汾阳市晋阳农副产品批发市场    山西    汾阳
韭菜    5.60    2014/1/1    山西汾阳市晋阳农副产品批发市场    山西    汾阳
青椒    5.20    2014/1/1    山西汾阳市晋阳农副产品批发市场    山西    汾阳
茄子    5.40    2014/1/1    山西汾阳市晋阳农副产品批发市场    山西    汾阳
西红柿  4.80    2014/1/1    山西汾阳市晋阳农副产品批发市场    山西    汾阳
黄瓜    3.40    2014/1/1    山西汾阳市晋阳农副产品批发市场    山西    汾阳
```

图 11-4 用代码将“,”分隔修改为“\t”分隔

2. 数据清洗(shell 实现)

先将 china-province. txt 文件的编码格式修改为 UTF-8,然后将其上传到 HDFS 上。其内容如图 11-5 所示。

```
[zkpk@master farmdata]$ ll
total 4
-rw-r--r--. 1 root root 441 Sep 22 20:22 china-province.txt
[zkpk@master farmdata]$ cat china-province.txt
河北省，山西省，辽宁省，吉林省，黑龙江省，江苏省，浙江省，安徽省，福建省，江西省
，山东省，河南省，湖北省，湖南省，广东省，海南省，四川省，贵州省，云南省，陕西省
，甘肃省，青海省，台湾省，内蒙古自治区，广西壮族自治区，西藏自治区，宁夏回族自治
区，新疆维吾尔自治区，香港特别行政区，澳门特别行政区[zkpk@master farmdata]$
```

图 11-5 编码格式修改再将其上传到 HDFS 上

用代码 sed -e "s/,/\n/g" china-province. txt 将“,”分隔修改为“\n”分隔。然后将其追加到 province. txt 中,因为 sed 只是在当前操作有效。具体实现如图 1-6 所示。

```
[zkpk@master farmdata]$ sed -e "s/, /\n/g" china-province.txt >> province.txt
[zkpk@master farmdata]$ ll
total 8
-rw-r--r--. 1 root root 441 Sep 22 20:22 china-province.txt
-rw-rw-r--. 1 zkpk zkpk 383 Jan  4 18:56 province.txt
[zkpk@master farmdata]$ head province.txt
河北省
山西省
辽宁省
吉林省
黑龙江省
江苏省
浙江省
安徽省
福建省
江西省
```

图 11-6 将“,”分隔修改为“\n”分隔

3. 农产品市场个数统计(MapReduce 实现)

(1) 统计每个省份的农产品市场总数,具体实现如下所示。

```
package test3;
public class ShiChangSum {
    public static void main(String[] args) throws IOException,
    ClassNotFoundException, InterruptedException {
        if (null==args||args.length !=2) {
            System.err.println("<Usage>:ShiChangSum <input><output><output>...");
            System.exit(1);
        }
        Job job=new Job(new Configuration(),ShiChangSum.class.getSimpleName());
        job.setJarByClass(ShiChangSum.class);
        job.setMapperClass(ShiChangMapper.class);
        job.setMapOutputKeyClass(Text.class);
        job.setMapOutputValueClass(Text.class);
        job.setReducerClass(ShiChangReducer.class);
        job.setOutputKeyClass(Text.class);
        job.setOutputValueClass(IntWritable.class);
        FileInputFormat.addInputPath(job, new Path(args[0]));
        FileOutputFormat.setOutputPath(job, new Path(args[1]));
        job.waitForCompletion(true);
    }
```

```
    public static class ShiChangMapper extends Mapper<Object, Text, Text, Text>{
        public Text keyText=new Text();
        public Text valueText=new Text();
        public void map(Object key,Text value,Context context)
        throws InterruptedException,IOException{
            String line=value.toString();
            String[] arr=line.split("\t");
            if(null!=arr && arr.length==6){
                String shichang=arr[3];
                String sheng=arr[4];
                keyText.set(sheng);
                valueText.set(shichang);
                context.write(keyText, valueText);
            }
        }
    }
    public static class ShiChangReducer extends Reducer<Text, Text, Text, IntWritable>{
        public IntWritable valueSum=new IntWritable();
        public void reduce(Text key,Iterable<Text>values,Context context)
        throws InterruptedException,IOException{
            HashSet<String>market=new HashSet<String>();
            for(Text value:values){
                market.add(value.toString());
            }
            valueSum.set(market.size());
            context.write(key, valueSum);
        }
    }
}
```

之后，进行打包工作，包的名称为 test3-1.jar 存储，路径任意。将我们用到的文件 1 月 1 日.txt(编码格式为 UTF-8)上传到 HDFS 目录/files 中，运行的代码如下。

```
hadoop jar test3-1.jar test3.ShiChangSum /files/1月1日.txt/output-test3-1
```

运行完上述代码后，查看一下/output-test3-1 目录。

输入：

```
hadoop fs-ls /output-test3-1
```

输出结果：

```
Found 2 items
-rw-r--r--   2 zkpk supergroup          0 2016-01-05 17:44 /output-test3-1/_SUCCESS
-rw-r--r--   2 zkpk supergroup        250 2016-01-05 17:44 /output-test3-1/part-r-00000
```

再输入：

```
hadoop fs-cat/output-test3-1/part-r-00000
```

显示结果如下：

```
上海	1
内蒙古	3
北京	6
吉林	1
四川	6
天津	4
宁夏	1
安徽	5
山东	9
山西	10
广东	2
广西	3
新疆	2
江苏	7
江西	1
河北	5
```

(2) 统计没有农产品市场的省份有哪些,具体实现如下。

```
package test3;
public class ShengDemo {
    public static void main(String[] args) throws IOException, ClassNotFoundException,
    InterruptedException {
        if (null==args||args.length !=3) {
            System.err.println("<Usage>:ShengDemo <input><output><output>...");
            System.exit(1);
        }
        Job job=new Job(new Configuration(),ShengDemo.class.getSimpleName());
        job.setJarByClass(ShengDemo.class);
        MultipleInputs.addInputPath (job, new Path (args [0]), TextInputFormat.
        class,WholeShengMapper.class);
        MultipleInputs.addInputPath (job, new Path (args [1]), TextInputFormat.
        class,ShengMapper.class);
        job.setMapOutputKeyClass(Text.class);
        job.setMapOutputValueClass(IntWritable.class);
        job.setReducerClass(ShengReducer.class);
        job.setOutputKeyClass(Text.class);
        job.setOutputValueClass(NullWritable.class);

        FileOutputFormat.setOutputPath(job, new Path(args[2]));

        job.waitForCompletion(true);
    }
    public static class ShengMapper extends Mapper<Object, Text, Text, IntWritable>{
        public Text keytText=new Text();
        public IntWritable values=new IntWritable(1);
        protected void map(Object key,Text value,Context context)
        throws InterruptedException,IOException{
            String line=value.toString();
            String[] arr=line.split("\t");
            if(null !=arr && arr.length==6){
                String sheng=arr[4];
                keytText.set(sheng);
```

```
                context.write(keytText, values);
            }
        }
    }
    public static class WholeShengMapper extends Mapper<Object, Text, Text,
    IntWritable>{
        public Text keyText=new Text();
        public IntWritable valWritable=new IntWritable(0);
        protected void map(Object key,Text value,Context context)
        throws InterruptedException,IOException{
            String country=value.toString();
            if(country.endsWith("省")){
                country=country.substring(0, country.length()-"省".length());
            }
            if(country.endsWith("特别行政区")){
                country= country. substring (0, country. length () - "特别行政区".
                length());
            }
            if(country.startsWith("内蒙古")){
                country="内蒙古";
            }
            if(country.startsWith("广西")){
                country="广西";
            }
            if(country.startsWith("西藏")){
                country="西藏";
            }
            if(country.startsWith("宁夏")){
                country="宁夏";
            }
            if(country.startsWith("新疆")){
                country="新疆";
            }
            keyText.set(country);
            context.write(keyText, valWritable);
        }
    }
    public static class ShengReducer extends Reducer< Text, IntWritable, Text,
    NullWritable>{
        protected void reduce (Text key, Iterable < IntWritable > values, Context
        context) throws InterruptedException,IOException{
            int sum=0;
            for(IntWritable value :values){
                sum+=value.get();
            }
            if(sum==0){
                context.write(key, NullWritable.get());
            }
        }
    }
}
```

之后，进行打包，包的名称为 test3-1.jar，存储路径任意。这里我们用到 3 个路径，2 个输入路径，分别是/files/province.txt 和/files/1 月 1 日.txt(注意 2 个输入路径的顺序)；1 个输出路径，/output-test3-2，代码如下。

```
hadoop jar test3-2.jar test3.ShengDemo/files/province.txt/files/1 月 1 日.txt/
output-test3-2
```

运行完上述代码，查看一下/output-test3-2 目录。

输入：

```
hadoop fs-ls /output-test3-2
```

输出：

```
Found 2 items
-rw-r--r--   2 zkpk supergroup          0 2016-01-05 19:01 /output-test3-2/_SUCCESS
-rw-r--r--   2 zkpk supergroup         49 2016-01-05 19:01 /output-test3-2/part-r-00000
```

再输入：

```
hadoop fs-cat/output-test3-2/part-r-00000
```

显示结果如下：

```
云南
台湾
海南
澳门
西藏
贵州
香港
```

4. 农产品种类统计(MapReduce)

(1) 统计每个省农产品种类总数，具体实现如下。

```
package test4;
public class MarketSum {
    public static void main(String[] args) throws IOException,
    ClassNotFoundException, InterruptedException {
        if (null==args||args.length !=2) {
            System.err.println("<Usage>:MarketSum <input><output><output>...");
            System.exit(1);
        }
        Job job=new Job(new Configuration(),MarketSum.class.getSimpleName());
        job.setJarByClass(MarketSum.class);
        job.setMapperClass(MarketMapper.class);
        job.setMapOutputKeyClass(Text.class);
        job.setMapOutputValueClass(Text.class);
        job.setReducerClass(MarketReducer.class);
        job.setOutputKeyClass(Text.class);
        job.setOutputValueClass(IntWritable.class);
        FileInputFormat.addInputPath(job, new Path(args[0]));
        FileOutputFormat.setOutputPath(job, new Path(args[1]));
        job.waitForCompletion(true);
```

```
    }
    public static class MarketMapper extends Mapper<Object, Text, Text, Text>{
        public Text keyText=new Text();
        public Text valueText=new Text();
        protected void map(Object key,Text value,Context context)
        throws InterruptedException,IOException{
            String line=value.toString();
            String[] arr=line.split("\t");
            if(null !=arr && arr.length==6){
                String veg=arr[0];
                String sheng=arr[4];
                keyText.set(sheng);
                valueText.set(veg);
                context.write(keyText, valueText);
            }
        }
    }
    public static class MarketReducer extends Reducer<Text, Text, Text, IntWritable>
    {
        public IntWritable valueVeg=new IntWritable();
        protected void reduce(Text key,Iterable<Text>values,Context context)
        throws InterruptedException,IOException{
            HashSet<String>vegsSet=new HashSet<String>();
            for(Text value :values){
                vegsSet.add(value.toString());
            }
            valueVeg.set(vegsSet.size());
            context.write(key, valueVeg);
        }
    }
}
```

之后，进行打包工作，包的名称为 test3-1. jar，存储路径任意。需要的输入路径为/files/1 月 1 日. txt，输出路径为/output-test4-1。运行的代码如下：

```
hadoop jar test4-1.jar test4.MarketSum/files/1月 1日.txt/output-test4-1
```

运行完上述代码，查看一下/output-test4-1 目录。

输入：

```
hadoop fs-ls /output-test4-1
```

输出：

```
Found 2 items
-rw-r--r--   2 zkpk supergroup          0 2016-01-05 19:02 /output-test4-1/_SUCCESS
-rw-r--r--   2 zkpk supergroup        283 2016-01-05 19:02 /output-test4-1/part-r-00000
```

再输入：

```
hadoop fs-cat/output-test4-1/part-r-00000
```

显示结果如下：

```
上海      39
内蒙古    102
北京      169
吉林      47
四川      77
天津      76
宁夏      53
安徽      114
山东      134
山西      106
广东      70
广西      78
新疆      106
江苏      167
江西      23
河北      99
```

(2) 统计排名前三的省份共同拥有的农产品类型,具体实现如下。

```
package test4;
public class OrderThree {
    public static void main(String[] args) throws IOException,
    ClassNotFoundException, InterruptedException {
        if (null==args||args.length !=2) {
            System.err println("<Usage>:OrderThree <input><output><output>...");
            System.exit(1);
        }
        Job job=new Job(new Configuration(), OrderThree.class.getSimpleName());
        job.setJarByClass(OrderThree.class);
        job.setMapperClass(OrderThreeMapper.class);
        job.setReducerClass(OrderThreeReducer.class);
        job.setOutputKeyClass(Text.class);
        job.setOutputValueClass(Text.class);

        FileInputFormat.addInputPath(job, new Path(args[0]));
        FileOutputFormat.setOutputPath(job, new Path(args[1]));
        job.waitForCompletion(true);
    }

    public static class OrderThreeMapper extends Mapper<Object, Text, Text, Text>{
        private Text keytText=new Text();
        private Text valuetText=new Text();
        @Override
        protected void map(Object key, Text value, Context context)
        throws IOException, InterruptedException {
            String line=value.toString();
            String[] arr=line.split("\t");
            if (arr !=null && arr.length==6) {
                String province=arr[4];
                if (province.equals("北京")||province.equals("山东")|| province.
                equals("江苏")) {
                    keytText.set(arr[0]);
                    valuetText.set(province);
                    context.write(keytText, valuetText);
```

```
                }
            }
        }
    }

    public static class OrderThreeReducer extends Reducer<Text, Text, Text, Text>{
        private Text val=new Text("");
        @Override
        protected void reduce(Text key, Iterable<Text>values, Context context)
        throws IOException, InterruptedException {
            int bei=0;
            int shan=0;
            int jiang=0;
            for (Text value : values) {
                String province=value.toString();
                if (province.equals("北京")) {
                    bei++;
                }
                if (province.equals("山东")) {
                    shan++;
                }
                if (province.equals("江苏")) {
                    jiang++;
                }
            }
            if (bei>0 && shan>0 && jiang>0) {
                context.write(key, val);
            }
        }
    }
}
```

之后进行打包，包的名称为 test4-2. jar，存储路径任意。需要的输入路径为/files/1 月 1 日. txt，输出路径为/output-test4-2。运行的代码如下：

```
hadoop jar test4-2.jar test4.OrderThree /files/1月1日.txt/output-test4-2
```

运行完上述代码，查看一下/output-test4-2 目录。

输入：

```
hadoop fs-ls /output-test4-2
```

输出：

```
Found 2 items
-rw-r--r--   2 zkpk supergroup          0 2016-01-05 19:03 /output-test4-2/_SUCCESS
-rw-r--r--   2 zkpk supergroup        777 2016-01-05 19:03 /output-test4-2/part-r-00000
```

再输入：

```
hadoop fs-cat/output-test4-2/part-r-00000
```

显示结果如下：

```
丝瓜
丰水梨
人参果
养殖鲶鱼
冬瓜
南瓜
哈密瓜
土豆
大带鱼
大白菜
大米
大葱
大蒜
富士苹果
小带鱼
小白菜
小葱
尖椒
山竹
山药
```

参考文献

[1] 范东来. Hadoop海量数据处理技术详解与项目实战[M]. 北京：人民邮电出版社，2015.

[2] Tom White 华东师范大学数据科学与工程学院. Hadoop权威指南(第3版)[M]. 北京：清华大学出版社，2015.

[3] [英]维克托·迈尔-舍恩柏格. 大数据时代(生活工作与思维的大变革)[M]. 杭州：浙江人民出版社.

[4] 陆嘉恒. Hadoop实战(第2版)[M]. 北京：机械工业出版社，2012.

[5] 周品. Hadoop云计算实战[M]. 北京：清华大学出版社，2012.

[6] 翟周伟. Hadoop核心技术[M]. 北京：机械工业出版社，2015.

[7] 刘刚. Hadoop应用开发技术详解[M]。北京：机械工业出版社，2004.

[8] 刘鹏. 实战Hadoop——开启通向云计算的捷径[M]. 北京：电子工业出版社，2011.

[9] 董西成. Hadoop技术内幕：深入解析Mapeduce架构设计与实现原理[M]. 北京：机械工业出版社，2013.

[10] [英]特金顿. Hadoop基础教程[M]. 北京：人民邮电出版社，2004.

[11] 杨巨龙. 大数据技术全解——基础、设计、开发与实战[M]. 北京：电子工业出版社，2014.